U0397259

人工智能责任

Liability for AI:
Münster Colloquia on EU Law and
the Digital Economy VII

彭诚信 / 主编

[德] 塞巴斯蒂安·洛塞（SEBASTIAN LOHSSE）等 编

金 耀 曹 博 译

上海人民出版社

主编序

一

2024年，生成式人工智能在商业化应用方面取得重大突破。麦肯锡最新的全球调查数据显示，65%的受访者表示其所在组织已定期使用生成式人工智能，这一比例较十个月前几乎翻了一番。生成式人工智能依托深度学习模型，为数字经济注入了新的动力，同时也推动了人工智能法学研究的重大变革。过去，人工智能法的研究主要关注人工智能技术对社会生活产生的影响，服务于人工智能的通用需求，同时挖掘学科发展的新动能。如今，伴随着5G网络、物联网技术等基础设施的创新，以及ChatGPT等新型人工智能的开发，人工智能技术已深度融入人类社会生活。人工智能在数据隐私、网络安全以及社会保障等领域的积极作用已愈发明显。这促使当前研究的焦点从人工智能技术本身，向法律应当如何应对和实现人工智能的效能升级转变。

2024年是人工智能治理体系蓬勃发展的变革之年。人工智能领域的治理研究持续深化。欧盟先后通过了《人工智能法》《产品责任指令》等法案，旨在形成人工智能法律监管的"欧洲方案"；我国学界则发布了《中华人民共和国人工智能法(学者建议稿)》《关于人工智能立法的重点制度建议》《人工智能全球治理上海宣言》等内容，积极探索人工智能治理的中国路径。这些变革与路径探索，不仅指明了人工智能治理体系的发展趋势，而且对于人工智能法律规范的广度与深度提出了更高的

1

要求。同时，人工智能的相关法律纠纷尤其是侵权案件已屡见不鲜，如广州互联网法院审结了全球首例人工智能生成物侵权案件；美国多家人工智能企业正面临着数起集体诉讼纠纷。传统的法律规则体系应如何应对人工智能技术带来的新问题与新挑战，已成为当前人工智能治理的重要议题。

"独角兽·人工智能"第七辑继续关心数字社会背景下的法律前沿问题，聚焦于人工智能时代的网络隐私、侵权责任、数据保护等核心领域。此次选译了三部域外的最新研究成果，旨在通过不同的维度，扩展人工智能治理的多元化认识，并期望为国内人工智能的相关法学研究提供全新的视角，为完善人工智能治理体系提供有益的借鉴。

二

"独角兽·人工智能"第七辑中的三部著作分别是爱丽丝· E. 马威克(Alice E. Marwick)所著《是私事，也是政治》，塞巴斯蒂安·洛塞(Sebastian Lohsse)等主编的《人工智能责任》，以及蒂埃里·范斯韦弗尔特(Thierry Vansweevelt)与尼古拉·格洛弗-托马斯(Nicola Glover-Thomas)合编的《医疗保密与隐私》。

《是私事，也是政治》是一部深刻探讨数字时代隐私不平等问题的专著。本书以侵犯网络隐私为讨论起点，深入分析了因大数据等技术而加剧的社会不平等问题。数字时代的"监控"兼具广泛性与选择性，女性群体和以移民、贫困人口、有色人种、LGBTQ+ 群体为代表的社会边缘群体，往往面临着更为严峻的隐私被侵犯风险。面对日益加剧的隐私问题，人们尽管采取了大量个体性措施以保护隐私，但是现有的法律和技术框架过于强调从个人而非集体层面解决隐私问题，无法适应隐私"网络化"的新特质，亦无法解决个体的隐私保护需求。作者马威克追溯了隐私保护的历史沿革，结合"焦点小组"的讨论与个体案例，探讨了隐私权的司法难题，阐述了"隐私"定义蕴含的由信息扩散引致的系列权力失衡，反思了现有法律体系在应对技术变革时存在的局限性，并从伦理角度审视了隐私侵犯行为对个人和社会的影响。马威克通过一种全新的"网络隐私"理论与架构，揭示了当前隐私保护制度的不足，探究了从集体政治层面实现隐私保护的现实需求。

《人工智能责任》是第七届明斯特欧盟法律与数字经济研讨会(Münster Colloquia on EU Law and the Digital Economy)的论文集。高度发展的人工智能悄然以各种形态渗入人类生活的各个领域，人工智能责任的规则重构迫在眉睫。围绕欧盟 2022 年 9 月 28 日通过的《人工智能责任指令》提案与《产品责任指令》修订版提案，该文集从人工智能责任立法的时代背景及其必要性层面进行全景式概览。从过错责任和严格责任、生产商责任和经营者责任、因果关系与过错及举证责任、追索权和保险四大角度，梳理了两项提案中责任制度所蕴含的前沿法理与重要创新。不同学者对于责任主体、归责原则、举证责任等方面的内容进行了深入剖析，提出了相应的修正建议。同时，相关论文也论及因果关系的证明逻辑与举证责任分配的合理性，研究不同侵权主体之间的损害分配以及损害赔偿的替代性方案。此外，整本书聚焦两项提案之间的关系和相互影响，开辟创新性视角以拓展讨论深度，例如将责任制度研究延伸至人工智能的歧视问题和先合同情形。这些观点将为欧盟法律如何回应人工智能技术提供全新的路径。

《医疗保密与隐私》一书依序对比利时、加拿大、德国、日本、北欧诸国、卡塔尔、坦桑尼亚、南非、美国、英国的相关政策展开了全景式的剖析。尽管医疗保密原则已经获得了世界广泛的认同，但在实际应用中，各个地区对该原则还是有不同的理解以及在具体实施方式上有细微差别。对这些差异的识别增进了我们对医疗保密概念在实际操作中是如何被诠释和运用的认识。随着患者权利得到越来越多的关注和保护，全球医疗领域已经发生了显著的变化。传统的医疗保密原则已不足以全面保护患者的隐私，尤其是在信息技术和大数据迅猛发展的今天，数据保护法规的制定和实施变得尤为迫切。可以预见,医疗领域将继续快速发展,其变化速度可能还会加快。本书提供了一个全球视角,明确展示在变革过程中,不同国家和地区在处理患者敏感信息时采取的多样化方法。

三本学术著作的主旨殊途同归,即在数字化变革与人工智能背景下,研究特定领域的侵权救济,寻求权利保护的统一秩序,实现人工智能治理的体系化。《是私事,也是政治》一书强调网络隐私的侵权风险,深入反思了因网络世界而加剧的隐私不平等,并探究了网络隐私保护的新解法;《人工智能责任》关注人工智能系统本身所带来的侵权问题,紧扣欧盟两项相关提案,汇集了多位专家的深度研究,为构建人工智能责任体系框架提供了理论支持;《医疗保密与隐私》一书聚焦医疗保健领域潜在的隐私权问题,通过对比多个国家和地区的多元保护规则,反思了隐私与私人数据两大层面的权利保护机制。现代法治的本质在于制定契合时代需求的良法,其根本目的是实现社会的"善治"。要实现这一目标,必须揭示现象背后的基本原理,研究伦理监管与责任机制,才能推动数字法治理论与实践的融合。希望通过这三部著作能吸引更多学界同仁聚焦该主题,促进大数据、人工智能等数字技术更好地服务人类,切实保障公民的数字权益。

三

人工智能将生活各领域联系在一起,连接社会个体与公共利益,形成"牵一发而动全身"的多元格局。三部学术著作聚焦人工智能时代的法律监管与权利保护主题,从不同视角回应了人工智能时代权利保护之问。电子网络与人工智能系统在医疗保健领域的高度普及,深刻影响着该领域隐私信息与个人数据的规制方向;人工智能系统的责任构建涉及产品经营者、服务提供者等主体的权益侵害;医疗信息的披露与人工智能系统的自主加工，可能加重网络隐私侵权、歧视等问题。

《是私事，也是政治》以社交媒体为切入口，揭示网络隐私的复杂性与脆弱性，深入探讨了信息共享风暴下隐私分配不平等现象。本书的新颖之处在于打破隐私与个体的固有联系，挖掘隐私社会化与网络化的本质属性；从政治角度研究隐私侵权对不同群体的危害程度，以及处理层面的权力差异。通过对女性群体与社会弱势群体的研究分析，本书不仅对隐私权的保护提出有力的呼吁，也为实现数字时代的平等和正义提供了宝贵的思路和方案。

《人工智能责任》围绕欧盟《人工智能责任指令》提案与《产品责任指令》修订版提案中的关键性法律问题，进行了全面的剖析与审视。本书比较分析侵权法中的子领域或"岛屿"，努力在不断扩展的侵权责任法规中寻求统一性，为人工智能立法重点转向非合同责任领域打下坚实基础，同时为其他国家的侵权责任改革提供了典型范式。书中提出的建议虽然不完全充分，但是为法律如何适用于不断发展的人工智能系统方面，提供了重要的探索方向。

《医疗保密与隐私》聚焦病人和医生之间的信任关系，在快速发展的医疗保健领域，数据保护法规的有效实施对维护患者隐私和信任至关重要。本书细致分析了隐私概念的作用和多功能性，深化了对人工智能背景下医疗概念的理解和运用。通过对各国不同政策和实践的比较分析，本书揭示了医疗隐私保护的多样化实践，为全球医疗信息保护提供了宝贵的洞见。希望本书能够为学术界和实务界提供丰富的资源，推动医疗隐私保护的进一步发展，为实现医疗行业的"善治"贡献智慧与力量。

四

全球的人工智能战略竞争正日趋激烈，创新与发展我国人工智能治理的法律体系亦是建设数字中国的应有之义。我国人工智能法学研究亟须针对特定领域，精准剖析域外经验与典型案例，构建符合我国实际的权利保护体系。同时，强化网络安全监管，健全数据安全治理，以数字化推进人工智能治理的法治化。随着我国《新一代人工智能伦理规范》《关于加强科技伦理治理的意见》《互联网信息服务算法推荐管理规定》等系列规范文件的出台，人工智能治理的法律体系建设已初有成效，但专门的立法规范与治理范式仍有迭代升级之必要。人工智能治理的理解也不能仅局限于法律规范，而应综合法律之外的多学科视角和多样的应用实践。上海人民出版社的编辑老师和译者们之所以谨慎地选择这三本国外专著，包括上海交通大学廉政与法治研究院、人工智能治理与法律研究中心以及凯原法学院数据法律研究中心依托国家社科基金重点项目"个人数据交易的私法构造研究"（项目编号：23AFX014）积极予以支持，也是期望这些包含了多学科知识和众多学者智慧的见解能够拨开读者心中的实践迷雾，为我国的网络隐私规制、人工智能责任构建以及医疗信息保护提供借鉴经验和试验信心。

我们也同各位读者一样，期待一个更加公正、安全、可靠的人工智能时代，一个法律、技术与生活相互促进、共同进步的时代，一个人类智慧与人工智能和谐共存的时代。

彭诚信

2024 年 8 月 17 日

概　述

人工智能责任
——开启欧洲私法数字化转型的新篇章

塞巴斯蒂安·洛塞/莱纳·舒尔茨/德克·施陶登迈尔[*]

　　欧洲私法正在经历第三次浪潮，以适应数字经济化转型。[1]目前我们正处于第二次浪潮，其重点在于调整法律以适应由新技术推动的新一代产品。这种调整是通过规范数字内容、服务以及智能产品，[2]并对数据经济中新出现的依赖关系作出初步规范来实现的。[3]然而，第三次浪潮旨在规范私法如何处理自主运行的人工智能等问题。第三次浪潮的一部分就是欧盟委员会提出的《人工智能责任指令》提案(AILD)，[4]该提案将其置于私法调整的大背景下，旨在利用人工智能的优势促进数字经济的转型。[5]

　　[*]　塞巴斯蒂安·洛塞(Sebastian Lohsse)和莱纳·舒尔茨(Reiner Schulze)系明斯特大学欧洲私法中心的法学教授。德克·施陶登迈尔(Dirk Staudenmayer)系欧盟委员会司法和消费者总司负责人工智能责任提案的部门主管，同时还密切参与了《产品责任指令》修订版提案的准备工作；他也是明斯特大学的名誉教授。本文仅代表作者个人观点，对欧盟委员会没有任何约束力。

1

一、引言：人工智能对私法的挑战

人工智能在亟待私法调整的新技术中占据了重要地位。人工智能是一种所谓的"赋能技术"(enabling technology)，使得创造新的商业模式成为可能。其巨大的发展潜力可以与将电力引入经济领域时的效能相媲美。很久以前，农民使用人力或畜力驱动的机械泵来灌溉田地。一旦引入电力，这些水泵被连接到电网成为电泵。如今，这些水泵通过连接网络云，可以获得访问人工智能的能力。通过物联网，这些水泵与分布在田间的传感器相连接，从而决定何时浇灌哪些植物、使用多少水，以及何时购买(即选择供水价格最低的时候)。6 人工智能可以将所有智能产品7转变为自主运行的产品。

(一)人工智能面临的具体挑战

人工智能之所以特别，以至于有必要调整私法来促进其推广并挖掘其增长潜力，原因在于它具有许多新的特性，其中两个尤为重要：自主性和不透明性。

自主性意味着高度发达的人工智能形式，特别是具备了机器学习能力的人工智能，能够作出既非人类预先决定也非人类可预见的决策，但这些决策可能会导致相应的法律后果，例如在损害赔偿情况下。人们可以事先测试人工智能在特定情景下会作出什么决策。例如，如果一辆自动驾驶汽车遇到了与测试情景相同的交通情况，算法将作出与测试案例中完全相同的决策。难点在于交通状况几乎不存在完全相同的情况，总是存在一些变量因素，如光线、天气、街道状况或交通参与者的数量和速度等，这些因素的差异将导致其他不可预见的决策。

不透明性意味着很难追溯导致损害的某个决策是如何作出的。基本上，人工智能通过输入数据来得出某个输出数据。虽然可以大致解释人工智能如何从特定输入数据获得输出数据，但要解释高度发达的机器学习形式的人工智能是如何从特定输入得到特定输出是非常困难的，甚至是不可能的。不同于只按照预定义规则学习的简单人工智能，更高级的机器学习形式的人工智能会自行创建学习参数。

高度发达的人工智能因此成为私法舞台上的新角色。一方面，这可能与自主订立合同有关。[8]另一方面，在侵权责任法中，人工智能的自主性和不透明性相结合，使得受害者难以证明其索赔的合理性。首先，自主性和不透明性以及人工智能生态系统的复杂性结合在一起，[9]导致很难从根本上确定可能需要承担责任的侵权人。其次，很难证明存在侵权行为或在产品责任情况中的缺陷。最后，更难以证明自然人的作为或不作为与损害之间的因果关系。[10]

（二）应对人工智能具体挑战的规范调整

1. 其他选择？

赋予人工智能系统以法律人格，[11]以确保法律相关行为可归责于人工智能系统，使其自身能够承担责任，这并不能解决问题。这种选择[12]只会将问题的解决推迟到谁将为人工智能系统提供资产以承担潜在的责任赔偿时。

人们通常认为，配备人工智能的产品和服务无论如何都会比使用传统技术的同类产品和服务更安全。在以人类违反一般注意义务或特定标准为基础的损害赔偿案件中，这种假设往往是正确的。例如，自动驾驶汽车不会因为人类最常见的原因(如酒驾或超速)而引发事故。然而，这并不意味着配备人工智能的产品和服务不会引发事故。事故可能会减少，但仍有可能发生。

将解决事故造成损害的问题完全交给产品安全法，其也无法彻底解决。产品安全法的任务是尽可能确保只有安全产品被允许流入市场。由于这一领域的法律也需要应对人工智能的挑战，欧盟委员会和欧盟立法机构在该领域积极开展工作。尽管最重要的提案——《人工智能法案》(AI Act)[13]尚未通过，但该领域中涉及人工智能的其他法案已经达成一致。[14]然而，并不存在100%的产品安全。产品安全的概念是使用某些产品或服务时，社会可接受的风险水平。虽然与市场上未配备人工智能的同类产品相比，配备人工智能的产品和服务可能更安全，而且修订后的产品安全法将有助于降低未来市场上产品或服务的损害风险，但仍然存在事故和损害发生的可能性。

这时侵权责任法应当介入。产品安全法和侵权责任法的关系是一体两面。前者旨在从事前角度减少损害的发生，而后者旨在从事后角度处理已发生的损害赔偿——这与侵权责任法的赔偿功能相对应。[15]同时，侵权责任法还具有预防功能，[16]因为它鼓励潜在的侵权人遵守产品安全法的要求和标准，从而避免损害和赔偿。

最后，仅仅等待《人工智能法案》通过并实施，再等到全自动化人工智能产品或服务推向市场后发生首批事故再采取行动，并不是一个明智的选择。整个社会对人工智能存在怀疑态度，[17]涉及人工智能的事故在媒体上也有很大反响。如果事实证明这类事故的受害者无法获得相应的赔偿，这很可能会进一步降低人们对该技术的信心，并产生一种普遍消极的氛围，从而减少经营者成功推出新产品的机会，降低消费者购买配备人工智能的产品或服务的意愿。

2. 侵权责任法应对人工智能挑战的方法

(1) 整体方法

欧盟委员会的基本法律政策方法是确保因人工智能产品和服务造成侵害的受害者与遭受传统技术侵害的受害者具有同等的成功索赔机会。[18]

为了实施这一方法，欧盟委员会研究了侵权责任法的三大支柱，即过错责任、产品责任和严格责任。欧盟委员会的提案涵盖了《人工智能责任指令》提案中关于过错责任的举证责任，这是第一支柱。通过修订《产品责任指令》提案(PLD)[19]是第二支柱。作为第三支柱的严格责任，只考虑在未来通过《人工智能责任指令》中的审查条款[20]进行可能的干预。[21]

(2) 针对性方法

尽管人工智能存在风险，但没有充分的理由考虑制定第二代侵权责任法，即对国家侵权法进行根本性的全面改革。自蒸汽机发明以来，历经 19 世纪和 20 世纪发展起来的现代侵权法已经找到了应对新兴技术的答案。因此，欧盟委员会选择了一种有针对性的协调方法，重点关注人工智能的特定特征带来的责任法挑战。[22]因此，这两项提案都旨在减轻受害者在确定因果关系(以及与《产品责任指令》有关的缺陷存在)和责任人身份时的举证责任。

《人工智能责任指令》并没有为责任赔偿提供法律依据；这是由适用的国家法律决定的。《人工智能责任指令》也不涉及一般侵权法方面的内容。例如，它不规定如何界定因果关系、哪些损害属于赔偿范围或者举证所需的确定程度。[23]

《人工智能责任指令》为欧洲私法适应数字经济需求的第三次浪潮打开了大门，该指令的重要性不言而喻，并且包含了一个可能与欧洲侵权法未来发展相关的指示。

依照其针对性方法，《人工智能责任指令》并不统一过错，[24]它只涉及过失或故意的作为或不作为两个要素。[25]《人工智能责任指令》也不对某些国家侵权法中的根本分歧持任何立场，即是否区分违法性和过错，[26]或者是否采用统一的过错概念。[27]然而，为了使《人工智能责任指令》第 3 条第 5 款关于不披露信息的可反驳推定和第 4 条关于可反驳的因果关系推定具有可操作性，[28]《人工智能责任指令》引入了"违反注意义务"的概念。[29]第 2 条第 9 款对注意义务使用了"必要行为准则"这一术语，该术语源自《欧洲侵权法原则》(PETL)第 4 条第 101款。[30]正如鉴于条款第 3 条第 1 句所指出的，"行为"概念包括作为和不作为，即做或不做某件"必要的"事情。[31]

该定义解释了"必要行为准则"的目的是为了保护国家或欧盟法律承认的法律利益，其引用了生命、身体完整性、财产和基本权利保护等例子，但并不仅限于此。[32]

因此"必要行为准则"的内容由国家法律或欧盟法律确定。鉴于条款第 23 条第 1 句和第 24 条第 1 至 4 句解释了"必要行为准则"的两个

13

来源。它们可以是具体标准，也可以是存在于所有国家侵权法中的一般注意义务。[33] 鉴于条款第 24 条第 2 句解释了后者是理性人[34]行事规则的具体化。[35]

此外，《人工智能责任指令》所采用的方法深受比例原则的影响。虽然《人工智能责任指令》引入了有关信息披露请求和可反驳的因果关系推定的新规则，但这些规则受到许多条件的限制，以平衡各方利益。《人工智能责任指令》还使用了各种抽象的法律术语，旨在赋予各国法院充分的自由裁量权来解决未决案件，这在侵权法领域尤为重要。

最后，最低限度协调方法[36]符合欧盟层面的自我约束规范。这对内部市场来说并不理想，因为商家在内部市场销售人工智能产品和服务时仍然会面临不同国家的规则。[37]然而，即使是在统一方面比欧盟委员会提案走得更远的欧洲议会，也从未要求完全统一过错责任。[38]我们还必须认识到，这只是欧盟第二次尝试统一各国侵权法。与合同法等私法领域相比，国家侵权法领域存在更多根本性的差异。

(3) 一致性方法

《人工智能责任指令》提案和《产品责任指令》修订版提案是作为一个整体提出的。虽然它们的方法和范围不同，但在某些方面有所重叠。

在方法上，《产品责任指令》修订版提案旨在全面调整 1985 年《产品责任指令》以适应数字经济，在此背景下，它也规范了人工智能的某些特定方面。[39]《人工智能责任指令》通过应对人工智能对责任法的特定挑战，促进私法的数字化转型。

在范围方面，《人工智能责任指令》比《产品责任指令》更具有限制性、更全面。一方面，《人工智能责任指令》更具有限制性。因为它只针对使用人工智能时造成的损害，而《产品责任指令》则涵盖所有产品，不论其使用何种技术。另一方面，《人工智能责任指令》更全面。因为它涵盖了所有形式的损害，即不仅仅是像《产品责任指令》那样只涵盖特定的物质损害，[40]还包括国家责任法可以赔偿的任何损害，如经济损失和非物质损害。同时，它还涵盖了人工智能服务，因为这些服务同样可能造成损害。此外，它涵盖了所有类型的受害者，即不仅包括自然人(如《产品责任指令》所规定的)，还包括遭受损害并面临举证困难的企业。

在人工智能产品造成损害的案件中，只要满足各自的要件，两部指令都可能适用。[41]尽管人工智能给责任法的适用带来了挑战，但仍维持了对受害者现有的保护水平，[42]受害者可以继续在产品责任和过错责任之间进行选择。通过使用相同的工具(即信息披露请求和可反驳的因果关系推定)来帮助受害者，《人工智能责任指令》和《产品责任指令》修订版提案都旨在确保在涉及配备人工智能的产品造成损害赔偿的案件中的一致性。

为尽可能与《人工智能法案》保持一致，[43]《人工智能责任指令》提案在确定其范围时使用"人工智能系统""高风险人工智能系统""提供商"和"用户"等概念。[44]《人工智能法案》第4条第2款还规定了在高风险人工智能系统适用可反驳因果关系推定时，提供商和用户根据该法所应承担的义务。

二、 人工智能责任——对欧盟委员会提案的讨论

在此背景下，第七届明斯特欧盟法律与数字经济研讨会汇集了来自欧洲各地的学者和从业人员，就《人工智能责任指令》和《产品责任指令》这两项提案的不同方面展开了具体讨论。明斯特会议以及本书撰写的文稿，均对这些议案进行了热烈而富有启发性的讨论，既包括责任法的基本问题，也涵盖该领域适当的责任监管问题。分析、批评建议和补充或替代建议的范围从政治和法律的基本方向设定——从过错责任、严格责任和替代责任之间的关系，到强制保险解决方案的必要性、范围和内容的讨论，以及对成员国法律[例如，关于有无"非累积"(noncumul)

16

原则的法律体系中，合同请求权和非合同请求权之间的关系]的多样性影响的预测。研讨会包含对风险合理分配的一般问题、多个侵权人或其他责任人之间相互追偿的影响、因果关系和过错等核心概念的确定以及提案条款中规定的推定的参照领域的讨论。此外，研讨会还涉及对两项提案之间的关系和相互影响，以及其各自调整对象[如生产商、制造商、用户、(商业)经营者等]的分类和责任等问题的讨论。更重要的是，还考虑了人工智能带来的歧视问题和先合同的具体情况(如人工智能拒绝贷款)。最后，研讨会把重点放在法律评估中使用的基础术语在人工智能的角色和功能方面的适用性(例如，关于是否以及如何"造成"损害的问题，或者在涉及人工智能时使用"行为"等术语的适当性和程度)。

(一) 背景介绍:责任制度与《人工智能责任指令》和《产品责任指令》提案

研讨会首先对责任制度进行了一般性研究，范围从单纯的过错责任到纯粹的严格责任。因此，在本书中，伯恩哈德·科赫(Bernhard Koch)首先提醒人们注意不同国家传统制度中可能遇到的大量责任制度，这些制度通常处于两个极端之间。[45]因为，即使责任一开始就以过错原则为基础，也可以通过限定过错要件或举证责任倒置来调整这一原则。同样，严格责任制度也可以选择是否允许某些抗辩。正如伯恩哈德·科赫进一步指出的，从这些众多的可能性中选择具体的制度更多是基于政策考量，这些政策考量包含关于损害各个方面的论点(例如可能性、可预见性或性质)、侵权人的活动或这些活动之间的因果关系以及公共利益等。

在这一总体背景下，杰拉尔德·斯宾德勒(Gerald Spindler)的论文揭示了《产品责任指令》和《人工智能责任指令》提案的基本概念和重要创新。[46]特别值得关注的是，《产品责任指令》提案不仅将软件作为产品纳入其中，还包括决定产品安全的服务，[47]扩展了应受保护的合法利益的范围；杰拉尔德·斯宾德勒特别强调，将数据丢失或损坏纳入保护范围(纯粹经济损失仍被排除在外)是一项极具创新性的举措。[48]同样具有创新性的是关于缺陷的概念,《产品责任指令》提案对缺陷概念在一定程度上考虑了人工智能系统投放市场后自主学习和发展的能力。[49]此外,为了确定潜在的责任主体,该提案将《产品责任指令》的适用范围从制造商和进口商扩展到所谓的履行服务提供商,从而在制造商和进口商均不在欧盟境内的情况下,提供对产品进口处理人的保护。[50]最后但同样重要的是,尽管坚持通常由受害者承担举证责任的原则,《产品责任指令》提案针对信息不对称给受害者带来的实际问题,规定了潜在侵权人披露信息的义务以及证据推定制度。[51]

《人工智能责任指令》提案的特点是聚焦于有关证据披露义务和减轻原告举证责任[52]的推定的具体规则。除此之外,如前所述,[53]它的整体方法和范围与《产品责任指令》提案有所不同。最重要的是,与接近严格责任的《产品责任指令》提案不同,《人工智能责任指令》提案并不(尚未)要求严格责任,而只是协调了基于过错责任的单个方面。[54]

(二) 产品责任和经营者责任

总体来看,研讨会的重点转向不同责任制度的核心方面。因此,本书的第一部分集中讨论了产品责任制度和经营者责任制度。克里斯蒂安·温德霍斯特(Christiane Wendehorst)专门讨论了这两种制度之间的平衡问题。她的研究首先探讨了《产品责任指令》提案中所设想的上述修订,以确定这些修订是否足以解决技术变革下现有制度的缺陷。[55]在确定只存在一些小缺陷的基础上,克里斯蒂安·温德霍斯特进一步提出:人们以前通常认为的经营者严格责任的必要性在多大程度上会因为《产品责任指令》提案而消失。本质上,她认为《产品责任指令》提案留下的少数空白问题,只需要补充一个替代经营者责任。

第二部分的另外两篇论文重点讨论了产品责任和经营者责任。让·塞巴斯蒂安·博尔盖蒂(Jean-Sébastien Borghetti)详细地探讨了《产品责任指令》提案所带来的核心变革。[56]他对产品和损害概念、责任对象以及缺陷、抗辩和举证责任等问题提出了修改建议。乔治·博尔赫斯(Georg Borges)则将重点转向《人工智能责任指令》提案。[57]他深入研究了《人

19　工智能责任指令》提案为何以及在多大程度上可能无法填补因人工智能系统自主性和不透明性产生的所有责任之间的空白。尽管修订后的《产品责任指令》将有利于有效保护因人工智能系统受损的一方，但乔治·博尔赫斯认为，即使有了《产品责任指令》提案，可能仍然需要额外的严格责任制度来应对人工智能系统自主运行所带来的责任空白。然而，在何种情形下应该将责任归责于制造商或生产商，似乎仍是一个悬而未决的问题。

（三）举证责任和因果关系

如前所述，鉴于人工智能的自主性以及不透明性，必须特别关注受害者因承担证明责任所面临的困难。尤金尼娅·达科罗尼亚(Eugenia Dacoronia)在本书详细阐述了，《人工智能责任指令》提案和《产品责任指令》提案的处理方法如何与以往尝试和建议应对这些困难的方法进行比较。[58]这一领域中的一个特定问题是因果关系。一般来说，受到人工智能系统损害的一方提出损害赔偿请求，首先必须证明引起责任的人类行为与人工智能输出(最终导致损害)之间存在因果关系。其次，还需要证明人工智能系统的输出与受害者的损害之间存在因果关系。如前所述，考虑到建立这些因果关系的困难程度，《人工智能责任指令》提案和《产品责任指令》提案制定了相应的推定规则。[59]赫伯特·泽奇(Herbert Zech)更详细地研究了这些条款。[60]他特别指出，《产品责任指令》条款已延伸至上述因果关系链的后半部分，而《人工智能责任指令》提案的条款仅限于因果关系链前半部分。此外，他还探讨了《人工

20　智能责任指令》提案扩大因果关系推定规则是否具有合理性的问题。

（四）追偿和保险

最后，研讨会讨论了不同主体之间分配损害的问题。米克尔·马丁·卡萨尔斯(Miquel Martín-Casals)关注到受害者的损害可能来源于多个主体(多个侵权人)的情形，这些主体对损害应当负有连带责任。在赔偿受害者之后，这些人当然想向其他对损害负有责任的人(们)进行(部分)追偿。[61]他首先阐述了不同国家在连带责任方面的不同做法，接着呼吁

对《产品责任指令》提案进行补充。他认为，至少应该努力统一追偿权，以平衡不同成员国中多个侵权人的地位，从而避免市场扭曲。

赫尔穆特·海斯(Helmut Heiss)讨论了保险问题。[62]他提出引入强制保险计划的原因和可能性，并主张在特定行业引入此类计划，以此实现不同行业之间的一致性。此外，作为赔偿的一种替代方案，他的研究还分析了以保险覆盖或相应的中央基金替代传统保险责任的可行性。

三、展　望

鉴于本书后续各部分将详细介绍这些研究，在此不再对明斯特会议上提出的大量反思和提案进行详细总结。本书还特别收录拉尔斯·恩特曼(Lars Entelmann)、卡尔·奥特曼(Karl Ortmann)和费德里科·奥利维拉·达·席尔瓦(Frederico Oliveira Da Silva)的发言，这些发言开启了小组讨论，是研讨会接近尾声时的一场深入反思的讨论。

然而，简单展望一下，欧盟委员会在其重叠领域提出了两个更具深远意义的进展：一方面是由于人工智能的极其重要性而产生的监管需求，另一方面是在非合同责任领域欧盟法律的进一步发展。

在第一个方面，一个监管框架在欧洲范围内正逐渐形成，为人工智能的使用提供法律规制，平衡其带来的机会和风险。这一与人工智能相关的欧盟法律既包括本书涉及的两个提案，也包括不完全或不专门涉及非合同责任的法案，特别是对该领域的法律术语具有重要意义的《人工智能法案》。未来几年可能会有更多与人工智能相关的立法措施——不仅是公法法规，也有私法法规，例如关于人工智能在合同订立(自动化签约)、合同履行和合同终止(智能合约)中的使用。

在这一领域，欧盟立法面临的任务不仅是通过适当的个别措施以应对新挑战，而且还要确保这些措施特别是其中包含的概念和价值观的一致性。只有这样，才能创造有效的监管环境，为成员国的法律发展提供指导，并让公民相信欧洲层面的法律解决方案。从以往立法经验来看，这并非易事。至少《人工智能责任指令》与《人工智能法案》在术语上的协调显示了在这方面的巨大努力。然而，该领域的立法仍然有可能零散，因此在一致性方面可能会有缺陷。因此，法学界的任务和机会仍是尽可能促进该领域术语和价值的统一。

在第二个方面，关于欧盟非合同责任规则的进一步发展(即"欧洲侵权法")，此背景下应看到《人工智能责任指令》和《产品责任指令》两项提案。为应对数字化带来的新挑战，以及环境破坏、气候变化、各种类型的"大规模侵权"等其他新情况带来的挑战，这一发展主要是在更广阔的非合同责任领域加强和扩大欧盟法律的适用。

随着两项提案的提出，欧盟立法现在开始转向非合同责任领域，以应对这些新挑战中的两个问题。正如本书中讨论的，这些提议的方法在某些方面可能是有限的、不充分的。然而，这是一个非常好的开端。随着这些提案出台，继合同法之后，私法的另一个"经典"核心领域将成为立法的重点，欧盟正在通过这些立法使其法律适应数字时代。

迄今为止，与合同法相比较，在欧洲私法的讨论中，法学家和法律政策制定者较少关注法律核心领域中的侵权法。但不应忽视的是，即使在当前的立法提议之前，这一领域已经形成了大量的欧盟法律。除了之前的"前数字"产品责任和环境保护的规定之外，它还涵盖许多不同的事项，例如竞争法和其他商法领域的责任规定，以及欧洲法院关于《欧洲联盟运作条约》(TFEU)第 340 条第 2 款(参考成员国法律的一般原则)的非合同责任的丰富判例法。

然而，欧盟法律的非合同责任领域——就像合同法领域一样——迄今为止基本上是零散的。对于欧洲侵权法来说，法律学者们也一直在研究和起草工作中努力寻找对欧洲规则更为一致的理解和系统化的方法。即使在数字化带来的新挑战和立法回应出现之前，一些研究已经对此提出了初步建议——从"欧洲侵权法研究组"的《欧洲侵权法原则》和《欧洲示范民法典草案》(DCFR)的"因对他人造成损害而产生的非合同责任"一卷，到关于欧盟责任法基本类别(如损害或因果关系)的系统性研究。

鉴于侵权法面临的新挑战，立法的零散性不会随着欧盟法律可预见的扩展而立即改变。相反，欧盟立法有可能继续存在不同的政策目标和策略。因此，法学学者和从业人员的主要任务仍然是努力在不断扩展的非合同责任法规中寻求统一性——无论是在现有欧盟法律的适用方面，还是在未来的立法项目方面。

为此，可以比较这一领域中日益增长的欧洲法律的术语、评价和标准，并在欧盟侵权法的各子领域(如人工智能责任)以及与其他子领域(如对其他高风险对象的责任或环境损害责任)中寻求统一的概念和原则。例如，本文所依据的会议上提出的问题：尽管"因果关系"的概念在成员国法律中并未得到统一，但其在指令提案的规范范围内起着重要作用。但是，该概念是否应在欧盟法律中一致适用——如果适用，它是只能在相关的欧盟法律子领域内适用，还是在欧盟法律体系中更广泛地适用？同样值得考虑的是，《人工智能责任指令》提案产生的"过错"概念是否只能在该指令范围内适用，还是也可以在该范围外适用——无论是与人工智能相关的法律问题，还是其他更普遍的问题。从欧盟法律一致性的角度来看，还必须考虑这些规则与欧盟法律其他领域相应规则之间的关系，特别是保护标准是否保持一致。同样，问题还在于，例如对于强制保险问题，这些标准是仅适用于人工智能的某些风险，还是必须从更广泛的、涉及侵权法各个领域的"横向"视角来完善。

所有这些方面和问题表明，应该在不断发展的欧盟侵权法大背景下理解人工智能的具体挑战。这需要首先对该领域中涉及的欧盟法律不同的子领域或"岛屿"进行比较研究，以尝试根据同一法律标准来平衡责任人和潜在受害者之间的负担。

这种研究方法会伴随欧盟立法越来越多地应对数字化、气候变化以及其他发展给侵权法带来的挑战。这些研究旨在提出和建立更为统一的法律术语和整体标准，用于评估欧洲侵权法各子领域的法律。通过这种

23

方式，司法和立法将共同致力于确保数字时代不断演进的"欧洲化"侵权法与法律要求的确定性、平等性相一致。

注释

1. Cf. Staudenmayer, in：Staudenmayer(ed.), Handbuch Europäisches Digitales Zivilrecht, 2023, §§ 2 and 25 (to appear).

2. Cf. Staudenmayer (fn. 1), § 2；Staudenmayer, European Review of Private Law 2020, p.219 et seq.

3. 主要案例是《数据法案》的提案。关于《数据法案》，其作为迈向数据经济私法的重要一步，参见 Staudenmayer, Zeitschrift für Europäisches Privatrecht 2022, p.596 et seq., 1037 et seq.。

4. COM 2022 (496) final of 28.9.2022.

5. Rec. 1 and 5 AILD.

6. Lohsse/Schulze/Staudenmayer, Liability for Artificial Intelligence, in：Lohsse/ Schulze/Staudenmayer(eds.), Liability for Artificial Intelligence and the Internet of Things, 2019, p.11.

7. 关于智能产品的概念，参见 Lohsse/Schulze/Staudenmayer, "Smart Products" — A Focal Point for Legal Developments in the Digital Economy, in：Lohsse/Schulze/ Staudenmayer (eds.), Smart Products, 2022, p.11 et seq.。

8. 关于与人工智能或人工智能之间的自主合同，参见 Lohsse/Schulze/ Staudenmayer (fn. 7), p.31 et seq.。

9. 例如，在智能家居中可能会有一系列的参与者、产品和服务。

10. Cf. for instance Karner/Koch/Geistfeld, Comparative Law Study on Civil Liability for Artificial Intelligence, 2020, p.23 et seq.

11. 参见 2017 年 2 月 16 日欧洲议会决议，其中就私法规则向委员会提出建议[2015/2103 (INL)，第 59 (f)和(a)点]，希望赋予自主机器人法律人格，并提出强制保险制度。然而 2020 年 10 月 20 日的欧洲议会决议[2020/2014 (INL)，第 7 点]不再坚持这一点。

12. 这也是《人工智能责任专家组报告》第 37 页及后续部分的结论，以及《人工智能高级别专家组》的政策和投资建议第 29.7 点的结论。

13. COM (2021) 206 final.

14. 参见 Regulation (EU) 2023/988 on General Product Safety(OJ L 135 of 23.5. 2023, p.1)。在撰写文本时，新的机械条例[COM(2021) 202 final]已经达成一致，但尚未公布。也参见 the Commission Delegated Regulation(EU) 2022/30(OJ L 7 of 12.1.2022, p.6)。

15. Koziol 认为这一功能在一般情况下 [Koziol, Prevention under Tort Law from a Traditional Point of View, in: Tichy/Hradek(eds.), Prevention in Law, 2013, p.133]和从比较法视角来看，都属于主要功能[Koziol, in: Koziol (ed.), Grundfragen des Schadensersatzrechts, 2014, point 8/146]。

16. Koziol, Grundfragen (fn. 15), point 8/147.

17. 参见 the European Commission SWD (2022) 319 final of 28.9.2022, p.14 fn. 57 的影响评估。

18. 参见 White Paper on AI, COM 2020(65) final of 19.2.2020, p.15 and Rec. 5, 7 AILD。

19. COM 2022 (495) final of 28.9.2022.

20. Art. 5 AILD.

21. 尽管《产品责任指令》的责任方法通常被称为严格责任，但在这里并不被视为严格责任，因为"缺陷"标准取代了过错责任中的过错要素。

22. 参见 Rec. 9 et seq. AILD。

23. Art. 1(3) d), Rec. 10, 13 AILD.

24. Art. 1(3) d), Rec. 10, 2 nd sentence, 22, 2 nd sentence AILD.

25. Rec. 3, 1 st sentence AILD.

26. Cf. the German BGB(§ 823), the Austrian ABGB(§ 1294) and the Swiss Obligationenrecht (Art. 41).

27. Cf. on this distinction Karner/Koch/Geistfeld(fn. 10), p.38 et seq.；Koziol, in: Koziol(ed.), Basic Questions of Tort Law from a Comparative Perspective, 2015, point 8/218 et seq.

28. 参见 Art. 1(3) d) AILD。

29. Art. 4(1) a), Rec. 22, 5th sentence AILD.

30. European Group on Tort Law, Principles of European Tort Law, Art. 4:101, point 4 et seq.

31. Cf. also Comment A., VI.-3:102 DCFR, in: von Bar/Clive(eds.), Principles, Definitions and Model Rules of European Private Law-Draft Common Frame of Reference(DCFR), 2009, p.3402.

32. Cf. the first element in Art. 4:102 Abs. 1 PETL and the reference(European Group on Tort Law, Principles of European Tort Law, Art. 4:102 PETL, point 7) to Art. 2:102(2) and (3) PETL.

33. 案例参见 VI. 3:102 DCFR. Art. 4:102(3) PETL，但是《欧洲侵权法原则》仅考虑到确定"必要行为准则"的具体规范(European Group on Tort Law, Principles of European Tort Law, Art. 4:102, point 19)。

34. 一些侵权法中的"家长主义"概念就体现了这一点。

35. 参见 Art. 4:102 Abs. 1 PETL and Karner/Koch/Geistfeld(fn. 10), p.39。

36. Art. 1(4) AILD.

37. 参见 Rec. 14 AILD。

38. EP Resolution of 20.10.2020(2020/2014(INL)，Rec. 17 of the Regulation.

39. 参见明确提到修改的《产品责任指令》提案中的鉴于条款第 3 条、鉴于条款第 23 条相关的文献以及修改的《产品责任指令》提案中的第 6 条第 1 款 c 项关于自主学习产品的内容。修改《产品责任指令》的提案中鉴于条款第 30 条提到，涉及技术或科学复杂性的情况是因为其更广泛的范围涵盖了配备人工智能的产品，但也超出了这一范围。更多有关详细信息，请参见本章下文(B. I.)。

40. Art. 9 PLD, extended by Art. 4(6) of the proposal revising the PLD.最显著的扩展是涵盖对数据的损害。

41. 参见 Art. 1(3) b)，Rec. 11 AILD；Art. 2(3)(c)，Rec. 9 of the proposal revising the PLD；cf. also Artt. 6 (1) f)，9 (2) b) of the proposal revising the PLD。

42. 参见 Rec. 3，last sentence AILD。

43. 参见 Rec. 15 AILD。

44. 《人工智能责任指令》第 2 条第 1 至 4 款提及《人工智能法案》中的定义。《人工智能法案》中的用户一词不包括消费者。虽然《人工智能责任指令》接受《人工智能法案》中的用户概念，但在《人工智能责任指令》第 4 条第 6 款中为个人非专业活动过程中的不法行为人制定了一项特殊规则。

45. Koch, The Grey Zone Between Fault and Strict Liability ... and Where to Place AI，below，p.14 et seq.

46. Spindler, Different approaches for liability of Artificial Intelligence-Pros and Cons, below, p.25 et seq.

47. Art. 4 (1)，(3)，(4)，Rec. 12，15 of the proposal revising the PLD.

48. Art. 4 (6)(c) of the proposal revising the PLD.

49. 有关细节，参见 Spindler(fn. 46) at section III. A. 3。

50. Art. 7(3) of the proposal revising the PLD.

51. Artt. 8，9 of the proposal revising the PLD.

52. Artt. 3，4 AILD；更多细节，在本文中也可参见 Borges, Liability of the Operator of AI Systems De Lege Ferenda, below, p.104 et seq. at section III. 2 and 3。

53. 参见上文 section，A. II. 2. c)。

54. 参见上文 fn. 21。

55. Wendehorst, Product Liability or Operator Liability for AI-What is the Best Way Forward? , below, p.62 et seq.

56. Borghetti, Adapting Product Liability to Digitalization：Trying Not to Put New Wine Into Old Wineskins, below, p.82 et seq.

57. Borges(fn. 52).

58. Dacoronia, Burden of proof—How to handle a possible need for facilitating

the victim's burden of proof for AI damage? , below, p.131 et seq.

59. Art. 4 AILD, Art. 9 of the proposal revising the PLD.

60. Zech, Liability for AI: Complexity problems, below, p.124 et seq.

61. Martín-Casals, Recourse among several liable persons-allocating the burden of liability, below, p.141 et seq.

62. Heiss, Liability for Artificial Intelligence(AI): Solutions Provided by Insurance Law, below, p.159 et seq.

第一部分
过错责任和严格责任

第一章　过错责任和严格责任之间的灰色地带

——人工智能去往何处？

伯恩哈德·A.科赫[*]

一、引　言

　　本章的主题并非不言自明，需要结合本书其他章节来理解。后文将更详细地探讨 2022 年 9 月 28 日公布的两份草案文本，即《产品责任指令》修订版提案和《人工智能责任指令》草案。在本章中，关注的是一个更为一般性的问题，即当人工智能造成损害时应承担何种责任。但为了不影响后续分析，我们对这个问题暂不给出明确答案。本章将收集一些常用的关键论据，用于支持从当前各个法律体系所提供的责任制度组合中选择适当的责任制度。毕竟，欧洲司法管辖区显然有着悠久的侵权

---

　　[*]　伯恩哈德·A. 科赫(Bernhard A. Koch)系因斯布鲁克大学法学院民法系民法与比较法学教授。本文基于 2022 年 11 月 17 日至 18 日在德国明斯特举行的"明斯特欧盟法与数字经济研讨会：人工智能责任"上发表的演讲修改，基本保留口头报告的风格和格式，但在注释中增加了一些内容和参考文献。

法历史，并已经发展出一个相当复杂的责任基础组合，有些主要关注不当行为，有些则关注不同的潜在损害来源，但其理由往往是重叠的。[1]

在历史上，所有侵权法的起点是"损失由本人承担"(casum sentit dominus)，虽然现在它似乎正逐渐被遗忘：如果某人遭受损失，除非能提出被相关法律体系所认可的充分理由，让他人来弥补该损失，否则这个损失将一直由本人承担。[2]传统上，如果行为人因自身或在其控制领域内的人的过错行为导致他人遭受损失，就可以要求行为人赔偿。长期以来，这些侵权责任的基本原则一直由诉讼理由加以补充，在这些诉讼理由中，过错是推定的，甚至是被忽略的，作为证明受害者应由他人赔偿的理由。

二、 过错责任和严格责任之间的灰色地带

尽管过错责任和无过错(或严格)责任之间有时被认为存在鸿沟而非一种共生关系——根据约瑟夫·埃瑟尔(Josef Esser)的双轨制(Zweispurigkeit)概念。[3]但从今天的角度来看，两者之间显然存在一个连续的统一体，目前所有法律体系中提供的解决方案都可以在这个连续统一体的某个位置找到。

个人可归责性最强调个人的主观过错，这在理论上可以说是笔者所在司法管辖区的民法典的基本观念。然而，即使是《奥地利普通民法典》(ABGB)也从一开始就考虑通过假定每个人至少都具备一般能力来客观化过错的因素，尽管这一点会遭到反驳。[4]在确定适用注意义务标准时，越是以普通人的能力和勤勉来衡量，而不是以特殊个体的差异来确定，就越少有人能通过声称自身能力不足以达到这样的客观标准来逃避责任，从而有效地提高受害者胜诉的可能性。

在风险归责时，进一步降低可归责性中关联性的方法是过错的举证责任倒置，尽管被告存在抗辩的可能。

正如在法国判例法下 Jand' heur 案[5]的最终裁决中所看到的，下一步 就是简单地推定被告存在一定的过错，而不允许其反驳。这实际上已经 是严格责任的一种形式，但至少伪装成仍集中于被告的行为，作为让 其承担责任的核心原因。

"真正的"严格责任首先应当承认，其正当性并非基于被告的某些 过错或有瑕疵的行为，而是独立于此的其他因素，通常是某种在使用时 容易造成损害的物，或者是某种不能通过控制来避免对他人造成损害的 活动。尽管如此，人们有时仍然会用被告的行为来解释这些责任基础， 例如，即使被告采取"最高的注意"也无法控制风险的事实，但其真正 的原因在于利益平衡。这种权衡更少关注被告的行为，而更多关注其他 政策原因。

这些严格责任可以进一步升级为绝对责任，即通过切断被告以诸如 不可抗力、外部影响(包括受害者对自身损害的作用)等抗辩理由来逃避 责任的机会。例如，法国的《巴丹戴尔法》[6](loi Badinter)基本排除过失 相抵作为抗辩理由，除非是受害者的自杀行为。[7]

表 1-1

主观过错	客观过错	过错的举证责任倒置	可抗辩但不可反驳的过错推定	可抗辩的无过错责任	不可抗辩的无过错责任(绝对责任)

所有法律体系都将责任基础置于表 1-1 范围的某处，其中主观过错 在最左侧，绝对责任在最右侧。[8]大多数法律体系在左起第二类的客观 过错有较多的一致性。[9]相较之下，普通法司法管辖区的责任基础很少 出现在该表范围的右侧，而罗马法司法管辖区似乎更适合被置于此。

虽然到目前为止，我们只关注了不当行为在成立侵权责任中的相关 性，现在让我们退后一步，从更广阔的角度来审视这个范围，关注其对 受害者的影响。毕竟，在此范围内越偏向于右侧，受害者就越容易获得 赔偿，因为他们不再需要证明被告的任何不当行为，而只需要证明某种 程度上由法律具体定义的风险已经发生。

如果说减小损害风险对受害者至关重要，那么也应该进一步考虑影响传统侵权赔偿的任何其他要素。尤其是对于因果关系这一要素——减轻受害者证明损害源自被告行为的举证责任，可以大大增加受害者胜诉的可能性，并推动案件的责任基础朝着右侧严格责任方向移动。这是我们在研究责任指令提案的影响时需要牢记的。

三、 为具体风险选择适当责任模式的讨论

让我们来看一些立法者和(或)法官在决定某一行为应承担何种责任时常用的直接或间接论据。

表 1-2

损害程度	因果关系的可证明性	过错或危险的可证明性	侵权人的行为自由	行为的公共利益
损害可能性	因果关系可能性	行为边界的界定	侵权人替代方案	制裁行为的公共利益
损害频率	侵权相关性	期望的侵权人专业知识	侵权人替代方案的成本	损害分担能力
受害者受损利益的性质	受害者随机性	实际的侵权人专业知识	侵权人行为的获益	便于受害者索赔的公平性
侵权人对损害的可预见性	侵权人和受害者的关系	行为的可归责性	受害者承担自身损失的能力	侵权人支付损害赔偿的能力
受害者受损利益的明显性	保险的可适用性	赔偿程序的效率	防止危害的保护措施的可用性	自我保护免受损害的合理性

这并不是一个完整的列表，但至少是一个相对公平的选择(希望如此)。请注意，这里列出的不是侵权索赔的要件本身，而是常用于评估这些要件之间相互作用的要素。因此，在表1-2中不会标有"损害""因果关系""违法性"或"过错"等内容。

在继续讨论之前，我想鼓励大家设想人工智能系统的特殊风险，[10]并在我们继续探讨选择适当责任制度的论点时牢记这些风险。

（一）关于损害的讨论

表 1-3

损害程度	损害可能性	损害频率	受害者受损利益的性质	侵权人对损害的可预见性	受害者受损利益的明显性

考虑到在大多数情况下，如果没有损害，便不会产生侵权责任(尽管确实存在一些例外情况，特别是在普通法系中)。[11]因此，在确定适当的责任制度时，损害程度及其发生可能性是核心问题。这还涉及此类案件预计在法院案件中的出现频率问题。此外，受害者损害的性质是决定性的：致命或人身伤害比纯粹的经济损失更可能引发责任。[12]这与原因无关，因此即使是人工智能造成了损害也是如此。两份草案也表明了这一点：《产品责任指令》(草案)仍然限于人身伤害和财产损失(《产品责任指令》第4条第6款)，而《人工智能责任》(草案)则适用于任何类型的损害，因此也包括纯粹的经济损失，尽管这受到各国侵权法中的一般(和多样)限制。

除了这些与当事人没有直接联系的客观因素，认定侵权责任还存在其他附加因素，比如受害者的利益是否明显受到侵权人行为的影响，以及侵权人是否能够预见到这种行为会造成损害。这些因素不一定与实际被告相关，而是更多与处于被告地位的人有关，使责任认定相较最初状态减少了主观成分。在实际案件中评估被告个人责任时，最后阶段可能会再次提及被告的预见能力。这些观点同样适用于任何原因，因此在人工智能案件中也需要加以权衡。

（二）关于因果关系的讨论

表 1-4

因果关系的可证明性	因果关系可能性	侵权相关性	受害者随机性	侵权人和受害者的关系

接下来讨论因果关系，即将损害与被告方联系起来。在决定哪种责任制度可能最适合所考察的风险时，实质性因素和程序性因素都起着决定性作用。

33

在程序方面，关键问题显然是能否证明因果关系，即典型的受害者在面对风险时，证明实际发生的事情有多困难。这还涉及证据的可获取性，特别是那些由潜在的被告独家控制且对建立因果关系至关重要的项目。

这个方面显然起着决定性的作用——毕竟，《人工智能责任指令》(草案)主要就是围绕这一特定方面展开的。然而，值得质疑的是，是否真的应该像草案建议的那样向受害者提供倾斜保护，尤其是考虑到还有许多其他方面有待研究的情况下。关于这一点，笔者在此强调，仅考虑多种因素(或者这里说的方面)中的一个，而忽视与其他所有因素的相互作用，可能无法产生预期的结果。

因果关系的可能性(最终是专家证人的问题)直接与前一方面相关——证明实际发生的事情越困难，在法庭上被证明的可能性就越低。然而，这不仅是一个可证明性的问题，还涉及一个更为普遍的(纯粹客观的)问题，即风险通常是否以及如何发生。例如，一个实际造成损害的风险极小的危险源，明显不属于严格责任的适用范围。此外，关于《人工智能责任指令》涵盖的高风险人工智能系统[13]的完整清单，并不能确定它们在实践中是否真的能表现出与法律预期同样高的致损可能性。

由于原因需要归责于侵权行为人的范围，在权衡将损失从受害者转移至责任人的原因时，怀疑原因与侵权行为人的接近性是一个核心因素。在追究被告责任时，被告的个人行为默认比其辅助人行为更具相关性，例如，德国和奥地利关于替代责任的法律就证明了这一点(尽管后者目前显然过于严格)。

另一个有助于权衡因果关系与损害之间联系的因素是受害者的随机性，这与侵权行为人和受害者之间的关系有关：谁会面临风险？是已经

与引发或至少控制风险的人存在联系的人，还是两者完全无关？在没有 34
预先存在的关系的情况下(这也可能是预先确定未来损害后果的基础)，
如果风险成为现实，是只有少数靠近(物理上)固定风险(如煤气管道)的
人，还是更大且不特定的人群会受到影响？当然，在前一种情况下，更
容易采取预防措施来防止未来的损害，这会对风险的可保性等方面产生
影响。由人工智能驱动的外科手术机器人通常不会离开手术室，因此如
果有任何人受伤，受害者将是那个房间里的患者和医院工作人员，这
使得这种风险场景比在公共道路上行驶的自动驾驶汽车更具有可预测
性。虽然两种人工智能系统都可能符合《人工智能责任指令》(草案)中
关于高风险系统的定义，但笔者认为在侵权法上两者不应该以相同的方
式处理。

(三) 关于损害行为的讨论

表 1-5

过错或危险的可证明性	行为边界的界定	期望的侵权人专业知识	实际的侵权人专业知识	行为的可归责性

让我们将重点转移到对侵权人行为的评估上。在具体讨论过错责任
之前，即使是严格责任也可能需要更仔细地研究损害的来源，触发责任
的风险越小，越需要定义。在对"危险物品"或"危险活动"等规定一
般严格责任条款的司法管辖区中，法院必须判断某些新技术是否真的如
立法者所设想的那样"危险"。《人工智能责任指令》(草案)主要关注所
谓的"高风险"人工智能，直接与《人工智能法案》的附件相关联。尽
管这可能会使其更具有可预测性，但笔者前文已经表达过怀疑，即这两
份文书是否真的应该在未经进一步审查的情况下如此紧密结合。

如果是过错引发了责任，这也是《人工智能责任指令》(草案)专门
涉及的内容，尽管已经优先考虑高风险人工智能系统，但我们首先需要
找到可归责于被告的行为，并将其确定为造成受害者损害的原因。以下
测试需要考虑该行为是否以及在何种程度上受到法律的预先确定，即如 35

何规范具体的行为。法律在禁止或要求特定行为方面的规定越具体，任何偏离这些界限的行为对于确定过错就越重要，有时还能减轻举证责任。[14]在这方面，行政法规定的安全标准和行为规则是最重要的。注意标准越客观，就越有必要考察预期侵权人达到的注意程度，以及其实际表现出的注意程度(即使在本案件中没有注意到)。为了便于说明，笔者在此将其简化为"专业知识"一词，但这显然只是其中一个(尽管是重要的)子方面。《人工智能责任指令》(草案)在这方面没有作出区分，而是将其留给成员国决定，从而接受了各国侵权法在这方面(也)存在的差异。[15]

回到前面提到的范围，[16]在这个范围内，责任基础越接近左侧的主观过错，被告行为的过错程度显然就越关键。一方面，如果被告必须为更高程度的过错担责，尤其是其行为系故意时，许多司法管辖区都愿意为受害者获得赔偿提供便利。另一方面，人们也不能忽视相反的情况(或至少应该是这样)——在没有其他正当理由的情况下，如果对被告的因果行为归责越少，那么其应该承担的侵权责任就越少。同样，《人工智能责任指令》(草案)并不涉及这一特定方面的内容。

(四) 关于被告利益的讨论

表 1-6

侵权人的行为自由	侵权人替代方案	侵权人替代方案成本	侵权人行为的获益

有一些经常被忽视的因素，但如果侵权案件分析的结果确实是所有相关利益权衡的结果，包括被指控的侵权行为人的利益，那么这些因素仍然是重要的。在评估被告行为是否存在潜在的过错时，还需要考虑其自身的行为自由。例如，两个人在公共场合发生冲突，在没有适用限制的情况下，默认两者都有在场的权利，因此需要找到进一步支持其中一方的理由。

正如汉德公式(Learned Hand formula)所示，替代行为的成本(不一定是货币意义上的)能够影响侵权行为中的利益平衡，这显然是假设被告确实至少有一个可行的替代方案。对于没有这种替代方案的情形，则允许以紧急避险为由进行抗辩。

严格责任通常具有正当理由，危险物品保管人在该物品导致实际损害时应该承担责任，因为保管人通过使用这种潜在的危险源而获益。该观点得到古谚的支持，比如拉丁语中的"谁受益，谁承担风险"(cuius commodum eius periculum)或德语中的"一滴好酒，一滴毒酒"(guter Tropfen，böser Tropfen)等，这将重点转向物品的使用者或保管人。[17]

（五）关于损失调整的讨论

表 1-7

受害者承担自身损失的能力	侵权人支付损害赔偿的能力	保险的可适用性	赔偿程序的效率	防止危害的保护措施的可用性	自我保护免受损害的合理性

接下来讨论损失调整的问题，以及实现这一调整的难易程度。首先，让我们来看那些在其法典中规定了减损条款的司法管辖区所提出的一系列具体问题。这些地区允许法院根据侵权法的合理标准，特别是根据对双方财务状况进行比较评估来决定，减少本应正当的赔偿。[18]重点是哪一方(在经济或其他方面)能够更好地承担损失。[19]如果受害者的资产几乎不受自身损失的影响，但赔偿损失会让被告破产，这至少是减轻被告责任的一个理由，反之亦然。众所周知，奥地利有一项法律规定了未满十四周岁的未成年人免于承担责任，但如果未成年人有足够的资金来赔偿受害者，判例法认为如果未成年人投保了责任保险，这也是适用的。[20]

说到这一点，保险的可适用性是另一个需要考虑的方面，尤其是在侵权法的立法阶段。[21]更严格的责任制度往往伴随着投保责任保险或类似保险的义务，但这只有在保险市场愿意承保相关风险时才有意义。特别是当所涉风险尚不明确且无法精确计算保费时，保险市场很可能并不愿意承保。这一点对于我们所关注的人工智能系统更是如此。笔者不

37

确定市场是否已经准备好提供真正反映精算风险的保单。

风险的可保性不仅限于第三方保险，还需要考虑某种风险的潜在受害者是否能够自我保险，即获得第一方保险，更重要的是，他们是否已经从这种保险中受益。这可能对最终的风险归属没有决定性影响，但至少可以决定在何种情况下诉讼更有意义。例如，诉讼是在直接受害者和侵权人之间，还是在前者的保险公司和后者的保险公司之间。受害者是否应该通过直接向侵权人的责任保险公司提出索赔，从而方便快捷地获得赔偿，而让后者(通常是一个拥有更好诉讼资源的老练的参与者)来进行可能的追偿？

如果我们在权衡利益中更多地关注受害者而不是被告：受害者采取什么措施来避免自身受到损害，以及在多大程度上可以期望他采取这些措施？这并不像最初听起来那样奇怪，过失相抵的整体概念就是基于这种考量。暴露于某种风险包含两个方面：一个是施加风险的一方，另一个是面临风险的一方，后者自身的选择也会对其产生影响。考虑到人工智能系统自主学习能力的不可预测性(至少在某种程度上)，尽管区分了不同类型的人工智能系统，潜在受害者避免损害的机会也会相应降低。

38 毕竟，在公共交通中移动的人必须注意其他参与者，无论他们是自己驾驶车辆还是使用自动驾驶。

(六) 公共政策讨论

表 1-8

行为的公共利益	制裁行为的公共利益	损失分担能力	便于受害者索赔的公平性

最后，对于决定将某一风险置于何处，笔者在此增加一些更具战略性的政策讨论。可以说，对某种特定风险源引入严格责任，其原因在于尽管人们事先知道这种行为容易造成损害，但出于公共利益考虑仍然允许这种行为(否则有充分理由完全禁止)。显然，目前欧盟正试图推动人工智能技术的发展，并引入旨在增强对其信任的补充立法，这进一步强

调了在这个问题上，欧盟立法者的天平很大程度倾向于干预国家侵权法。[22]

当涉及人的行为时，国家在制裁不法行为方可能还会受到其他因素的影响，但这一观点与本文所讨论情景的相关性显然是有限的。

从经济方面来看，选择适当的侵权请求对象，主要取决于后者分担损失的能力，尤其是通过购买保险来实现。历史上，这一点在产品责任的过往案例中得到体现，这也是(而且仍然是)将责任转移到最终产品制造商的原因之一(尽管显然不是唯一的)。然而，不确定《人工智能责任指令》(草案)如何促进这一目标的实现，毕竟将其应用于提供商和用户，实际上扩大了潜在的被告范围，从而在事实上模糊了将此类风险归责于特定群体的损失分担能力的相关性。

最后，从公共政策的视角来看，公平性的讨论是一个重要方面，但遗憾的是，其往往被忽视，恐怕当前的《人工智能责任指令》(草案)亦是如此。为什么有些受害者会比因其他原因遭受相同损害的受害者更应被优待？平等是私法的基础之一，除非有充分的理由倾向于一组原本平等的个体，否则至少应对此提出质疑。并不是说完全不存在这样的理由，包括证明因果关系的系统性问题等，但这些理由需要在整体上具有说服力。尚不确定过于宽泛的高风险人工智能定义是否有助于实现这一目标。

39

四、初步结论

可以注意到，笔者已经尝试将这些观点进行分组，但这主要是出于本次演讲的需要。不过，再次强调，在决定侵权法中最合适的责任制度时，所有这些方面(以及更多其他方面)都需要被考虑(当然，在实际案件中也是如此，但我们在此处讨论的是立法层面)。

更重要的是，没有一个放之四海皆准的解决方案。如果只是为了简化司法监管，将风险进行分组仍是有必要的。

如果我们现在把这一点应用到人工智能风险，且不仅仅是笔者已经提及的内容，不确定两个草案之间的相互作用是否充分反映出必要的利益平衡。尽管《产品责任指令》已经扬帆起航，因为所提议的修改只是试图将这辆老式火车拉回到现代的轨道上，但《人工智能责任指令》所提出的调整可能需要进一步思考，因为还不确定在未来欧盟侵权法的实践中这些修改将发挥什么作用。

本书的后续章节将在这方面提供指导。

注释

1. 参见欧洲法律体系对人工智能风险的现有应对措施的比较概述，详见 Emst Karner/Bernhard A. Koch, Civil liability for Artificial Intelligence. A Comparative Overview of Current Tort Laws in Europe, in：Mark A. Geistfeld/Ernst Karner/Bernhard A. Koch/Christiane Wendehorst(eds.), Civil Liability for Arificial Intelligence and Software(2022)1(在 https://data.europa.eu/doi/10.2838/77360 也可获取)。

2. 参见如 Helmut Koziol, Basic Questions of Tort Law from a Germanic Perspective (2012) 1 ff。

3. Josef Esser, Die Zweispurigkeit unseres Haftpflichtrechts, Juristenzeitung(JZ) 8 (1953)129.

4. Cf § 1297 ABGB："同时还可以推定，每个心智健全的人都能够尽到一般行为能力人所能尽到的努力和谨慎……"(transl. by Barbara C. Steininger, in：Ken Oliphant/Ernst Karner/Barbara C. Steininger（eds.), European Tort Law：Basic Texts, 2nd ed. 2018, 1(2)。

5. Cour de cassation(Cass.), chambres réunies, 13.2.1930, Receuil Dalloz(D.) 1930 I, 57. 前例包括蒙塔尼耶判决(the arrêt Montagnier, Cass. civ., 27.10.1855)和特法因判决(the arrêt Teffaine, Cass. civ., 16.6.1896)。

6. 1985 年 7 月 5 日第 85-677 号法律旨在改善交通事故受害者的情况并加快赔偿程序。

7. 根据第 85-677 号法律第 3 款："除了地面机动车驾驶员外，受害者因就其遭受的人身伤害而获得赔偿，不得以其自身的过错为由提出抗辩，除非其不可原谅的过错是事故的唯一原因……"[由奥利维耶·莫雷托(Olivier Moréteau)翻译，收录于：Ken Oliphant/Ernst Karner/Barbara C. Steininger(eds.), European Tort Law: Basic Texts, 2nd ed. 2018, 123(126).]。

8. 关于过错责任和严格责任之间的责任差异，参见 Bernhard A. Koch/Helmut Koziol, Comparative Conclusions, in：Bernhard A. Koch/Helmut Koziol（eds.）, Unification of Tort Law: Strict Liability(2002) 395(432 ff.)。

9. Helmut Koziol, Comparative Conclusions, in Helmut Koziol（ed.）, Basic Questions of Tort Law from a Comparative Perspective(2015) 685(787)："当今的主流趋势在很大程度上倾向于对过错进行客观评估……"

10. Cf., e.g., Expert Group on Liability and New Technologies-New Technologies Formation, Liability for Artificial Intelligence and Other Emerging Digital Technologies (2019, https://data.europa.eu/doi/10.2838/573689)32 ff.

11. 参见概念"损害本身"；如 Christian von Bar, Principles of European Law on Non-Contractual Liability Arising out of Damage Caused to Another, 2009, Art.2：101 Notes no.20 f。

12. 根据《欧洲侵权法原则》第 2 条第 102 款 1 项规定："利益的保护范围取决于其性质；其价值越高、定义越精确、越显而易见，其保护范围就越广泛。"

13. 在这一点上，《人工智能责任指令》引用了《人工智能法案》第 6 条，最新版本(包括所提及的附件)至少可以说仍然相当复杂。

14. Cf. Karner/Koch(fn. 1) 48 ff.

15. Cf. Karner/Koch(fn. 1) 46 ff.

16. 参见上文第 8 条注释。

17. Koch/Koziol(fn. 8) 412.

18. Cf. Art. 10：401 PETL and the commentary thereto by Olivier Moréteau in European Group on Tort Law, Principles of European Tort Law-Text and Commentary (2005) 179 ff.

19. Cf. Koziol(fn. 9) 804.

20. Koziol(fn. 2) 239 f；Koziol(fn. 9).

21. Cf. Koziol(fn. 9) 805 f.

22. Cf., e.g., the Commission's White Paper „On Artificial Intelligence-A European approach to excellence and trust", COM(2020) 65 final, 19.2.2020, 1, 强调"委员会支持以监管和投资为导向的方法，其双重目标是促进人工智能的应用，并解决与这一新技术的某些用途相关的风险"。

第二章　人工智能责任的不同承担方式及其优缺点

杰拉尔德·斯宾德勒[*]

一、引　言

近年来，人工智能问题一直受到世界各国律师的关注，欧盟委员会人工智能专家组的报告反映了这一点，该报告详细阐述了人工智能领域的各种伦理和法律问题。[1]德国法学家大会也讨论了这个话题。在这方面，泽奇就相关责任问题发表了专家意见。[2]特别是欧盟委员会重点讨论了通过当前非合同(侵权)责任法如何应对自主系统具体情况，以及法律政策的前进方向，即是否以及如何填补现有监管空白的法律政策愿望。国家层面的法律政策讨论也与欧洲层面的讨论接轨：[3]在欧洲议会

---

　　[*]　杰拉尔德·斯宾德勒(Gerald Spindler)系哥廷根大学法学教授，民法、商事和企业法、比较法、多媒体和电信法系主任。

提交了一份关于责任的拟议提案之后，[4] 欧盟委员会现已提交了一项关
于《人工智能责任指令》[5] 的提案，其中包括对《产品责任指令》[6] 进行
改革，以响应《人工智能法案》。[7] 与此同时，欧盟委员会发布了一项关
于信息技术产品横向监管的新提案《网络弹性法案》(CRA-D)，[8] 该提案
大大扩展了产品安全法规，在此虽不作具体分析，但其也将对人工智能
责任产生影响。

　　简言之，引起我们注意的并不是《人工智能责任指令》提案，而是
《产品责任指令》。事实上，《产品责任指令》提案规定了将软件甚至是
连接的服务等同于产品的概念，这相当于一场小革命，也符合《网络弹
性法案》提案。相比之下，《人工智能责任指令》没有采纳欧洲议会关
于引入严格责任制度的提议，[9] 特别是对于经营者、后端经营者的责
任，理由在于《人工智能责任指令》主要限于为受害方弥补信息不对称
方面。然而，这两个提案必须放一起进行看待和评估，因为它们构成了
人工智能系统责任互补的整体框架。

二、　人工智能责任的基本问题

　　我们可以快速地列出人工智能责任有待解决的基本问题，因为这些
问题已被广泛讨论：[10]

　　责任应该是严格责任还是过错责任？

　　如果选择严格责任，应该涵盖哪些人工智能系统和应用？

　　谁是生产商，谁是经营者(考虑到人工智能系统可能由第三方数据
提供商或经营者自己进行训练)？谁应该对什么负责？

　　谁应承担人工智能系统故障的举证责任？

　　技术标准是什么？

　　如何解决"黑箱"问题，谁应该承担人工智能系统故障所造成损害
的因果关系举证责任？

应该如何应对售后故障,特别是涉及机器学习的故障?

谁应该免受何种损害?消费者?财产?数据丢失?

最后但同样重要的是,保险应扮演什么角色——是否应该设定责任上限?

三、 新提案的基本概念

(一) 产品责任

《产品责任指令》提案旨在与768/2008/EC号决议[11]中的产品安全法改革同步,同时也涵盖涉及人工智能系统及相关服务的信息技术产品或软件。此外,合法利益的保护范畴也得到了扩展,现在也包括数据。《产品责任指令》还大量简化举证过程并扩展了责任主体或责任对象的范围。

1. 产品概念的重新定义

(1) 软件作为产品

与先前的法律不同,《产品责任指令》长期以来亟待改革的内容之一,就是将软件纳入产品的范畴,无论软件是否包含("被嵌入")到其他产品中。[12]关于这一点,《产品责任指令》鉴于条款第12条进行了明确说明,并且指出软件也可以控制云端产品,这也体现在《产品责任指令》第4条第1款关于产品的定义中。[13]《产品责任指令》提案第4条第1款和第2款甚至进一步将"数字制造文件"纳入"产品"概念一词中。因此,根据《产品责任指令》第4条第2款,"产品"也涵盖(但不限于《产品责任指令》鉴于条款第14条)主要用于在3D打印机中制造产品的3D文件("一个动产的数字模板")。[14]此外,对于云端软件或软件即服务(SaaS)的处理仍不明确。[15]

此外,欧盟委员会不希望将纯源代码纳入产品的定义中,因为它只代表信息(《产品责任指令》鉴于条款第12条第3句)。因此,该提案假

设软件的定义仅包括可执行的机器代码，并且有趣的是，这与著作权法 　45
中《软件指令》(第 2009/24/EC 号指令)[16]第 1 条第 1 款、第 2 款以及鉴于
条款第 7 条第 2 句的相关规定有所不同。[17]然而，在《产品责任指令》
中找不到更多详细的信息，例如关于程序库的处理，其本身没有直接控
制作用，但可以作为代码的重要组成部分；如果考虑到欧盟委员会希望
将产品涵盖控制软件，那么这些代码也必须被视为产品。

因此，《产品责任指令》鉴于条款第 12 条第 4 句将软件的开发者或
生产者，包括人工智能系统的经营者，都纳入制造商的范畴。

(2) 扩展到数据和服务

《产品责任指令》第 4 条第 3 款和第 4 款将责任隐含地扩展到"组
件"和相关服务，只要它们以某种方式与产品相联，这几乎说是革命性
的。[18]根据《产品责任指令》第 4 条第 4 款，关键在于如果没有这些服
务，产品就无法实现其中一项或多项功能。《产品责任指令》鉴于条款
第 15 条第 1 句和第 2 句阐明，服务通常不在提案的严格责任范围内，但
对于产品功能至关重要的服务，例如导航系统的交通数据，则在其中。
然而，只有与产品安全相关的服务(因此也包括数据)才被包含在内，也
包括网络安全(《产品责任指令》鉴于条款第 15 条第 2 句)。这对于区分
《数字内容指令》所涵盖的同等利益特别重要，而《数字内容指令》并
不包含任何关于损害赔偿责任的声明。[19]

根据《产品责任指令》鉴于条款第 15 条第 3 句，制造商甚至不需要 　46
自己提供这些服务；只要制造商建议使用这些服务或以其他方式"影
响"第三方提供这些服务即可。然而，《产品责任指令》鉴于条款第 15
条第 3 句与《产品责任指令》第 4 条第 5 款中关于"制造商控制"的定
义有所不同，后者指的是制造商授权第三方提供的服务(包括更新或升
级)，但这也引发了一个需要考虑的时间点的问题，例如在第三方修改
服务的情况下：如果制造商仅"建议"某个特定版本的服务，授权是否
终止？或者，在一般"建议"的情况下，其是否适用于第三方未来所有
版本的服务？

通过这一扩展，《产品责任指令》也涵盖了对人工智能软件来说非常重要的训练数据领域。[20]在这一方面，必须考虑《德国民法典》(BGB)第823条第1款规定的基于过错的制造商责任。然而，在过错责任制度下，人工智能系统的制造商可以通过提供适当的尽职调查证据来证明其已尽到注意义务，从而使自己免责。[21]在实践中，这种责任也会遇到举证困难问题。[22]随着对必要服务的扩展，人工智能系统[23]所需的数据集现在也适用《产品责任指令》的严格责任，而无需适用《人工智能法案》提案第10条，这进一步缩减了《人工智能责任指令》的适用范围。

因此，由于有缺陷的人工智能系统(例如由错误训练)导致的信息和建议不应被涵盖的结论是值得怀疑的，[24]因为一般来说信息不包含在《产品责任指令》的产品概念中[25]——至少在错误信息导致健康和身体损害的情况下，例如对于医疗人工智能专家系统，可以认为是有缺陷的人工智能系统导致了损害。

(3) 开源软件的例外情况

为了不阻碍创新和研究，根据《产品责任指令》鉴于条款第13条第1句和第2句，非商业"活动"中开发或提供的开源软件不应被纳入产品的概念。[26]根据《产品责任指令》鉴于条款第13条第3句，如果开源软件是为了付款或披露个人数据而提供的，则应适用《产品责任指令》，除非这些数据仅用于提高安全性、兼容性或互操作性。因此，《产品责任指令》遵循了《数字内容指令》第3条第5款f项[27]采取的对开源软件豁免的路径。[28]

然而，细节决定成败：除了免费提供外，开源软件通常与专有软件结合在一起("双重许可")。[29]例如，Oracle公司一方面根据GPL v2，另一方面根据商业许可，来提供MySQL数据库系统。[30]此外，开源软件通常仅作为包括支持服务或软件维护在内的捆绑服务包的一部分被提供。[31]例如，如果将一个本身是免费提供的开源软件与一个产品捆绑，并且同时收取"维护"费用，受害者通常因缺乏必要信息而很难评估软件性质的问题。[32]最后，在这些情况下，这种软件是否仍然是非商业分发，还是属于已开发的开源软件有待商榷，特别是《产品责任指令》未规定许可条件。如果考虑到《产品责任指令》还有意包含相关服务，这一点就更加明确了。

2. 受保护的法律利益延伸至数据丢失或损坏

严格产品责任所保护的法律利益也有所扩展。首先，《产品责任指令》第 4 条第 6 款 a 项明确规定生命和身体的完整性，涵盖医学上认可的对心理健康的损害。[33]此外，消费者的财产如果同时用于私人和商业目的，也应受到保护(《产品责任指令》鉴于条款第 19 条第 2 句)；如果其只用于专业用途则不受《产品责任指令》保护(《产品责任指令》第 4 条第 6 款 b 项第 3 目)。[34]然而，只有自然人有权提出损害赔偿请求，法人则无权提出。这一点受到广泛批判，因为有时私人财产基于税务原因存在分配给法人的可能性。[35]

然而，最重要的创新是将数据丢失或损坏纳入受保护的法律利益范围内，除非数据仅用于专业用途(《产品责任指令》第 4 条第 6 款 c 项)。根据《产品责任指令》鉴于条款第 16 条第 1 句的规定，恢复数据的成本应包括在损害赔偿中。显然，数据存储的方式和位置并不重要，所以存储在云端的数据也受到《产品责任指令》的保护。因此，该提案将结束关于《德国民法典》第 823 条第 1 款关于数据质量作为其他权利的长期争论。[36]然而，为什么只有消费者无需承认数据所有权就可以拥有数据丢失或损坏的责任保护，但其他数据"所有者"却不能享有这种特权，这一点是值得怀疑的。根据《通用数据保护条例》第 82 条[37]或《电子隐私指令》[38]的规定，因违反数据保护条例而造成的损害赔偿，不受《产品责任指令》鉴于条款第 16 条第 3 句的影响。具体损害赔偿的计算和非物质损害的赔偿请求(《德国民法典》第 253 条)均由成员国负责制定。[39]然而，重要的是，数据丢失并不等同于《产品责任指令》明确排除的纯粹经济损失；至少对于因获利损失而导致的损害，其赔偿将取决于受害者能否具体举证和证明数据丢失与获利损失之间的因果关系。然而，这一排除纯粹经济损失的基本决定，[40]大大减少了《产品责任指

49

50

令》在人工智能系统方面的适用范围，例如信用评分、保险定价和其他仅在经济层面受影响的事项都不在适用范围内，这意味着受害者只能基于过错责任来寻求救济(与欧洲议会的提议相反)。

同样，根据《产品责任指令》第4条第6款("物质损害")，非物质损害不属于产品责任的适用范围。然而，这与现行指令相比，引发了一个问题，即基于该提案的统一性，成员国是否仍有权将非物质损害本身纳入产品责任范围。[41]

此外，根据《产品责任指令》第4条第6款b项，其排除对产品本身的损害——这导致难以理解的区别，取决于受害者是以单独组件还是整体产品的形式获取该产品。对于人工智能系统，这意味着对人工智能系统的损害将适用于数据的单独交付(如果数据归入产品的概念)，而不适用于人工智能系统的整体交付(即包括数据)。[42]

3. 缺陷概念或安全预期

在信息技术产品责任中，另一重要的调整因素是缺陷的概念，特别是在不断发展和学习的人工智能系统中，同时，这也涉及信息技术产品或软件与其数字环境及其他链接服务之间的结合，包括符合网络安全要求。

(1) 原则

确定信息技术产品缺陷的原则与以前的《产品责任指令》基本相同，即《产品责任指令》第6条第1款关于产品安全性的"一般市场预期"(general market expectations)，包括产品的预期用途(《产品责任指令》鉴于条款第22条第4句)。在这一背景下，《产品责任指令》基于产品对相应法律利益的风险进行区分，因此可以对医疗器械等设施强行设置非常高的要求(《产品责任指令》鉴于条款第22条第5句)。因此，技术标准在产品安全性缺失中仍将发挥重要的作用。[43]产品的展示、安装和使用说明也发挥重要作用(根据《产品责任指令》第6条第1款a项)。同样，还必须考虑产品的合理预见的不当使用情况(《产品责任指令》第6条第1款b项)。在这方面，尤其是信息技术产品，后期出现的缺陷将具有相当重要的意义。即使能够通过对缺陷测试稍作调整以适应人工智能系统的特殊性，但其复杂性和不透明性仍可能给受害者证明缺陷带来诸多的困难。[44]

　　同样重要的是，《产品责任指令》第 6 条第 2 款和鉴于条款第 25 条第 2 句明确规定，较新的更新或升级并不意味着之前的版本存在缺陷。这同样适用于在后期推出的较新或更好的产品。然而，这一点并不完全合理，尤其是在安全性更新的情形中：如果信息技术产品中的缺陷随后被发现并通过更新得到"修复"，那么前一版本显然存在缺陷。因此，《产品责任指令》鉴于条款第 25 条第 2 句不应适用于安全性更新的情形。

　　在这一点上，《产品责任指令》鉴于条款第 22 条第 5 句暗示了要对受害者举证责任进行简化。因此，如果能证明整个产品类别存在缺陷，法院就不再需要确定具体产品的缺陷，前提是这些产品属于同一类别。因此，《产品责任指令》在其文本中明确采纳了欧洲法院在 Bosten Scientific Medizintechnik 案[45]中提出的原则。虽然欧洲法院的特别决定不仅是针对心脏起搏器和植入式心律转复除颤器等特殊产品，并且是在考虑这一产品类别的特定健康和生命风险的背景下作出的，但是《产品责任指令》鉴于条款第 22 条第 5 句现在将适用范围扩展到所有产品或产品类别。[46]然而，在适用《产品责任指令》时，仍然需要遵守"至少必须超过规定的风险阈值"的要求，[47]其中"植入式的心脏起搏器的……失效可能性……不能构成缺陷"。[48]

　　然而，《产品责任指令》的根本创新主要体现在法院在认定缺陷时需要考虑的额外因素上。

　　(2) 自主学习(人工智能)系统

　　要理解相关领域的情况，特别是机器学习领域的人工智能系统，一个重要的因素是，在其投放市场或投入使用后有没有可能进一步自主发展。在这方面，《产品责任指令》第 6 条第 1 款 c 项至少为现行《产品责任指令》下排除开发错误(如德国)的法律体系提供了创新路径。这种效果迄今为止，防止了为那些在投放市场后发生且当时不可预见的缺陷承担责任，[49]而现在由《产品责任指令》第 6 条第 1 款 c 项予以考虑——至少在某种程度上，因为在此要考虑特殊的安全预期。[50]然而，这些预期如何影响缺陷仍然没有定论。[51]因此，学习型人工智能系统也必须设计成能够防范产品或人工智能系统的危险行为；根据《产品责任指令》鉴于条款第 23 条第 2 句所述，它并不关注"合理性"测试。

在这种情况下，《产品责任指令》第 6 条第 1 款 e 项中关于确定缺陷时间点的进一步创新，对于仍在制造商控制之下的信息技术产品也具有重要作用。这很可能适用于许多连接的信息技术产品，尤其是人工智能系统。在这方面，《产品责任指令》正确地关注到制造商放弃对信息技术产品或人工智能系统控制的时间点。特别是当人工智能系统制造商持续监控其数据集及其使用情况时——它们甚至可能依据《人工智能法案》第 61 条规定的售后监管义务被要求这样做——这些系统处于"制造商的控制之下"。这就是为什么制造商必须持续确保信息技术产品或人工智能系统安全。同样，《产品责任指令》超越了《人工智能责任指令》，后者仅在过错责任相关的事实陈述和举证责任方面规定了数据治理的要求(《人工智能责任指令》第 10 条)。

(3) 与其他组件的交互

《产品责任指令》第 6 条第 1 款 d 项对于信息技术产品来说几乎可以被视为"爆炸性"内容。因为在相关理解和预期的背景下，需要考虑对其他产品的合理预期影响，特别是互联产品("互联"，见《产品责任指令》鉴于条款第 23 条第 1 句)。然而，由于信息技术产品几乎必然会产生交互影响，因此会出现一些棘手的问题，如操作系统开发者是否应始终考虑其他信息技术产品或软件对其自身产品的影响。由于我们面临的是数量庞大和几乎难以全面掌握的软件产品，因此"合理"预期影响的标准就显得尤为重要。在这方面，可以参考之前法律规定下关于指示和监控产品义务的发展原则：产品及其误用带来的危险越大，制造商对买方的指示和产品监控就必须越深入和持续——这也涉及产品与其他产品或配件组合起来所产生的危险。[52]然而，关于软件，由于操作系统的快速发展以及与其他软件和硬件多种组合的可能性，在软件方面适用义务目录的标准将受到更严格的限制。[53]因此，只有当制造商自己为其他程序提供接口，或者制造商从一开始就已预见到这些程序的广泛使用时，才可能对配件承担责任。[54]

(4) 网络安全和产品安全

最后，《产品责任指令》第 6 条第 1 款 f 项和鉴于条款第 24 条填补了产品网络安全方面的空白，但它仅涉及产品安全法的要求，并且迄今为止在整个欧盟范围内仅以初步形式实施。特别是《网络安全法》[55]没有针对信息技术产品制造商制定任何强制性规定，仅要求其自愿遵守。然而，《人工智能法案》第 15 条明确要求人工智能系统的"稳健性、完整性和网络安全"。因此，业界关于网络产品安全的预期也在《产品责任指令》规范的意义上加以明确。《网络弹性法案》的提案明确规定了产品的安全要求，将在这方面带来重大的进展，这显然已经与《产品责任指令》甚至是《人工智能法案》相互联系。

有人批评这种做法，认为欧盟的产品安全法规并不强制要求制造商遵守特定的技术标准。相反，制造商可以提供自己的安全解决方案。因此，《产品责任指令》如果坚持产品安全法的要求，就会间接执行这些原则上是自愿的标准。[56]然而，这种论证忽视了技术标准的重要性，而这些技术标准对于检验其他技术安全解决方案的充分性是必不可少的。此外，法院仍然可以接受技术标准以外的其他解决方案。

(5) 设计缺陷

在《产品责任指令》第 10 条第 1 款 e 项中，所谓的设计缺陷仍被隐晦地排除在制造商责任之外。因此，制造商可以援引这样一个事实，即根据当时客观的科学技术水平，产品缺陷在产品投放市场时或产品在制造商控制下时，产品缺陷是无法识别的。与之前的《产品责任指令》相比，后者也将设计缺陷例外作为成员国的一个选项；[57]不同的是，现在这一例外具有强制性，因此必须由所有成员国实施。[58]《产品责任指令》还明确规定了一个高度限缩的客观标准，尤其考虑到现在可以从所有公开可访问的来源获取信息的可能性。[59]

虽然这一理解并不一定与德国相同，但是科学技术的发展状况[60]将起决定性作用。这对于自主学习的人工智能系统尤其重要，因为它们在投放市场后的进一步发展可能导致接受开发错误的风险，[61]此外还需考虑欧洲法院对测试所采用的客观标准。[62]然而，人工智能系统通常在投放市场后很长一段时间内仍处于制造商的控制下，因此该例外情况在此不适用。

开发例外显然旨在促进创新，并保护制造商免于承担其无法预见的风险；但是，将风险转嫁给产品的受害者似乎也是不合理的。[63]尽管有学者呼吁引入国家基金以平衡这些风险，[64]但目前尚无法确定这种解决方案是否更为可行——因为从制药行业的情况来看，通过责任条款来覆盖开发风险显然并未阻碍新药的研发。

(6) 更新和升级，机器学习

必须区分开发缺陷即产品投放市场时已经存在但无法发现的缺陷，以及产品在投放市场后才出现的缺陷。原则上，《产品责任指令》第10条第1款c项规定了对所有相关方的免责情形。然而，《产品责任指令》第10条第2款对此进行了合理的限制：如果缺陷是由于在制造商控制范围内的连接服务、软件的更新或升级或其缺失引起的，并且涉及产品的安全问题，则不能免责。《产品责任指令》鉴于条款第37条第3句还把机器学习包含在内，前提是人工智能产品或系统处于制造商的控制之下。

因此，《产品责任指令》暗示了一项关于安全更新的非合同性义务，否则信息技术产品将被认为是有缺陷的。[65]然而，这在很大程度上取决于信息技术产品是否仍在制造商的控制之下，因为只有这一免责情形的例外条款才能适用。这意味着制造商仍然可以自由选择不提供永久性支持或更新。此外，《产品责任指令》鉴于条款第38条第3句明确提到《医疗器械条例》。[66]《医疗器械条例》(欧盟)附件一第1章第3条要求制造商提供安全性更新，特别是有关网络安全风险的更新，然而《医疗器械条例》在这方面并不是特别明确，因为它只要求包括软件在内的电子元件的可靠性，这也可以包括安全性更新。[67] 相比之下，根据附件一第 1 条 k 项结合提案第 5 条，《网络弹性法案》显然假设了产品安全法中关于终身更新的义务。然而，根据《网络弹性法案》第 10 条第 6 款、第 12 款、第 13 款和第 23 条第 2 款，这在很大程度上被限制在五年的义务内，即制造商须验证是否符合要求。[68]

相比之下，《德国民法典》第 327 条及以下之条款(实施《数字内容指令》[69]第 8 条第 2 款)规定了交易商的更新义务。这种义务可以独立于《产品责任指令》的义务而存在，但很可能会造成规定上的重叠，因为《产品责任指令》也涵盖交易商，前提是实际制造商无法被追责。另外，与《产品责任指令》不同的是，无论交易商本人是否仍拥有产品控制权，其更新义务都适用。

《产品责任指令》鉴于条款第 38 条第 4 句规定了一个公认原则，即如果信息技术产品用户或所有者没有安装更新，则必须免除(制造商的)责任。然而，如何处理用户不知道已提供更新的情况，以及制造商如何证明这一点的问题仍然悬而未决。同样，这也再次强调，将更新责任限制在制造商仍对信息技术产品行使控制权的情况下。

4. 责任主体

《产品责任指令》在责任主体方面也有一些有趣的创新：除了传统的制造商概念和进口商责任外，《产品责任指令》现在明确将责任扩展到所谓的"履行服务提供商"，即为产品进口提供物流支持服务的自然人或法人(但自身并不是进口商)。甚至在线平台也可能要承担责任。

(1) 制造商，特别是软件开发者

首先，《产品责任指令》第 7 条第 1 款将制造商作为传统的责任对象。第 4 条第 11 款对此有了更详细的定义。在这一点上，《产品责任指令》并没有任何变化，因为与现行的《产品责任指令》一样，开发商也被涵盖在内，以及那些以自己的名义或商标分销第三方产品的人("准

60 制造商")。[70]

(2) 供应商，特别是服务提供商

尽管从表面上看，制造商和供应商的连带责任没有任何变化(《产品责任指令》第 7 条第 1 款第 2 句)，但不容忽视的是，产品和组件概念的扩展(《产品责任指令》鉴于条款第 26 条)，例如关联信息技术服务方，[71]实际上大大扩展了责任对象的范围。就人工智能系统而言，关联信息技术服务方很容易被纳入供应商的定义范围，例如数据供应商，从而进一步被纳入严格的无过错责任范围。

(3) 进口商概念，扩展至履行服务提供商

同样重要的是，《产品责任指令》第 7 条第 2 款还将进口商的责任(附属)扩展到所谓的"履行服务提供商"，即如果制造商和进口商均不在欧盟境内，提供接管产品进口的物流处理者(《产品责任指令》第 7 条第 3 款)。《产品责任指令》第 4 条第 14 款对"履行服务提供商"的详细定义为：提供"产品的仓储、包装、标记和发货"中至少两项标准的商业服务的自然人或法人，但不包括任何货运服务和邮政服务。[72]例如，如果亚马逊储存第三方产品并将其交付给终端客户，特别是在实际零售商不在欧盟内的情况下，这些标准可以适用于亚马逊市场。一方面，现行《产品责任指令》甚至不包含"履行服务提供商"这一术语；另一方面，根据《产品责任指令》第 4 条第 2 款，进口商的行为必须是"出于销售、租赁、租购或其他具有经济目的的分销形式"。因此，决定性因素是对进口的控制，而不仅仅是进口的实施。[73]由于一些服务提供商本身没有进口商资格，却接管了传统进口商的部分任务，导致在欧盟内难以找到传统进口商，欧盟委员会希望通过新法规来填补这种商业行为带

61 来的空缺。欧盟委员会在《市场监管条例》(MSR)[74]中采用了类似的方法，该条例第 4 至 7 条也规定了其第 3 条第 11 款所定义的"履行服务提供商"的义务。然而，《产品责任指令》鉴于条款第 27 条仅在"履行服务提供商"无法在欧盟境内找到制造商或进口商时才使其承担责任。与《市场监管条例》类似，责任的承担并不取决于制造商是否长期使用履

行服务提供商。[75]

(4) 在线平台

《产品责任指令》第 7 条第 6 款和鉴于条款第 28 条进一步规定，促进订立远程合同的在线平台应承担责任——尽管如此，还需符合《数字服务法案》第 6 条第 3 款。因此，根据欧洲法院的瓦泰莱(Wathelet)裁决，[76]决定性因素在于消费者是否将平台视为实际提供商，或者贸易商或制造商是否处于平台的监管之下。[77]该规定也符合《通用产品安全条例》提案(GPSR-P)[78]第 20 条第 5 款 a 项规定，在线市场必须提供"生产商的名称、注册商号或注册商标，以及可与其联系的邮政或电子邮件地址"。《通用产品安全条例》提案鉴于条款第 36 条进一步明确，为了产品的可追溯性，在线市场应确保贸易商履行《数字服务法案》和《通用产品安全条例》提案规定的信息义务，并且排除不符合相关信息义务的贸易商发布(产品)清单。"然而，在线市场不应负责检查信息本身的完整性、正确性或准确性，因为追溯产品的义务仍然由贸易商承担"(《通用产品安全条例》提案鉴于条款第 36 条第 5 句)。根据《产品责任指令》规定的责任不受《通用产品安全条例》提案第 39 条第 2 款的影响。

然而，《产品责任指令》第 7 条第 5 款还规定，如果受害者在一个月内曾要求平台经营者披露制造商或进口商的身份但未果，平台经营者可能需要承担责任。另外，《产品责任指令》鉴于条款第 28 条第 2 句规定，如果平台只承担中介角色，那么《数字服务法案》规定的责任免除仍然适用。在这方面，人工智能系统并无特别之处。

(5) 中小型企业没有例外

欧盟委员会在其提案中明确排除了对中小型企业的豁免，理由是对于受害者而言，损害是由大公司还是小公司造成的并不重要。[79]事实上，就外部影响(即损害)的内部化而言，损害方的大小并不重要。

(6) 产品修改，尤其是翻新产品

《产品责任指令》第 7 条第 4 款规定(或澄清)，[80]如果产品在对已经投放市场并且不再受制造商控制的情况下进行修改，并且这种修改根据

62

63

47

欧盟或国家相关规定对产品安全性有重大影响，则应被视为一种新产品。因此，立法者针对的是一个乍看之下似乎与信息技术领域无关的问题。考虑到(信息技术[81])产品和组件的修改，《产品责任指令》鉴于条款第 29 条第 2 句还特别指出再制造、翻新和维修，这一创新无疑适用于信息技术行业——即使开源行业被明确排除在外。《产品责任指令》第 10 条第 1 款 g 项和鉴于条款第 29 条第 6 句将产品修改者的责任限制在产品相应修改的部分。

对于人工智能系统的责任而言，这种扩展可能具有重要影响，特别是在制造商本身不控制人工智能系统，而是由第三方使用新的数据集训练或"教育"人工智能系统的情况下。然而，在实践中，如何区分系统的已变更部分与未变更部分，似乎无法找到一个答案。因此，《产品责任指令》很难为受害者确定变更主体的身份，迫使其向制造商以及数据训练者(商业用户)[82]提出损害赔偿请求——这再次引发一个问题，即对包括商业(训练)经营者在内的所有使用人工智能系统的人采取严格责任的方法是否更可取。

然而，所谓的"翻新"产品，即对产品进行"更新"，而不是对产品进行重大修改，这一点并未被明确包括在内。[83]

5. 责任免除

责任免除部分沿用了现行《产品责任指令》[84]的规定，但是考虑到产品的概念已扩展到包括相关服务和软件，责任免除条款也进行了相当大的修改。

根据《产品责任指令》第 10 条第 1 款 a 项，如果制造商或进口商能证明自己没有将产品投放市场，则不承担责任的原则保持不变。[85]根据《产品责任指令》第 10 条第 1 款 b 项，这一免责规则也同样适用于分销商。根据《产品责任指令》第 10 条第 1 款 d 项，如果产品的缺陷是由公法的强制性规定造成的，则免责条款同样适用。[86]

此外，如果组件的缺陷是由主要产品的设计或其制造商的指示造成的，《产品责任指令》第 10 条第 1 款 f 项规定了供应商(或"组件")的免责事项。[87]

如前所述，《产品责任指令》仍然规定了设计缺陷的免责——但现在对成员国来说是强制性的，而不是作为一个选项。[88]指令对产品更新和升级的免责事项也进行了修改。[89]

此外，新增加但原则上显而易见的是《产品责任指令》第10条第1款g项，它将"新"制造商对产品修改的责任限制在被修改的部分。

6. 披露义务和举证责任

产品责任中的另一重要调整涉及披露义务和举证责任的分配，迄今为止，关于缺陷和因果关系的举证责任完全由受害者承担。[90]这对受害方来说是一个相当大的障碍，尤其是对信息技术产品，对人工智能系统更是如此。[91]

(1) 原则

首先，《产品责任指令》第9条第1款规定，受害者原则上必须证明产品缺陷、合法权益的侵害、损害以及因果关系。然而，欧盟委员会认识到受害者在现实中的问题，即几乎无法获得能够证明(信息技术)产品缺陷的信息，以及产品缺陷与合法权益侵害之间的因果关系，参见《产品责任指令》鉴于条款第30条第2句和第3句("信息不对称")。欧盟委员会针对这一问题提出两种解决方案：

一是通过引入潜在侵权人信息披露的义务来减轻举证责任，参见《产品责任指令》第8条；二是通过证据推定和初步证据逻辑，参见《产品责任指令》第9条。

(2) 披露义务

《产品责任指令》第8条第1款要求成员国允许法院在原告合理地证明其有权获得赔偿的情况下，要求潜在的侵权人或被告披露相关事实。这与美国的审前披露程序相似，但关键取决于一项未决的诉讼。[92]《产品责任指令》鉴于条款第31条第2句规定，需要提交的文件不仅包括被告已持有的证据，还可能包括需要创建的新文件或报告。

为了禁止像审前披露程序中那样广泛提交事实等，[93]《产品责任指

65

66

令》第8条第2款明确将这一义务限制在为证明损害赔偿请求所需的必要和适当的事实上。[94]在这种情况下,《产品责任指令》第8条第3款和第4款特别重视商业秘密的遵守和秘密信息的保护,但根据第8条第4款,这不应成为不可逾越的障碍。这是因为成员国也被要求授权其法院在被告被迫披露秘密信息时采取"具体措施"来保护机密性。这在德国已经是众所周知的,例如,在专利诉讼程序中通过"秘密"程序,受专业保密约束的第三方可以来查阅文件。[95]然而,根据《产品责任指令》鉴于条款第32条第2句,欧盟委员会显然认为限制秘密文件的查阅人数,或者允许查阅编辑过的文件或听证记录作为保密措施便已足够。

无论如何,《产品责任指令》鉴于条款第32条第3句要求全面平衡原告和被告的利益,特别是对诉讼产生的影响以及对被告或受影响的第三方的潜在损害。

67　　相反,美国民事诉讼法采用更为广泛的方法。除了在审前披露程序中可以传唤未参与诉讼程序的第三方之外,[96]双方需提供的文件和信息几乎没有任何限制[97]和安全预防措施[98]的约束,例如保护商业秘密。[99]

批判:虽然欧洲的做法值得称赞,但是由于商业秘密的保护门槛相对较低,这种做法往往显得过于宽泛;如前所述,将保密义务专门委托给第三方会更加理想。《产品责任指令》第8条规定的潜在范围也缺乏明确的界定,虽然其明确规定了必要性原则和比例原则的限制。但在实践中,这将导致相当大程度的法律不确定性,并最终只能通过欧盟法院的判例法来解决,受害者可能会一开始就"无中生有"地提出相应的请求以获取相关信息。这在很大程度上取决于原告申请的要求及其证据,例如,要求全面提交文件的申请理由是否充分足够,或者申请是否必须仅限于披露源代码或数据集。[100]此外,披露义务并未与《人工智能法案》规定的日志记录和文件义务挂钩,这可能会给不属于《人工智能法案》义务范围的生产商带来麻烦。[101]

68　　另外,尚未明确如何制裁事后过度的文件披露,特别是原告是否必须支付赔偿金。然而,在合法行使法律救济的情况下,几乎很难想象会有责任。因此，在讨论因有违道德的故意致损的案件中如何承担责任的问题时(《德国民法典》第 826 条)，重点应始终放在滥用形式或程序性地位上。[102]因此，特别可责难的情况必须附上。[103][104]

特别是对于人工智能系统产品责任，但也适用于信息技术产品，这一创新具有相当大的影响，因为原告原则上可申请访问源代码，并申请移交有关人工智能系统的训练、验证数据或相关算法，以及人工智能系统在训练期间及投放市场后的行为文档。

(3) 证据的便利化，特别是可反驳推定

缺陷：《产品责任指令》还对举证进行了重大简化。例如，如果被告未提交任何违反《产品责任指令》第 8 条第 1 款和第 9 条第 2 款 a 项规定的文件，则推定产品存在缺陷(《产品责任指令》第 9 条第 5 款)。此外，产品缺陷的可反驳的推定也适用于原告证明该产品不符合旨在防止已发生损害的产品安全规定的情形(参见《产品责任指令》第 9 条第 2 款 b 项)，这可能对原告来说是一个负担。[105]然而，这也包括例如缺少文档或记录设备——例如《人工智能法案》第 11 条和第 12 条的规定——因此，违反这些义务会导致推定存在缺陷。如果原告能够证明产品在正常使用过程中存在"明显故障"，也同样适用《产品责任指令》第 9 条第 2 款 c 项的规定。其中，《产品责任指令》鉴于条款第 33 条第 7 句提到了玻璃瓶爆炸的案例。这在很大程度上对德国法律规定的产品及其缺陷的发现保障义务("Befundsicherungspflicht")以及在这种情况下适用的举证责任倒置一致，但仅适用于生产者的过错责任。[106]这对有缺陷的人工智能系统也具有极其重要的意义。[107]

根据《产品责任指令》第 9 条第 3 款，如果缺陷事先已得到证明，并且造成的损害属于典型的与缺陷相符的损害，可反驳的推定也应适用于产品缺陷和已发生的损害之间的因果关系。然而，仅仅适用《产品责任指令》第 9 条第 2 款规定的过错推定显然是不够的，因为第 9 条第 3 款明确提到了证据。

《产品责任指令》第 9 条第 4 款中的附加推定规则也支持这一点：

法院可以判定，由于技术或科学的复杂性，原告或受害者在证明产品缺陷或者产品缺陷与损害之间的因果关系上面临相当大的困难（"过度困难"）。在这种情况下，如果原告已经展示出（"充分相关的证据"）产品造成损害，而且产品可能存在缺陷并可能造成了损害，那么缺陷和因果关系的推定将适用。然而，《产品责任指令》第9条第4款并没有对证明技术或科学复杂性的要求作出任何说明，尤其是原告在这方面是否负有举证责任；[108]只有《产品责任指令》第9条第4款b项给予被告质疑原告举证过度困难或产品缺陷及因果关系概率的可能性。但这种质疑会引发何种后果，以及这与《产品责任指令》第9条第5款b项中推定的一般可反驳性有何关系，仍有待商榷。[109]

《产品责任指令》鉴于条款第34条第4句规定，法院应在个案中确定技术的复杂性。在此背景下，《产品责任指令》鉴于条款第34条第5句列出了个别因素，特别是产品的复杂性，例如在创新医疗设备的情况下，还包括机器学习或原告必须分析的数据。这同样适用于因果关系，例如对于药品和原告的健康状况，或者原告必须解释人工智能系统的内部工作原理。

同样，《产品责任指令》鉴于条款第34条第6句试图澄清"过度困难"的定义。因此，当法院审理个案时，原告没有义务提供这些困难存在的证据，只需提供理由即可。特别是《产品责任指令》鉴于条款第34条第7句提到，在涉及人工智能系统的情况下，原告不应被要求解释该系统的特点、运行方式或造成损害的因果关系。

在这种情况下，《产品责任指令》第9条第4款与《产品责任指令》第8条下被告披露相关信息的规定之间的关系在很大程度上是模糊不清的。《产品责任指令》鉴于条款第34条第1句仅规定，法院在进行复杂性的推定或判定时，不应预先考虑《产品责任指令》第8条的规定。然而，为什么原告在同时有可能根据《产品责任指令》第8条提出命令申请的情况下，在证明缺陷方面会存在"过度困难"，这一点仍不明确；按照比例原则，这里应该假设存在一种循序渐进的关系。

如前所述，这些都是可反驳的推定(《产品责任指令》第 9 条第 5 款)，对此，欧盟委员会在《产品责任指令》鉴于条款第 36 条中提到，被告可以提出并证明免除责任的特殊情况，例如，产品投放市场违背了制造商的意图，或者缺陷是由于履行强制性规定而发生的。但是，不应仅仅假设，类似于初步证据原则，推定的可反驳基于经验法则的无效；[110]《产品责任指令》的鉴于条款并不支持这一点，在《产品责任指令》第 9 条中也没有任何迹象表明欧盟委员会在此"仅仅"想依靠初步证据。

7. 连带责任

《产品责任指令》第 11 条保留了现行《产品责任指令》第 5 条[111]中的原则，即在可能存在多个责任主体的情况下，他们对全部损害负连带责任。在信息技术产品和人工智能系统的背景下，《产品责任指令》第 12 条第 1 款的规定更为重要，该条款并未因第三方造成了损害而免除制造商和其他人的责任；这也涵盖了人工智能系统因为其经营者(不在《产品责任指令》范围内)训练不当而产生故障的情况。然而，即使是黑客攻击引起的损害，也不能免除制造缺陷信息技术产品的制造商的责任，因为黑客利用产品的安全漏洞，才能使攻击成为可能。

8. 无责任上限(最高责任金额)

更值得注意的是，《产品责任指令》第 13 条放弃了任何最高责任金额，不论是合同性质的，[112]还是成员国法规的——与现行《产品责任指令》第 16 条第 1 款相比，后者仍然规定了将责任限制在 7 000 万欧元或 8 500 万欧元(《德国产品责任法》第 10 条第 1 款)可能性的干预，但尚未有实际适用的案例。[113]这种不考虑过错的无限责任原则在其他严格责任规定中几乎找不到，更令人惊讶的是，保险问题也存在争议；特别是在纯粹的数据丢失或数据损失也被承认为合法资产的背景下。

9. 诉讼时效

《产品责任指令》第 14 条还规定了一种诉讼时效制度，该制度在很大程度上类似于《德国民法典》第 195 条及其以下条款，尤其是

71

72

第 199 条。因此，在受害者意识到损害、缺陷和可能的侵权人身份后，损害赔偿请求权的诉讼时效期间为 3 年。《产品责任指令》第 14 条将其等同于受害者"合理"预期的认识，这在某种程度上偏离了《德国民法典》第 199 条第 1 款 2 项，该项提及受害者可能因重大过失而不知情；显然，欧盟委员会在这里使用了一个客观标准，而且该标准对知情的要求已经低于《德国民法典》第 199 条第 1 款 2 项。在这种情况下，《产品责任指令》第 8 条中披露信息的可能性也可能对受害者"合理"预期的认识产生影响。然而，根据《产品责任指令》第 14 条第 1 款第 2 句规定，该提案并不影响成员国关于时效期限中断的规定。

此外，《产品责任指令》第 14 条第 2 款还规定了产品投放市场或经过重大修改后 10 年的绝对诉讼时效。有趣的是，《产品责任指令》第 14 条第 2 款并没有提及制造商放弃对产品的控制的情况；这在产品更新情况下会导致敏感的责任空白，因为实际的信息技术产品早在更新之前就已投放市场，并且尽管已经进行了更新，产品在此之后 10 年内造成的损害会被时效限制。在这方面，是否应将产品视为经过重大修改取决于更新的程度，从而使诉讼期限重新开始计算。

73　　　如果受害者由于人身伤害的潜伏期而未能在 10 年内提起诉讼，这种绝对时效可延长至 15 年(《产品责任指令》第 14 条第 3 款)，该条款仅适用于对人身伤害存在潜伏期的情形。[114]

10.《产品责任指令》与互联网中介责任的关系

根据《数字服务法》(原《电子商务指令》第 12 条及以下条款和德国《电信媒体法》第 7 至 10 条)第 4 条及以下规定，关于互联服务经营者责任特权的规定也带来了棘手的问题。因为这些服务现在也属于《产品责任指令》的责任范围，例如当涉及中介为产品提供连接服务与产品的访问时，难免与免责条款(例如访问服务提供商的责任)相冲突。然而，这些规定不适用于制造商自己的服务；同样，该领域的责任特权仅涉及内容责任，而不涉及网络安全风险的责任。[115]

(二)《人工智能责任指令》提案

1. 概述

《人工智能责任指令》的特点和欧盟委员会的基本决定是不制定过于严格的责任规则[116]以免阻碍欧盟内部人工智能的发展，这体现为放弃引入严格责任，仅限于基于过错的非合同责任的举证责任规则。因此，《人工智能责任指令》不仅与欧洲议会的提案相去甚远，而且与责任和新兴技术专家组的提案[117]也差异巨大，这两个机构都主张引入严格责任。然而，《人工智能责任指令》强调的创新友好性与《产品责任指令》的严格责任形成了鲜明对比，后者明确旨在涵盖人工智能系统，包括连接服务和数据供应商等供应商。因此，《人工智能责任指令》主要适用于人工智能系统的经营者或非制造商，而不是制造商和供应商，这引起了人们对该指令是否过于偏向创新而忽略制造商和供应商之责任的质疑。

《人工智能责任指令》的核心是关于举证责任和推定规则的规定，这些规则与《人工智能法案》的产品安全法条款相互关联。欧盟委员会认为，人工智能系统的自主行为和复杂性是导致受害者在对人工智能系统的经营者或使用者主张权利时遇到困难的决定性原因(《人工智能责任指令》鉴于条款第 4 条)。这一点尤为重要，因为《人工智能法案》规定了高风险人工智能系统经营者的记录和日志义务，但未赋予受影响方查阅文档的权利(《人工智能责任指令》鉴于条款第 16 条)。通过这种方式，就像在《产品责任指令》中一样，欧盟委员会试图在产品安全和产品责任之间建立类似性——然而，这面临与《人工智能法案》的术语相同的问题(见上文"扩展到数据和服务")。

2. 适用范围

(1) 人工智能的定义

《人工智能责任指令》采用《人工智能法案》对人工智能本身以及高风险人工智能系统(《人工智能法案》第 6 条第 1 款)的定义，还包括对经营者(《人工智能法案》第 3 条第 2 款)和用户(《人工智能法案》第 3

条第 4 款)的定义。

因此，《人工智能责任指令》最终会受到与《人工智能法案》同样的批评，特别是其适用范围过于宽泛，众所周知，该指令涵盖了多种算法驱动的过程，并不局限于机器学习。[118]这同样适用于高风险人工智能系统的定义。[119]然而，我们也必须认识到，对于人工智能的通用定义或人工智能系统的构成要素，尚未达成一致意见。[120]

在这方面，《人工智能法案》区分了第 6 条第 1 款以及附件二中提到的高风险人工智能系统，这些系统是产品或产品的安全组件，特别是根据欧盟《医疗器械法规》第 2017/745 号[121]规定的医疗产品，以及此类在《人工智能法案》第 6 条第 2 款与附件三中列举的独立系统。特别是考虑到《人工智能法案》附件三所列的适用领域，所有被归类为高风险的系统是否真的全部被包括在内是值得怀疑的。[122]根据《人工智能法案》第 7 条第 1 款，欧盟委员会可能通过授权法令扩大其附件三，将新系统纳入《人工智能法案》附件三第 1—9 号所列的领域内，这些系统构成《人工智能法案》第 7 条第 1 款定义的特殊风险。[123]然而，在一个快速变化和创新的经济环境中，欧盟委员会对《人工智能法案》附件三清单进行年度审查是否足够，还有待观察。[124]

对《人工智能法案》附件三中的清单持进一步保留意见，因为它涵盖了诸如在刑事起诉或法院中使用人工智能这样的应用领域，这些领域总是需要特别谨慎地处理相关的公民自由问题，[125]而且该清单可能只有在涉及国家责任时才在责任问题上发挥作用。[126]

《人工智能责任指令》仅适用于人工智能系统对受害者有直接影响的情况。即使是人们根据人工智能系统的建议自行作出决策的情形，且是出于自身责任而作出决定，也不在《人工智能责任指令》的规定范围内(《人工智能责任指令》鉴于条款第 15 条第 3 句及以下)。因此，《人工智能责任指令》间接地与《通用数据保护条例》第 22 条相关联，后者同样仅在没有人类评估介入时，人工智能系统才适用规定，并最终受到与《通用数据保护条例》第 22 条相同的批判。由于人的过错也不在《人工智能责任指令》鉴于条款第 3 条及以下条款的推定规则范围内,这与"人在回路"技术(human being in the loop),即《人工智能法案》第 14 条要求的始终需要的人类监督的要求是不相容的。[127]《人工智能责任指令》鉴于条款第 15 条第 5 句通过阐明在人类干预的情况下,总是可以确定过错和损害之间的因果关系来证明这一限制。由于"黑箱"问题,我们仍然无法说明为何在直接使用人工智能系统时情况也会有所不同。根据《产品责任指令》,没有人类介入的人工智能产品已经被认为是存在缺陷的,这对因果关系问题产生了上述影响。

(2) 限制非合同过错责任

《人工智能责任指令》第 1 条第 2 款明确只涉及过错责任,其中包括所有形式的过失、故意以及不作为,同时也包括国家责任。[128]一些学者指出,"过错"这个概念是否也涉及主观成分并不明确。[129]然而,《人工智能责任指令》完全把这个问题留给了成员国自行决定。

反过来说,《人工智能责任指令》不仅限于纯粹的侵权责任,还普遍涵盖所有基于过错的责任;但是,《人工智能责任指令》第 1 条第 2 款明确排除了合同请求。因此,与国际私法一样,[130]问题在于如何界定类似侵权责任的准合同请求(例如《德国民法典》第 311 条)。在这里,有很多理由支持不将这些纳入合同责任的例外中。

(3) 排除范围

运输法:根据《人工智能责任指令》第 1 条第 3 款 a 项规定,该指令无意涵盖欧盟在运输法领域的责任规定,但没有进一步具体说明。[131]然而,这意味着《人工智能责任指令》适用于所有国家在运输领域的责任规定,除非这些规定是基于欧盟法律的转化。[132]尤其是,道路交通法的责任规定主要是国家法律,如德国《道路交通法》(StVG)第 7 条及以下条款将受到影响。然而,根据《人工智能责任指令》第 1 条第 4 款和鉴于条款第 14 条第 2 句的最低限度统一,这并不意味着必须废除严格责任或保管人责任;"仅仅"需要相应地补充基于过错的责任。这可能会影响例如根据德国《道路交通法》第 1d 条第 3 款、第 1f 条第 2

款和《自动驾驶批准和运行条例》第 14 条进行的技术监督，通过《德国民法典》第 823 条第 1 款承担责任。[133]

《产品责任指令》：此外，《人工智能责任指令》第 1 条第 3 款 b 项规定，受害者在《产品责任指令》享有的权利不受影响。因此，人工智能系统制造商的责任(将来也包括服务提供商和数据提供商的责任)始终适用于人工智能系统。[134]尽管如此，《人工智能责任指令》仍有其相应的适用范围。[135]

《数字服务法》：相反，根据《人工智能责任指令》第 1 条第 3 款 c 项，《数字服务法》的责任特权不受《人工智能责任指令》的影响，这对于为人工智能系统提供服务的中介来说尤为重要。通过关于算法和在平台上使用人工智能系统的规定(《数字服务法》第 12 条、第 14 条第 6 款、第 17 条第 6 款、第 23 条第 1 款 c 项、第 27 条第 1 款 a 项、第 29 条第 2 款)显然被排除在《人工智能责任指令》或证据特权之外，也显示了对《人工智能法案》的严格反馈，因此各成员国的相关规定在此仍然适用。

国家法律：最后，《人工智能责任指令》第 1 条第 3 款 d 项明确规定，成员国关于举证责任的规定(参见《民事诉讼法》第 138 条第 3 款、第 288 条、第 291 条)、证据评估或何时可推定的条件(《民事诉讼法》第 286 条)仍然有效，《产品责任指令》鉴于条款第 10 条关于过错的定义也不受影响。同样，关于损害赔偿、对多个侵权人的责任分配或诉讼时效的规则也不在《人工智能责任指令》的范围内(《人工智能责任指令》鉴于条款第 10 条第 2 句)。因此，《人工智能责任指令》第 3 条和第 4 条是特别条款，仅在这些领域优先于成员国的标准。

(4) 不限定特定法律利益或受害者

《人工智能责任指令》通过仅限于对成员国过错责任规则的补充规定，有意避免了仅为某些合法权益提供责任的规定(不同于《产品责任指令》)。[136]这意味着法律利益即使不属于财产保护范围，也可以纳入《人工智能责任指令》的责任范围。也就是说，不受财产保护的合法利

80

益，如《人工智能责任指令》鉴于条款第 2 条规定的歧视或平等待遇，可以纳入《人工智能责任指令》的责任范围。因此，《人工智能责任指令》事实上完全附属于国家责任规定，只要这些规定涉及过错，过错的形式可以扩展到过失和故意。就德国法律而言，这意味着，除其他事项外，《德国民法典》第 823 条第 1 款、第 823 条第 2 款和第 826 条规定的责任也包括在内；而且，根据上述观点，《德国民法典》第 311 条规定的准合同责任基础也应当包括在内。

但是，《人工智能责任指令》保护所涵盖的受害者范围与《产品责任指令》提案有所不同，因为《人工智能责任指令》没有将保护限定在消费者上，而是根据成员国的责任规则，原则上覆盖了商业受害者。

(5) 最低限度的统一

此外，《人工智能责任指令》第 1 条第 4 款只规定了最低限度的统一，并让成员国自行决定是否引入或维持更严格的规则，无论这些规则是基于过错责任还是严格责任(《人工智能责任指令》鉴于条款第 14 条第 2 句)。[137]

3. 证据披露

《人工智能责任指令》的关注焦点是改善受损害原告的证据情况。为此，《人工智能责任指令》采用了两种手段：一是被告披露证据的义务(证据披露)，二是一致性推定。这两个方面与《产品责任指令》[138]中的规定有许多相似之处，并且基于一个共同的方法。

(1) 高风险人工智能系统的信息披露

《人工智能责任指令》第 3 条第 1 款规定，法院可以根据《人工智能法案》第 24 条或第 28 条，在受害者提出可信请求的情况下，向经营者或其他方披露有关高风险人工智能系统的信息或证据，前提是受害者之前已经要求经营者或其他方披露信息而未果。然而，《人工智能责任指令》第 3 条第 1 款并未解决受害者是否知晓或能证明涉及高风险人工智能系统的问题。[139]根据《人工智能责任指令》鉴于条款第 17 条第 5 句的规定，仅仅是经营者(或其他人)的拒绝不应引发不符合《人工智能责任指令》义务的推定。此外，原告应被要求证明其损害发生在人工智能系统的运行期间[140]——不论是在诉前阶段还是在法庭阶段，因为《人工智能责任指令》在这方面没有区分。[141]

这类法院命令也可以对非诉讼当事人的第三方发出，特别是当他们根据《人工智能责任指令》规定的义务而拥有必要的文件或信息时（《人工智能责任指令》鉴于条款第19条）。然而，第三方披露证据仅在无法从被告处获得证据的情况下进行（《人工智能责任指令》鉴于条款第20条第7句）。

为了防止请求证据披露的滥用，[142]《人工智能责任指令》第3条第2至4款（类似于《产品责任指令》第8条第2至4款）[143]规定了比例原则的限制，特别是要求原告之前已充分获取相关信息（《人工智能责任指令》第3条第2款）。关于秘密信息或商业秘密的保护，《人工智能责任指令》第3条第4款只要求法院采取具体措施以确保保密性；但《人工智能责任指令》第8条第3款缺少更精确的要求。只有《人工智能责任指令》鉴于条款第20条第5句（与《产品责任指令》鉴于条款第32条第2句类似）提到对机密文档、相关谈判或听证会的限制查阅。

根据《人工智能法案》，披露证据的规定仅限于该法第18条规定的有义务提供文档和记录的高风险人工智能系统的经营者等；风险较低的人工智能系统的经营者无须披露证据（《人工智能责任指令》鉴于条款第18条第2句）。[144]然而，由于《人工智能责任指令》只包含最低限度的统一规定，成员国也可以为较低风险的人工智能系统规定更广泛的文档义务和相应的披露义务。[145]此外，《人工智能责任指令》没有任何关于证据的限制。只有根据《人工智能法案》要求被记录的证据和证明才可以被要求。[146]

(2) 不履行义务的推定

如果不履行法院相应的披露命令，《人工智能责任指令》第3条第5款规定了不履行《人工智能法案》义务的推定。尽管《人工智能责任指令》对此没有作出明确规定，这种推定也必须限于被告不履行法院命令的情形；同时，不适用于第三方拒绝的情况，因为被告并未因此受到影响。此外，这种推定仅限于不履行法院命令的情况，而不涉及诉前阶段的行为。[147]无论如何，被告都有可能反驳这一推定。

4. 因果关系推定

除了《人工智能责任指令》第3条第5款规定的关于过错或不履行《人工智能法案》义务的推定外，该指令仅限于关于过错或缺陷行为与所发生损害之间因果关系的推定。为义务的不履行或存在过错行为提供举证便利，《人工智能责任指令》大量参考了国家法规或欧盟法律(《人工智能责任指令》鉴于条款第22条第2至3句)，其中欧盟委员会在此也考虑到了《数字服务法》在平台或无人机方面的规则。[148]因此，原告不能免除人工智能系统本身存在缺陷的举证责任。[149]

(1) 一般的可反驳因果关系推定

《人工智能责任指令》第4条第1款规定，法院应该推定被告的不当行为与人工智能系统的结果或原告的损害之间存在因果关系，前提是：

(a) 原告证明被告的不当行为涉及国家或欧盟法律规定的注意义务(或根据《人工智能责任指令》第3条第5款推定)——这并不局限于《人工智能法案》规定的义务，而是受到《人工智能责任指令》第4条第2款的制约。[150]

(b) 不当行为很有可能"影响"了人工智能系统的结果。

(c) 原告已初步证明人工智能系统的结果造成了损害。根据《人工智能责任指令》第4条第7款，这一推定是可反驳的。

在这种情况下，有一点很重要，《人工智能责任指令》鉴于条款第22条第5至7句，只有那些旨在保护受害者的义务才能产生因果关系的推定，排除了如《人工智能责任指令》鉴于条款第25条第4句规定的通知当局的义务。

此外，因果关系推定仅指不履行义务导致人工智能系统缺陷的因果关系，而不是人工智能系统造成损害的因果关系。[151]此外，因果关系推定不应适用于人类根据人工智能系统的结果或建议作出决策的情况；如《人工智能责任指令》鉴于条款第 15 条第 3 句所述，在这种情况下无需因果关系的推定，因为人类的决策或行为是可以追溯的，这就极大地限制了推定的适用性，因为它会激励人们通过给人工智能系统所提的建议盖上"橡皮图章"的方式[152]来规避《人工智能责任指令》的规定，而这种现象在《通用数据保护条例》第 22 条中是非常普遍的。

(2) 针对高风险人工智能系统经营者的因果关系推定

此外，因果关系推定只适用于符合《人工智能法案》第三编第二章和第三章规定的高风险人工智能系统的经营者，或者根据《人工智能法案》第 24 条或第 28 条第 1 款或《人工智能责任指令》第 4 条第 2 款负有义务的主体。该推定还取决于原告能令人信服地证明经营者等违反了《人工智能法案》第 10 条及以下条款规定的多项义务。这些义务包括(选择性地)：

使用符合《人工智能法案》第 10 条第 2 至 4 款要求的数据集训练人工智能系统的义务；

《人工智能法案》第 13 条规定的透明度义务；

《人工智能法案》第 14 条规定的进行人工监管义务；

根据《人工智能法案》第 15 条和第 16 条第 1 款规定的稳健性、准确性和网络安全义务，或；

没有根据《人工智能法案》第 16 条第 7 款和第 21 条采取纠正或召回措施的情况。

85　　《人工智能责任指令》希望将《人工智能法案》第 9 条规定的风险管理系统所采取的措施纳入其中，尽管除上述义务外，各项措施的具体权重仍不明确(《人工智能责任指令》鉴于条款第 26 条第 4 句及以下条款)。风险管理系统是《人工智能法案》的一个综合工具，但这并不能最终帮助评估经营者是否违反了具体义务。此外，有些情况可能不在上述义务的覆盖范围内，如人工智能系统生成输出后人工监管的缺失。[153]

但是，根据《人工智能责任指令》第 4 条第 4 款，如果被告能够证明原告有足够的途径获得相关专业知识来证明因果关系，则法院不应适用这一推定。《人工智能责任指令》鉴于条款第 27 条第 2 句指出，原告在有权访问人工智能系统的文档和记录工具的情况下——最终属于证据披露的最终情况下，法院不应适用该推定。[154]

(3) 高风险人工智能系统用户的因果关系推定

根据《人工智能责任指令》第 4 条第 3 款，对于人工智能系统的用户，因果关系的推定仅适用于以下情况：原告必须证明(而不仅仅是提出初步证据"证明")用户未按照相关说明使用或监管人工智能系统，或中断使用(《人工智能法案》第 29 条)，或者未使用适当的数据训练人工智能系统(《人工智能法案》第 29 条第 3 款)。[155]

因此，《人工智能责任指令》大大限制了对人工智能系统经营者的因果关系推定，这虽然与《人工智能法案》规定的义务是一致的，但反过来说，这也不排除根据《产品责任指令》将这些用户视为制造商的可能性，因为它们使用数据训练和修改人工智能系统。[156]

(4) 人工智能系统的非专业用户

《人工智能责任指令》第 4 条第 6 款对人工智能系统非专业用户的因果关系推定作了进一步限制。该因果关系推定仅适用于非专业用户"实质上干扰了人工智能系统的运行条件"或本可确定使用条件但未能这样做的情形。《人工智能责任指令》鉴于条款第 29 条第 6 句及以下条款进一步解释了对经营者适用说明的参考，明确指出，人工智能系统的非专业用户如果忽视了这些说明，也可以适用因果关系推定。

(5) 非高风险人工智能系统的因果关系推定

最后，《人工智能责任指令》第 4 条第 5 款包含一项类似于《产品责任指令》第 9 条第 4 款的规定，适用于风险较低的人工智能系统的经营者或用户：在这种情况下，因果关系推定只有在法院确信原告证明因果关系存在重大困难时，才适用因果关系推定。[157]然而，由于《人工智能责任指令》鉴于条款第 28 条第 2 句再次提到人工智能系统的"黑箱"问题，这一限制在实践中几乎没有效果，因为每个原告都可能面临这个问题。此外，根据《人工智能责任指令》鉴于条款第 28 条第 4 句的规定，原告不应被迫解释人工智能系统的特征或者这些特征如何导致因果关系无法证明——这最终极大地缓解了这一限制。

5. 集体诉讼

《人工智能责任指令》第 2 条第 6 款 c 项明确规定了协会或其他第三方可以集体主张受害者权利，为此第 6 条补充了欧盟第 2020/1828 号指令的附件一。[158] 然而，目前尚不清楚《人工智能责任指令》第 6 条是否也适用于欧盟第 2020/1828 号指令，从而将所有非消费者排除在集体诉讼之外。由于《人工智能责任指令》仅更新上述指令的附件一，因此仍有充分理由将集体诉讼限制在消费者范围内。[159]

6.《人工智能责任指令》的评估

最后，《人工智能责任指令》第 5 条和鉴于条款第 31 条明确规定，评估《人工智能责任指令》是欧盟委员会预期的两阶段过程的结果，例如欧洲议会提出的引入严格责任的问题。[160] 这是基于对当前快速发展的技术和经济的考虑，从而避免因过度的责任扼杀了创新进程。[161] 然而，这与《产品责任指令》中的责任扩张形成鲜明对比(见上文"产品责任")。

四、 总结和总体评价

总体评价新提案，应首先承认，需要在创新与避免对第三方损害和风险之间找到适当的平衡，并采取最低成本规避方法来确定责任(赔偿责任)。[162] 例如，如果双方(损害方和受害者)都能通过(有效的)努力防止损害，那么过错责任将是最合适的制度。[163] 因此，如果生产商的努力不能真正影响与产品有关的风险，严格责任通常是可取的。这些原则在信息技术系统，尤其是自主系统的责任方面也可发挥重要作用。[164]

从积极的方面来看，《产品责任指令》将产品的概念扩展到软件，甚至是综合服务，总体上是值得肯定的。[165]此外，两项指令中关于信息披露新规定和引入因果关系推定也是一种有益的探索。然而，除了这些积极方面的内容，这两项指令似乎仍存在一些问题。

（一）严格责任还是过错责任？

虽然《人工智能责任指令》声称仅提及过错责任以促进创新，而《产品责任指令》则更多地涉及严格责任，这种差异并不容易理解。如果人工智能系统可以受益于过错责任，那么为什么生产商应承担严格责任，这样最终只有人工智能系统的经营者才能受益于过错责任的"特权"？此外，为何严格责任应仅限于消费者的财产损失和数据丢失，而大多数产品责任案件显然涉及企业间的关系，这一点也值得商榷。

相反，严格责任为何不能全面适用于新技术，如其在人工智能系统（包括 B2B 关系中经营者和生产商的严格责任）中的适用仍然存在争议。即使过错责任制度在实践中可能达到与严格责任相同的责任水平，但其仍然存在法律上的不确定性，因为原告几乎无法预见法院将如何解释生产商和(或)经营者的过错，[166]而严格责任则避免了这些问题。此外，严格责任制度并不依赖于技术标准的遵守。[167]基于"缺陷产品"概念的责任体系在实践中存在与过错责任体系相同的问题，即受害者仍需承担证明产品存在缺陷的举证责任。归根结底，这一概念实际上指的是一种客观的注意义务[168]——尤其是我们考虑到开发风险的例外情况，这个概念就会更为宽泛。

（二）严格责任仅适用于生产商？

虽然有些学者主张应当重点关注生产商的责任，[169]但经营者也应成为相应责任主体，[170]因为他们决定了自主系统的具体使用方式(特别是具体框架条件)，而且首先通常用于训练人工智能系统。[171]由于训练的质量和强度决定了自主系统的质量，因此经营者也应当对此承担责任。[172]

正如机动车所有者作为使用危险技术并决定其使用方式的人(即使只是将其交给驾驶员)要承担责任，动物的所有者要对其动物的相关危险承担责任一样，[173]人们通常认为此类信息技术系统的经营者也要承担严格责任，因为他们的行为不再是完全可预见的。这可以合理地与典型的严格责任(特别是责任限制)手段相结合，以免妨碍新技术的使用。[174]严格责任是一种手段，将社会上需要的(因此是合法的)但是具有危险性的技术风险内部化到那些决定使用技术的人，[175]同时由于无条件的赔偿责任提高了人们对该技术的接受程度。[176]相反，有学者反对，虽然严格责任是"技术风险的合适出路"，但它具有"强烈的监管效果"。[177]然而，赔偿责任一般都附有最高责任金额(上限)，以便在创新利益上接受一定的社会化风险。[178]采用严格责任制度而不是过错责任制度，也避免了根据传统侵权法及其预设违法性的义务概念，要求经营者停止从事危险活动的可能性。[179]

此外，针对特定领域的规则设计显然是可能的，以限制经营者的严格责任，因为并非生活的每个领域都面临相同的风险；[180]这种限制可以与产品安全法规相关联。这种特定领域的责任可以与根据涉及的风险调整特定责任上限一起实施。[181]同时，还可以考虑根据经营者的专业知识类型加以区分。[182]此外，只有能够训练人工智能的商业或专业经营者才应承担责任。[183]

《产品责任指令》没有规定市场监督义务(与《人工智能法案》第61条相反)，产品责任(包括人工智能责任)中也并未涉及售后风险。鉴于开发风险当前已被强制排除在责任之外，这一点就显得更加重要，因为开发风险可能会对人工智能系统，特别是机器学习产生重要影响。而在生产商控制产品情况下，扩大生产商责任也只能涵盖部分风险。

通常情况下，此类风险分配与强制责任保险相结合。一方面，这确保可以通过保险收集有关此类系统的危险性和损坏历史有关的信息。无论是《人工智能责任指令》还是《产品责任指令》，都没有对强制责任保险作出任何规定。[184]另一方面，可以对制造商等行使追偿权[185]——在这两项拟议的指令中也没有规定追偿规则。[186]正是与最高责任限额(上限)结合才能使保险成为可能。[187]通过对经营者(特定领域)和制造商引入严格责任，不再需要其他辅助性的责任，[188]无论其结构如何，都几乎没有任何区别。

责任上限和强制保险这两个要素，在《产品责任指令》中都没有规定；为了促进创新的激励机制，引入这些要素应该是至关重要的。

(三) 基于成员国过错侵权责任的人工智能系统责任？

如前所述，《人工智能责任指令》不应限于侵权法中的过错责任，对于经营者应引入严格责任。尽管由于《人工智能法案》中规定了一般产品的安全义务，欧盟大多数过错责任制度可能会采用类似义务，从而形成产品安全义务和责任义务并行不悖的局面，[189]但这种方法终究无法克服成员国之间在其侵权法设计上的差异。[190]例如，在侵权法中如何处理颇具争议的数据丢失的问题，若无法得到解决，会与涵盖了这些损害的《产品责任指令》产生差异。实行非累积制度的成员国(不允许同时根据合同法和侵权法提出损害赔偿请求)将被排除在外。由于《人工智能责任指令》不限于某些损害(通过大致参照成员国法律)，它涵盖了更广泛的潜在损害和请求权人的范围，包括对商业财产的损害，甚至侵犯人权，如反歧视、可能影响第三方的错误信用评分系统。为何这两个责任指令提案设计得如此不同，值得进一步考察。严格责任仅限于消费者的财产和数据丢失，而《人工智能责任指令》适用披露义务，即使是受到损害的专业人士。然而，将严格责任扩展到任何形式的纯粹经济损失(如有缺陷的信用评分系统)将过于激进，而且通常信用评分是基于合同的，因此合同赔偿应优先于侵权法。[191]

此外，援引《人工智能法案》也会招致对该法的批评，[192]例如人工智能的定义似乎过于宽泛，以及存在潜在的模糊性。《人工智能法案》第9条规定的风险管理系统的义务或不切实际的数据管理和质量要求也同样因模糊性而受批评。即使是《人工智能法案》第12条所要求的持续人工监管，似乎也与人工智能系统的优势相矛盾，因为人工智能系统根本不能在不丧失快速性和复杂性的情况下始终由人工监控。

93

94

(四) 两项责任提案的共同问题

严格责任无法解决因果关系问题，因此，指令中有关披露的解决方案是值得肯定的。同时，引入符合《人工智能法案》义务的因果关系的可反驳推定也是值得肯定的。然而，关于披露义务的具体设计仍然不够明确，因为它给予法院很大自由裁量权来平衡商业秘密。为了保障权利人和被告的利益，最好引入"非公开程序"。[193] 对基于"过度困难"的因果关系推定也同样应当受到批评，因为它引入了一个在实践中很难处理的概念。此外，有些推定只适用于高风险人工智能系统——然而，潜在原告应如何知道和证明损害只是由高风险的人工智能系统造成的呢？[194] 原告只能参考被告披露的信息。

尽管这两种披露义务都能为原告提供额外的信息，但非专业的原告很可能会面临如何评估复杂技术信息的问题，因此这只是部分解决了信息不对称的问题。[195] 因此，有必要制定一项额外规定，要求生产商或者经营者就记录的数据提供信息协助的义务。[196]

这两项责任指令提案均未涉及人工智能监管沙盒的作用。因此，根据《人工智能法案》第53条第4款，该条款未涉及责任问题，但仍课以成员国在特殊情况下的监管责任。然而，成员国和(或)欧盟应为沙盒的使用引入特殊责任制度，至少是在指令提案中，尤其是《产品责任指令》应在这方面提供一些灵活性。[197]

此外，这两项指令都没有涉及认证程序对责任的影响。因此，根据国家法律，原则上除了文件记录目的之外，无论是对严格责任还是过错责任制度，都不应该有任何影响。类似的(在某种程度上相关的)问题是《人工智能法案》第69条规定的行为规则是否会影响责任，而这在过错责任制度下比在严格责任规则下更有可能发生。然而，技术标准和认证程序理应共同发挥重要作用，使产品安全与指令提案保持一致，以确保法律的确定性。[198]

95

注释

1. High Level Expert Group on Artificial Intelligence, Ethical Guidelines for Trustworthy AI, 2019, available at https://ec.europa.eu/newsroom/dae/document.cfm? doc_id = 60425 (last accessed on 12.01.2023); European Commission, Directorate-General for Justice and Consumers, Liability for artificial intelligence and other emerging digital technologies, Publications Office, 2019, available at https://data.europa.eu/doi/10.2838/573689 (last accessed on 12.01.2023).

2. Zech, Verhandlungen des 73. Deutschen Juristentages in Hamburg 2020, Band I Gutachten A (cited as Zech, Expert opinion, 2022).

3. Proposal of the EU Commission for a Regulation of the European Parliament and of the Council laying down harmonised rules on Artificial Intelligence (Artificial Intelligence Act) and amending certain acts of the Union (AI-Act), 21.4.2021, COM (2021) 206 final; on this in detail Spindler, CR 2021, 361 et seq.

4. European Parliament resolution of 20 October 2020 with recommendations to the Commission on a civil liability regime for artificial intelligence (2020/2014(INL)), Civil liability regime for artificial intelligence, P9_TA(2020)0276; Zech, Empfehlen sich Regelungen zu Verantwortung und Haftung beim Einsatz Künstlicher Intelligenz? Der Verordnungsvorschlag des Europäischen Parlaments, Ergänzungsgutachten DJT 2020/2022 (cited as Zech, Supplement, 2022), p.4, 9; Wagner, Haftung für Künstliche Intelligenz-Eine Gesetzesinitiative des Europäischen Parlaments (2021), ZEuP 545.

5. Proposal of the EU Commission for a Directive of the European Parliament and of the Council adapting the rules on non-contractual civil liability in artificial intelligence (AIL-D), 28.9.2022, COM(2022) 496 final.

6. Proposal of the EU Commission for a Directive of the European Parliament and of the Council on Liability for Defective Products (PL-D), 28.9.2022, COM(2022) 495 final.

7. Proposal for a Regulation of the European Parliament and of the Council laying down harmonized rules on Artificial Intelligence (Artificial Intelligence Act) and amending certain Union Legislative Acts, 21.04.2021, COM (2022) 206 final.

8. Proposal for a Regulation of the European Parliament and of the Council on horizontal cybersecurity requirements for products with digital elements and amending Regulation(EU) 2019/1020 (CRA-D), 15.9.2022, COM (2022) 454 final.

9. Resolution of the European Parliament of 20 October 2020 with recommendations to the Commission on the regulation of civil liability in the use of artificial intelligence (2020/2014(INL)), Regulation of civil liability in the use of artificial intelligence, P9_TA(2020)0276; cf. Wagner, Haftung für Künstliche Intelligenz-Eine Gesetzesinitiative des Europäischen Parlaments (2021), ZEuP 545; Zech Supplement to the DJT

Opinion, 2022, p.4, 9.

10. 也参见 Spindler, Neue Haftungsregeln für autonome Systeme(2022), JZ 793; Whittam "Mind the compensation gap: towards a new European regime addressing civil liability in the age of AI" 30 (2022) International Journal of Law and Information Technology, 249 (251 et seq.); for copyright equivalence see CJEU C-128/11 Used Soft ECLI:EU:C:2012:407, para. 47。

11. Decision No.768/2008/EC of the European Parliament and of the Council of 9 July 2008 on a common framework for the marketing of products and repealing Council Decision 93/465/EEC, OJ L 218/82.

12. Zech, Haftung für Trainingsdaten Künstlicher Intelligenz(2022), NJW 502 (505); Wagner, Produkthaftung für autonome Systeme(2017), AcP 707(716 et seq.); Schellekens "Human-machine interaction in self-driving vehicles: a perspective on product liability" 30 (2022) International Journal of Law and Information Technology, 233 (237 et seq.); for copyright equivalence see CJEU C-128/11 Used Soft ECLI:EU:C: 2012:407, para. 47.

13. 同样，《网络弹性法案》提案也将软件作为一个独立的"产品"，参见《网络弹性法案》提案第3条第1款。

14. Wagner in Münchener Kommentar zum Bürgerlichen Gesetzbuch(8th ed., C.H. Beck 2020) ProdHaftG § 2 para 28 et seq.; Müller/Haase, Haftungsrechtliche Aspekte des 3D-Drucks(additive Fertigung)-Teil 2(2017), InTer 124(127 f.); other opinion: Oechsler, Produkthaftung beim 3D-Druck(2018), NJW 1569(1570): in general on product liability with 3D printers; 在这个方向上还有 Graf von Westphalen in Foerste/ Graf von Westphalen, Produkthaftungshandbuch, 3rd ed. 2012, § 47 para 44。

15. 也参见 European Law Institute, Feedback on the European Commission's Proposal for a Revised Product Liability Directive, 2022, S. 9 f。

16. Directive 2009/24/EC of the European Parliament and of the Council of 23 April 2009 on the legal protection of computer programs, OJ L 111/17.

17. On the protection of the source code by the Software Directive C-393/09 BSA/ Ministry of Culture ECLI: EU: C: 2010: 816, para 34 et seq.; Spindler in Schricker/ Loewenheim, Kommentar zum Urheberrecht(6th ed., C.H. Beck 2020) UrhG § 69a para 5; Wiebe in Spindler/Schuster, Recht der elektronischen Medien(4th ed., C.H. Beck-2019) UrhG § 69a para 4.

18. 因此，Dheu/De Bruyne/Ducuing 提出批判，认为 The European Commission's Approach To Extra-Contractual Liability and AI-A First Analysis and Evaluation of the Two Proposals, CiTiP Working Paper 2022, accessible at https://ssrn.com/abstract = 4239792 (last accessed 16.1.2023), p.38 at footnote 235 过度扩展了产品责任范围。

19. Spindler/Sein, Die Richtlinie über Verträge über digitale Inhalte-Gewährleistung,

Haftung und Änderungen (2019), MMR 488 (491); Schulze, Die Digitale-Inhalte Richtlinie-Innovation und Kontinuität im europäischen Vertragsrecht(2019), ZE-uP 695 (720 et seq.); Mischau, Daten als „Gegenleistung" im neuen Verbraucherver-tragsrecht (2020), ZEuP 335 (352).

20. Spindler, Neue Haftungsregeln für autonome Systeme(2022), JZ 793(797); Hacker, Ein Rechtsrahmen für KI-Trainingsdaten (2020), ZGE 239 (250); Zech, Haftung für Trainingsdaten Künstlicher Intelligenz (2022), NJW 502 (505); id. Gutachten A zum 73. Deutschen Juristentag, 2020, p.A 68; Hacker, The European AI Liability Directives-Critique of a Half-Hearted Approach and Lessons for the Future, Working Paper (18. 11. 2022), accessible at https://ssrn. com/abstract = 4279796 (last accessed 16.1.2023), p.16 at fn. 105.

21. Zech, Haftung für Trainingsdaten Künstlicher Intelligenz(2022), NJW 502 (507); Grützmacher, Die zivilrechtliche Haftung für KI nach dem Entwurf der geplanten KI-VO (2021), CR 433 para 18; Spindler, Neue Haftungsregeln für autonome Systeme (2022), JZ 793 (796 et seq.); Spindler in Gsell/Krüger/Lorenz/ Reymann Beck Online Großkommentar(status 01.07.2022, C.H. Beck) BGB § 823 para 662 et seqq.

22. Zech, Haftung für Trainingsdaten Künstlicher Intelligenz(2022), NJW 502 (507); ibid. Gutachten A zum 73. Deutschen Juristentag, 2020, p.A 58.

23. Welcomed inter alia by Dheu/De Bruyne/Ducuing, The European Commission's Approach To Extra-Contractual Liability and AI—A First Analysis and Evaluation of the Two Proposals, CiTiP Working Paper 2022, accessible at https://ssrn.com/abstract = 4239792 (last accessed 16.1.2023), p.29 at footnote 180.

24. 但可参见 Borges, Der Entwurf einer neuen Produkthaftungsrichtlinie (2022), DB2650(2653)。

25. C-65/20 VI/KRONE ECLI:EU:C:2021:471, para 32 et seqq.

26. Criticized by Wagner, "Produkthaftung für das digitale Zeitalter-ein Paukenschlag aus Brüssel" (2023), JZ 1(4 et seq.) as the exception is not enshrined in the articles oft he PL-D.

27. Directive (EU) 2019/770 of the European Parliament and of the Council of 20 May 2019 on certain aspects of contract law relating to the provision of digital content and digital services, OJ L 136/1.

28. Staudenmayer in Schulze/Staudenmayer, EU Digital Law (1st ed., Nomos 2020) Directive (EU) 2019/770 Art. 3 Scope para 106 et seq.; Spindler/Sein, Die endgültige Richtlinie über Verträge über digitale Inhalte und Dienstleistungen-Anwendungs-bereich und grundsätzliche Ansätze(2019), MMR 415(418); Mischau, Daten als „Gegenleistung" im neuen Verbrauchervertragsrecht (2020), ZEuP 335(342).

29. Carsten, Praxisprobleme der Open-Source-Lizensierung(2006), CR 649(651)；Jaeger/Metzger, Open Source Software(5th ed., C.H. Beck 2020) 2nd chapter, para 144；Auer-Reinsdorff/Kast in Auer-Reinsdorff/Conrad, Handbuch IT-und Datenschutzrecht(3rd ed., C.H. Beck 2019) §9 Open Source and Open Content, para 26.

30. Cf. Q3 Commercial License for OEMs, ISVs and VARs, available at https://www.mysql.com/about/legal/licensing/oem/(last accessed 12.1.2023).

31. Spindler, Rechtsfragen der Open Source Software, Gutachten für den Verband der Softwareindustrie Deutschlands e.V., p.84 et seq.；Jaeger/Metzger, Open Source Software(5th ed., C.H. Beck 2020) 1st chapter, para 23；specifically for the Mozilla Public Licence cf. Jaeger/Metzger, Open Source Software(5th ed., C.H. Beck 2020) 2nd chapter, para 100.

32. 也参见 Hacker, The European AI Liability Directives-Critique of a Half-Hearted Approach and Lessons for the Future, Working Paper(18.11.2022), accessible at https://ssrn.com/abstract=4279796(last accessed 16.1.2023), p.15 at footnote 98 认为开源软件的作用是作为一个组成部分。

33. 对受保护的法律利益的理解与《德国民法典》第 823 条第 1 款的理解相一致：Wagner in Münchener Kommentar zum Bürgerlichen Gesetzbuch(8th ed., C.H. Beck 2020) ProdHaftG §1 para 4；Seibel in Gsell/Krüger/Lorenz/Reymann Beck Online Großkommentar(status 01.10.2022, C.H. Beck) Prod-HaftG §1 para 27；据此，健康受损的概念还包括精神疾病和医学上可确定的、超出一般(生命)风险的损害，参见 Spindler in Gsell/Krüger/Lorenz/Reymann Beck Online Großkommentar(status 01.07.2022, C.H. Beck) BGB §823 para 108；Wagner in Münchener Kommentar zum Bürgerlichen Gesetzbuch(8th ed., C.H. Beck 2020) BGB §823 para 205 et seq。

34. 与旧的 ProdHaft-RL 不同，Wagner 在 Münchener Kommentar zum Bürgerlichen Gesetzbuch(8th ed., C.H. Beck 2020) ProdHaftG §1 para 13 指出:关键是，这是否属于私人偶尔的专业使用造成损害；Seibel 在 Gsell/Krüger/Lorenz/Reymann Beck Online Großkommentar(status 01.10.2022, C.H. Beck) ProdHaftG §1 paras 49, 54 提及的限制较少:即使一种并非微不足道的专业或者商业用途也不会造成损害；Ehring 在 Ehring/ Taeger, Produkthaftungs-und Produktsicherheitsrecht(1st ed., Nomos 2022) ProdHaftG §1 para 31 指出:大多数人在私人领域的预期用途已经足够。

35. European Law Institute, Feedback on the European Commission's Proposal for a Revised Product Liability Directive, 2022, S. 13.

36. Spindler in Gsell/Krüger/Lorenz/Reymann Beck Online Großkommentar(status 01.07.2022, C.H. Beck) BGB §823 para 137；Wagner in Münchener Kommentar zum Bürgerlichen Gesetzbuch(8th ed., C.H. Beck 2020) BGB §823 para 332；Adam,

Daten als Rechtsobjekte(2020)，NJW 2063(2067 et seq.)；Riehm, Rechte an Daten-Die Perspektive des Haftungsrechts（2019），VersR 714（724）；Meier/Wehla, Die zivilrechtliche Haftung für Datenlöschung, Datenverlust und Datenzerstörung(1998), NJW 1585(1588 et seq.)；always referring to embodiment by data carrier：BGH CR 1993，681(682 f.)；rejecting Spickhoff in Leible/Lehmann/Zech, Unkörperliche Güter im Zivilrecht (Mohr Siebeck 2011) p.233(244).

37. Regulation(EU) 2016/679 of the European Parliament and of the Council of 27 April 2016 on the protection of individuals with regard to the processing of personal data, on the free movement of such data and repealing Directive 95/46/EC (General Data Protection Regulation), OJ L 119/1.

38. Directive 2002/58/EC of the European Parliament and of the Council of 12 July 2002 concerning the processing of personal data and the protection of privacy in the electronic communications sector(Directive on privacy and electronic communications), OJ L 201/37.

39. Recital 18 PL-D.

40. Criticized also by Hacker, The European AI Liability Directives-Critique of a Half-Hearted Approach and Lessons for the Future, Working Paper(18.11.2022), accessible at https://ssrn.com/abstract = 4279796(last accessed 16.1.2023), p.43 at footnote 204.

41. S. European Law Institute, Feedback on the European Commission's Proposal for a Revised Product Liability Directive, 2022, p.10 et seq.

42. European Law Institute, Feedback on the European Commission's Proposal for a Revised Product Liability Directive, 2022, p.11 et seq.

43. 更多细节参见 Hacker, The European AI Liability Directives-Critique of a Half-Hearted Approach and Lessons for the Future, Working Paper(18.11.2022), accessible at https://ssrn.com/abstract = 4279796(last accessed 16.1.2023), p.22 at footnote 134 et seqq。

44. European Commission, Directorate-General for Justice and Consumers, Liability for artificial intelligence and other emerging digital technologies, Publications Office, 2019, available at https://data.europa.eu/doi/10.2838/573689 (last accessed on 12.01.2023), p.28；Dheu/De Bruyne/Ducuing, The European Commission's Approach To Extra-Contractual Liability and AI—A First Analysis and Evaluation of the Two Proposals, CiTiP Working Paper 2022, accessible at https://ssrn.com/abstract = 4239792 (last accessed 16.1.2023), p.30 at footnote 186.

45. C-503/13，C-504/13 Boston Scientific Medizintechnik GmbH/AOK Sachsen-Anhalt et al ECLI:EU:C:2015:148, para. 41 et seq.

46. Critical of a generalisation of this case law Wagner in 在 Münchener Kommentar

zum Bürgerlichen Gesetzbuch(8th ed., C.H. Beck 2020) ProdHaftG §3 para 56; ibid., Der Fehlerverdacht als Produktfehler(2016), JZ 292.中对这个判例法的概括提出了批评。

47. In general on this requirement Wagner in Münchener Kommentar zum Bürgerlichen Gesetzbuch(8th ed., C.H. Beck 2020) ProdHaftG §3 para 56; ibid., Der Fehlerverdacht als Produktfehler(2016), JZ 292(296 et seq.).

48. This is still the case in the Opinion of Advocate General Bot of 21 October 2014-C-503/13, C-504/13, ECLI: EU: C: 2014: 2306 para. 31-Boston Scientific GmbH/AOKSachsen-Anhalt et al.

49. 但是参见 Whittam "Mind the compensation gap: towards a new European regime addressing civil liability in the age of AI" 30 (2022) International Journal of Law and Information Technology, 249 (256)可知，他认为缺陷是由人工智能的设计造成的，因此，开发者应该承担责任。

50. Hofmann, Der Einfluss von Digitalisierung und künstlicher Intelligenz auf das Haftungsrecht (2020), CR 282(284); Wagner, Produkthaftung für autonome Systeme (2017), AcP 707(749 et seq.); Wagner in Münchener Kommentar zum Bürgerlichen Gesetzbuch(8th ed., C.H. Beck 2020) ProdHaftG §1 para 61.

51. Dheu/De Bruyne/Ducuing, The European Commission's Approach To Extra-Contractual Liability and AI-A First Analysis and Evaluation of the Two Proposals, CiTiP Working Paper 2022, accessible at https://ssrn. com/abstract = 4239792 (last accessed 16.1.2023), p.35 et seq. at footnote 220.

52. BGH NJW 2009, 2952 para 24; BGH NJW 1989, 1542; BGH NJW 2009, 1080; Spindler in Gsell/Krüger/Lorenz/Reymann Beck Online Großkommentar(status 01. 07. 2022, C. H. Beck) BGB §823 para 654 et seqq.; Möllers, Nationale Produzenten-haftung oder europäische Produkthaftung? (2000), VersR 1177(1181).

53. Droste, Produktbeobachtungspflichten der Automobilhersteller bei Software in Zeiten vernetzten Fahrens(2015), CCZ 105(107); similarly BGH NJW 1987, 1009; see also Wagner, "Produkthaftung für das digitale Zeitalter-ein Paukenschlag aus Brüssel" (2023), JZ 1(5).

54. Spindler, Responsibilities of IT manufacturers, users and intermediaries, study commissioned by the BSI, 2007, p.62 et seq. with further references.

55. Regulation(EU) 2019/881 of the European Parliament and of the Council of 17 April 2019 on ENISA(European Union Cyber Security Agency) and on cyber security certification of information and communication technology and repealing Regulation (EU) No 526/2013(Cyber Security Legislative Act), OJ L 151/15.

56. Bertolini, "Artificial Intelligence and Civil Liability", Study requested by the JURI committee, July 2020, p.85.

57. Cf. the implementation of Art. 7 lit. e ProdHaft-RL in §1 para. 2 no. 5 ProdHaftG, without making use of the opening clause in Art. 15 para. 1 lit. b ProdHaft-RL; on the German implementation see Wagner in Münchener Kommentar zum Bürgerlichen Gesetzbuch(8th ed., C.H. Beck 2020) ProdHaftG §1 para 51 et seqq.; Ehring in Ehring/Taeger, Produkthaftungs-und Produktsicherheitsrecht(1st ed., Nomos 2022) §1 para 97 et seqq.; Förster in Hau/Poseck Beck'sche Online Kommentare(63rd ed., C.H. Beck 01.11.2022) ProdHaftG §1 para 53 et seqq.

58. Criticism by European Law Institute, Feedback on the European Commission's Proposal for a Revised Product Liability Directive, 2022, p.20.

59. European Law Institute, Feedback on the European Commission's Proposal for a Revised Product Liability Directive, 2022, p.20.

60. Cf. on the relevant differentiation in German law in particular BVerfG NJW 1979, 359(362)-Kalkar; BGH NJW 2013, 1302, para 13; BGH NJW 2009, 2952, para 15 et seqq. with further references; Spindler in Gsell/Krüger/Lorenz/Reymann Beck Online Großkommentar(status 01.07.2022, C.H. Beck) BGB §823 para 633 et seqq.; Wagner in Münchener Kommentar zum Bürgerlichen Gesetzbuch(8th ed., C.H. Beck 2020) BGB §823 para 953; Klindt/Handorn, Haftung eines Herstellers für Konstruktionsund Instruktionsfehler(2010), NJW 1105; Marburger, Die Regeln der Technik im Recht, 1979, p.429 et seqq.

61. Von Westphalen, Haftungsfragen beim Einsatz Künstlicher Intelligenz in Ergänzung der Produkthaftungs-RL 85/374/EWG(2019), ZIP 889(892); but much narrower Grützmacher, Die deliktische Haftung für autonome Systeme-Industrie 4.0 als Herausforderung für das bestehende Recht? (2016), CR 695(696); see also Zech, Künstliche Intelligenz und Haftungsfragen(2019), ZfPW 198(213); id., Gutachten A zum 73. Deutschen Juristentag, 2020, p.A 71 et seq.

62. CJEU, C-300/95; Commission v. United Kingdom, ECLI: EU: C: 1997: 255 para. 29.

63. 参见 Whittam "Mind the compensation gap: towards a new European regime addressing civil liability in the age of AI" 30(2022) International Journal of Law and Information Technology, 249 (260)。

64. Hacker, The European AI Liability Directives-Critique of a Half-Hearted Approach and Lessons for the Future, Working Paper(18.11.2022), accessible at https://ssrn.com/abstract＝4279796(last accessed 16.1.2023), p.45 at fn. 217 with reference to Berolini, Artificial intelligence and civil liability(2020), p.87.

65. 也参见 Borges, Der Entwurf einer neuen Produkthaftungsrichtlinie (2022), DB 2650 (2653); Hacker, The European AI Liability Directives-Critique of a Half-Hearted Approach and Lessons for the Future, Working Paper(18.11.2022), accessible

at https://ssrn.com/abstract=4279796(last accessed 16.1.2023), p.44 at fn. 209。

66. Regulation(EU) 2017/745 of the European Parliament and of the Council of 5 April 2017 on medical devices, amending Directive 2001/83/EC, Regulation(EC) No 178/2002 and Regulation(EC) No 1223/2009 and repealing Council Directives 90/385/ EEC and 93/42/EEC, OJ L 117/1.

67. Wiebe, Produktsicherheitsrechtliche Pflicht zur Bereitstellung sicherheitsrelevanter Software-Updates (2019) NJW 625(626).

68. 参见 Zirnstein, Daten und Sicherheit: Der Entwurf des Cyber Resilience Act (2022) CR 707。

69. Directive (EU) 2019/770 of the European Parliament and of the Council of 20 May 2019 on certain aspects of contract law relating to the provision of digital content and digital services, OJ L 136/1.

70. Cf. Art. 3 para. 1 ProdHaft-RL 85/374/EEC last amended by RL 1999/34/EC, § 4 para. 1 p.2 ProdHaftG; on this Wagner in Münchener Kommentar zum Bürgerlichen Gesetzbuch(8th ed., C.H. Beck 2020) ProdHaftG § 4 para 33 et seqq.; Spickhoff in Gsell/Krüger/Lorenz/Reymann Beck Online Großkommentar(status 01.07.2022, C.H. Beck) ProdHaftG § 4 para 26 et seqq.

71. 见上文 III.A.1.b)。

72. Criticism by European Law Institute, Feedback on the European Commission's Proposal for a Revised Product Liability Directive, 2022, p.12.

73. OGH v. 26.01.1995-6 Ob 636/94 = JBl. 1995, 456(457); Wagner in Münchener Kommentar zum Bürgerlichen Gesetzbuch(8th ed., C.H. Beck 2020) ProdHaftG § 4 para 45; Borges in Beck'scher Online-Kommentar IT-Recht(8th ed., C.H. Beck 01.10. 2022) § 4 ProdHaftG para 47; v. Westphalen, Das neue Produkthaftungsgesetz(1990) NJW 83(89).

74. Regulation(EU) 2019/1020 of the European Parliament and of the Council of 20 June 2019 on market surveillance and the conformity of products, and amending Directive 2004/42/EC and Regulations(EC) No 765/2008 and(EU) No 305/2011, OJ L 169/1.

75. Criticism(however, without reference to the Market surveillance Regulation) by European Law Institute, Feedback on the European Commission's Proposal for a Revised Product Liability Directive, 2022, p.12, who is requiring constant relationship between the fulfilment provider and the producer.

76. C-149/15 Sabrina Wathelet/Garage Bietheres & Fils SPRL ECLI: EU: C: 2016: 840; Pod-szun/Offergeld, Plattformregulierung im Zivilrecht zwischen Wissenschaft und Gesetzgebung: Die ELI Model Rules on Online Platforms (2022) ZEuP 244(258).

77. 更多细节参见 Spindler, Der Vorschlag für ein neues Haftungsregime für

Internetprovider-der EU-Digital Services Act(Teil 1)(2021), GRUR 545(549)；Busch, Putting the Digital Services Act in Context：Bridging the Gap Between EU Consumer Law and Platform Regulation(2021), EuCML 109 (111, 114)；Rössel, Digital Services Act, (2021), ITRB 35(36)；Spindler/Gerdemann, Das Gesetz über digitale Dienste (Digital Services Act) (Teil 1)-Grundlegende Strukturen und Regelungen für Vermittlungsdienste und Host-Provider(2023), GRUR 3。

78. Proposal for a Regulation of the European Parliament and of the Council on general product safety, amending Regulation (EU) No 1025/2012 of the European Parliament and of the Council and repealing Council Directive 87/357/EEC and Directive 2001/95/EC of the European Parliament and of the Council, 30.6.2021, COM(2021) 346 final.

79. EU Commission, Explanatory Memorandum to the PL-D, COM(2022) 495 final, p.10 et seq.

80. 根据个人情况，在 Rebin in Gsell/Krüger/Lorenz/Reymann Beck Online Großkommentar(status 01.07.2022, C.H. Beck) Prod-HaftG § 2 para 11 中对产品责任指令进行类似的讨论。

81. Cf. above III.A.1.

82. 更多细节参见 Mayrhofer, Produkthaftungsrechtliche Verantwortlichkeit des „Trainer-Nutzers" von KI-Systemen, (2023) Recht Digital(RDi) 20, 24 et seq。

83. European Law Institute, Feedback on the European Commission's Proposal for a Revised Product Liability Directive, 2022, p.17.

84. Cf. the predecessor regulation in Art. 7 ProdHaft-RL 85/374/EEC last amended by RL 1999/34/EC.

85. Cf. the predecessor regulation in Art. 7 lit. a ProdHaft-RL 85/374/EEC last amended by RL 1999/34/EC.

86. Cf. the previous provision in Art. 7 lit. d ProdHaft-RL 85/374/EEC last amended by RL 1999/34/EC.

87. Cf. the predecessor provision in Art. 7 lit. f ProdHaft-RL 85/374/EEC last amended by RL 1999/34/EC；on the implementation in § 1 para. 3 p.1 ProdHaftG see Seibl in Gsell/Krüger/Lorenz/Reymann Beck Online Großkommentar (status 01. 10. 2022, C.H. Beck) ProdHaftG § 1 para 129 et seqq.；Wagner in Münchener Kommentar zum Bürgerlichen Gesetzbuch(8th ed., C.H. Beck 2020) ProdHaftG § 1 para 63 et seqq.

88. Criticized by European Law Institute, Feedback on the European Commission's Proposal for a Revised Product Liability Directive, 2022, p.20.

89. 见上文 II.3.a)。

90. Art. 4, 7 ProdHaft-RL 85/374/EEC last amended by RL 1999/34/EC；on the implementation of § 1 para 4 ProdHaftG Seibl in BeckOGK, 01.10.2022, ProdHaftG

§ 1 para 141 et seqq.；Wagner in Münchener Kommentar zum Bürgerlichen Gesetzbuch (8th ed., C.H. Beck 2020) ProdHaftG § 1 para 77 et seqq.；Borges in Beck'scher Online-Kommentar IT-Recht(8th ed., C.H. Beck 01.10.2022) § 1 ProdHaftG para 93 et seqq；the injured party bears the burden of proof for the existence of the product defect, the damage, the causal connection, cf. BGH NJW 2013, 1302 para 19；OLG Brandenburg NJW-RR 2016, 220(221)；OLG Frankfurt a. M. NJW-RR 1994, 800 (801)；the manufacturer bears the burden of proof for the existence of an exclusion according to § 1 paras 2, 3 ProdHaftG.

91. Spindler, Responsibilities of IT manufacturers, users and intermediaries, study commissioned by the BSI, 2007, p.76 et seq.；Spindler in Karlsruher Forum 2010：Haftung und Versicherung im IT-Bereich, p.39 et seq.

92. Hacker, The European AI Liability Directives-Critique of a Half-Hearted Approach and Lessons for the Future, Working Paper(18.11.2022), accessible at https:// ssrn.com/abstract = 4279796(last accessed 16.1.2023), p.26, however critizing this decision；see however Borges, Der Entwurf einer neuen Produkthaftungsrichtlinie (2022) DB 2650 (2651), who applies these provisions also to the pre-trial stage.

93. Schack, Einführung in das US-amerikanische Zivilprozessrecht, 5th ed. 2020, para 111；Prütting, Discovery im deutschen Zivilprozess? (2008) AnwBl 153 (154 et seqq.).

94. Gottwald in Nagel/Gottwald, Internationales Zivilprozessrecht, 8th ed. 2020, Internationales Beweisrecht § 10 para 10.24 et seqq.；Schack, Einführung in das USamerikanische Zivilprozessrecht, 5th ed. 2020, p.48 et seqq.；Adler in FS Wegen, 2015, p.569 et seqq.

95. BGH GRUR Int 2010, 528；see Meier-Beck, Die Rechtsprechung des Bundesgerichts-hofs zum Patent-und Gebrauchsmusterrecht im Jahr 2009(2010) GRUR 1041(1046 et seq.)；Stadler in Musielak/Voit, Zivilprozessordnung(19th ed., C.H. Beck 2022) ZPO § 142 para 7a；Deichfuß, Rechtsdurchsetzung unter Wahrung der Vertraulichkeit von Geschäftsgeheimnissen-Das praktizierte Beispiel：der Schutz des verdächtigen Patentverletzers im Düsseldorfer Verfahren(2015) GRUR 436.

96. Zekoll/Bolt, Die Pflicht zur Vorlage von Urkunden im Zivilprozess-Amerikanische Verhältnisse in Deutschland? (2002), NJW 3129(3133)；Schack, Introduction to US Civil Procedure Law, 5th ed. 2020, para 111.

97. 参见《美国联邦民事诉讼规则》第 26 条第 b 款第 1 项："当事方可获得与任何当事方的索赔或辩护有关的任何非特权事项的披露，包括任何书籍、文件或其他有形物品的存在、描述、性质、保管、状况和位置，以及了解任何可披露事项的人员的身份和位置。"

98. 法院在此有保护令工具，但在实践中很少使用，参见 Nolte, Discovery

Abuse Under the Federal Rules: Causes and Cures, 92 Yale L. J. 1982, 352(374)。

99. Schack, Introduction to US Civil Procedure Law, 5th ed. 2020, para 111.

100. 但可参见, Hacker, The European AI Liability Directives-Critique of a HalfHearted Approach and Lessons for the Future, Working Paper(18.11.2022), accessible at https://ssrn.com/abstract = 4279796(last accessed 16.1.2023), p.27 at footnote 157 et seqq., 呼吁降低要求以建立披露的初步案件。

101. Hacker, The European AI Liability Directives-Critique of a Half-Hearted Approach and Lessons for the Future, Working Paper(18.11.2022), accessible at https://ssrn.com/abstract = 4279796(last accessed 16.1.2023), p.28 at footnote 159.

102. BGH v. 03.07.1990-XI ZR 302/89 = BGHZ 112, 54(57) = NJW 1991, 30; BGH v. 05.03.1958-IV ZR 307/57 = BGHZ 26, 391(396) = NJW 1958, 826; BSG v. 26.09.1986-2 RU 45/85 = NJW 1987, 2038(2039 et seq.); regarding an arbitral award OLG Köln v. 07.08.2015-1 U 76/14 = SchiedsVZ 2015, 295(297); LAG Schleswig-Holstein v. 19.08.2015-3 Sa 90/15 = BeckRS 2015, 73268 para 28; concerning the creation of a title through the dunning procedure BGH v. 29.06.2005-VIII ZR 299/04 = NJW 2005, 2991; BGH v. 11.11.2003-VI ZR 371/02 = NJW 2004, 446(447) following BGH v. 25.03.2003-VI ZR 175/02 = BGHZ 154, 269(274) = NJW 2003, 1934.

103. 因为 RGZ 165, 26(28) the RG 提及 "特殊情况", 关于这一点以及该术语在判例中的发展, 参见 Foerste in FS Werner, 2009, 426(427 et seq.)。

104. BGH NJW 2005, 2991(2993 et seq.); BGHZ 101, 380 (384) = NJW 1987, 3256; OLG Köln SchiedsVZ 2015, 295(297); OLG Hamm NJOZ 2016, 58 para. 63; KG v. 05.11.2012-26 U 97/11 para. 32 et seq.; preceding LG Berlin v. 06.05.2011 -22 O 122/09; Musielak in Musielak/Voit, Zivilprozessordnung(19th ed., C.H. Beck 2022) ZPO § 322 para 91 with further references; Gottwald in Münchener Kommentar zur ZPO(6th ed., C.H. Beck 2020) ZPO § 322 para 223 et seq., 228; Foerste in FS Werner, 2009, 426(428) with further references.

105. Criticized by Hacker, The European AI Liability Directives-Critique of a HalfHearted Approach and Lessons for the Future, Working Paper(18.11.2022), accessible at https://ssrn.com/abstract = 4279796(last accessed 16.1.2023), p.41 at footnote 198.

106. BGHZ 129, 353(361 et seq.) = NJW 1995, 2162.

107. Borges, Der Entwurf einer neuen Produkthaftungsrichtlinie(2022), DB 2650 (2651, 2653 et seq.).

108. Criticized also by European Law Institute, Feedback on the European Commission's Proposal for a Revised Product Liability Directive, 2022, p.19.

109. Criticized also by Dheu/De Bruyne/Ducuing, The European Commission's Approach To Extra-Contractual Liability and AI—A First Analysis and Evaluation of the

Two Proposals, CiTiP Working Paper 2022, accessible at https://ssrn.com/abstr act = 4239792(last accessed 16.1.2023), p.33 at footnote 214.

110. BGH NJW 2019, 661 para 50; BGH NJW 2010, 1072 para 11; BGH NJW 2012, 2263 para 13; Prütting in Münchener Kommentar zur ZPO(6th ed., C.H. Beck 2020) ZPO § 286 para 67; Nober in Anders/Gehle Zivilprozessordnung(80th ed., C.H. Beck 2020) ZPO § 286 para 86 et seqq.; Foerste in Musielak/Voit, Zivilprozessordnung (19th ed., C.H. Beck 2022) ZPO § 286 para 23.

111. Wagner in Münchener Kommentar zum Bürgerlichen Gesetzbuch(8th ed., C. H. Beck 2020) ProdHaftG § 5 para 1; Schäfer in BeckOGK, status 01.10.2022, Prod-HaftG § 5 para 1; Langen in Dauner-Lieb, BGB-Schuldrecht, ProdHaftG § 5 para 2.

112. 在这种情况下,《产品责任指令》并不涵盖开源产品的合同责任限制,因为这属于一般例外情况。

113. Report of the Commission, COM(2000) 893, p.21 et seq.; Spickhoff in BeckOGK, status 01.05.2021, ProdHaftG § 10 para 3; Wagner in MüKo BGB, 8th ed. 2020, ProdHaftG § 10 para 1.

114. Cf. on late/long-term damage in German limitation law Spindler in BeckOK BGB, 63rd ed. 01.08.2022, BGB § 199 para 36 et seq; Grothe in MüKoBGB, 9th ed. 2021, BGB § 199 para 11; Piekenbrock in BeckOGK, status 01.08.2022, BGB § 199 para 62 et seqq.

115. Spindler in Spindler/Schmitz, 2nd ed. 2018, TMG before § 7 para 32; Sesing in BeckOK IT-Recht, 7th ed. 01.07.2022, § 7 TMG para 29; Sieber/Höfinger in Hoeren/Sieber/Holznagel MMR-HdB, 58th ed. March 2022, part 18.1 General principles of liability, para 38.

116. 参见 EU Commission, Explanatory Memorandum to the AIL-D, COM(2022) 496 final 2022/0303(COD), p.6 et seq。

117. European Commission, Directorate-General for Justice and Consumers, Liability for artificial intelligence and other emerging digital technologies, Publications Office, 2019, pp.39 et seqq, 42 et seqq. https://data.europa.eu/doi/10.2838/573689(last accessed 12.1.2023).

118. This is the proposal by Hacker, Europäische und nationale Regulierung von Künstlicher Intelligenz(2020), NJW 2142(para 6); critical of the broad scope of application: Bomhard/Merkle, Europäische KI-Verordnung-Der aktuelle Kommissionsentwurf und praktische Auswirkungen(2021), RDi 276 (277, para. 5 et seqq.); Ebers/Hoch/Rosenkranz/Ruschemeier/Steinrötter, Der Entwurf für eine EUKI-Verordnung: Richtige Richtung mit Optimierungsbedarf-Eine kritische Bewer-tung durch Mitglieder der Robotics & AI Law Society(RAILS)(2021), RDi 528(529, para. 6 et seqq.); Roos/ Weitz, Hochrisiko-KI-Systeme im Kommissionsentwurf für eine KI-Verordnung-IT-und

produktsicherheitsrechtliche Pflichten von Anbietern, Einführern, Händlern und Nutzern(2021), MMR 844(845); Heil, Die neue KI-Verordnung(E)-Regulatorische Herausforderungen für KI-basierte Medizinprodukte-Software (2022), MPR 2022, 1(4); Steege, Chancen und Risiken beim Einsatz künstlicher Intelligenz in der Medizin (2021), GuP 125(126); Kalbhenn, Designvorgaben für Chatbots, Deepfakes und Emotionserkennungssysteme: Der Vorschlag der Europäischen Kommission zu einer KI-VO als Erweiterung der medi-enrechtlichen Plattformregulierung(2021), ZUM 663 (664 et seq.).

119. Whittam "Mind the compensation gap: towards a new European regime addressing civil liability in the age of AI" 30(2022) International Journal of Law and Information Technology, 249 (256 et seq.); Bertolini, "Artificial Intelligence and Civil Liability", Study requested by the JURI committee, July 2020, p.89; Orssich, Das europäische Konzept für vertrauenswürdige Künstliche Intelligenz(2022), EuZW 254 (258); Roos/Weitz, Hochrisiko-KI-Systeme im Kommissionsentwurf für eine KI-Verordnung-IT-und produktsicherheitsrechtliche Pflichten von Anbietern, Einführern, Händlern und Nutzern(2021), MMR 844(845); Ebert/Spiecker gen. Döhmann, Der Kommissionsentwurf für eine KI-Verordnung der EU-Die EU als Trendsetter weltweiter KI-Regulierung(2021), NVwZ 1188 (1193).

120. 请参见更多关于技术和信息学文献的参考文献 Bertolini, "Artificial Intelligence and Civil Liability", Study requested by the JURI committee, July 2020, p.17 et seq., 77 et seq。

121. 参见 Eichelberger, Der Vorschlag einer „Richtlinie über KI-Haftung" (2022), DB 2783(2784)。

122. Joint Opinion 5/2021 of the EDPS and the EDPS on the Proposal for a Regulation of the European Parliament and of the Council laying down harmonised rules on artificial intelligence(Artificial Intelligence Act) v. 18.6.2021, para. 19, available at: https://edpb.europa.eu/system/files/2021-06/edpb-edps_joint_opinion_ai_regul ation_en. pdf (last accessed 12. 1. 2023); Roos/Weitz, Hochrisiko-KI-Systeme im Kommissionsentwurf für eine KI-Verordnung-IT-und produktsicherheitsrechtliche Pflichten von Anbietern, Einführern, Händlern und Nutzern(2021), MMR 844(851); Ebers/Hoch/Rosenkranz/Ruschemeier/Steinrötter, Der Entwurf für eine EUKI-Verordnung: Richtige Richtung mit Optimierungsbedarf-Eine kritische Bewertung durch Mitglieder der Robotics & AI Law Society(RAILS)(2021), RDi 528(531, para 24 et seq.).

123. Critical Ebers/Hoch/Rosenkranz/Ruschemeier/Steinrötter, Der Entwurf für eine EUKI-Verordnung: Richtige Richtung mit Optimierungsbedarf-Eine kritische Bewertung durch Mitglieder der Robotics & AI Law Society(RAILS)(2021), RDi 528 (531, para 22 et seq.).

124. 基于法律安全性的积极评估，参见 Eichelberger，Der Vorschlag einer „Richtlinie über KI-Haf-tung"(2022)，DB 2783(2784)。

125. Ebert/Spiecker gen. Döhmann，Der Kommissionsentwurf für eine KI-Verordnung der EU-Die EU als Trendsetter weltweiter KI-Regulierung(2021)，NVwZ 1188(1190) 讨论在这一背景下，与以往对程序法的理解不同，执法、边境和移民当局使用测谎仪是否允许，cf. Annex III No. 6 lit. b AI-Act-D。

126. 然而，《产品责任指令》不会受到影响，因为在这里不太可能发生侵犯相关法律利益的情况，尤其是自由并不包括在内；但是，参见 Wagner，"Liability Rules for the Digital Age-Aiming for the Brussels Effect"(January 8，2023). Available at SSRN：https://ssrn.com/abstract=4320285(last accessed 20.1.2023)，p.36 et seq. at footnote 99 et seq.可知他质疑欧盟规范国家责任的能力。

127. 相似可参见 Hacker，The European AI Liability Directives-Critique of a Half-Hearted Approach and Lessons for the Future，Working Paper(18.11.2022)，accessible at https://ssrn. com/abstract = 4279796(last accessed 16.1.2023)，p.18 at footnote 113 et seqq。

128. EU Commission，Explanatory Memorandum to the AIL-D，COM(2022) 496 final 2022/0303(COD)，p.11；see，however，Wagner，"Liability Rules for the Digital Age-Aiming for the Brussels Effect"(January 8，2023). Available at SSRN：https://ssrn. com/abstract=4320285(last accessed 20.1.2023)，p 36 et seq. at footnote 99 et seq.涉及欧盟规范国家责任的能力。

129. Dheu/De Bruyne/Ducuing，The European Commission's Approach To Extra-Contractual Liability and AI—A First Analysis and Evaluation of the Two Proposals，CiTiP Working Paper 2022，accessible at https://ssrn. com/abstract = 4239792(last accessed 16.1.2023)，p.19 at footnote 109.

130. 关于将 c.i.c.分类为一种侵权行为，参见 C-334/00 Tacconi ECLI:EU:C: 2002:499 para 19 et seqq.；Schinkels in BeckOGK Rom II-VO，status 01.08.2018，Art. 12 para 3 et seqq.；Junker in MüKo BGB，8th ed. 2021，Rom II-VO Art. 12，para 6；Spickhoff in BeckOK BGB，63. ed. 01.05.2022，Regulation(EC) 864/2007 Art. 12，para 8 et seq.；Spickhoff，Anspruchskonkurrenzen，Internationale Zuständigkeit und Internationales Privatrecht(2009)，IPRax 128(132)；v. Hein，Die culpa in contrahendo im europäischen Privatrecht：Wechselwirkungen zwischen IPR und Sachrecht(2007)，GPR 54(59)；Seibl，Verbrauchergerichtsstände，vor-prozessuale Dispositionen und Zuständigkeitsprobleme bei Ansprüchen aus c.i.c.(2011)，IPRax 234(239)；Staudinger，Rechtsvereinheitlichung innerhalb Europas：Rom I und Rom II.(2008)，AnwBl 8(12)；Sujecki，Die Rom II-Verordnung(2009) EWS 310(318)。

131. 有关运输行业的相关法规概述可以访问 https://eur-lex.europa.eu/content/ summaries/summary-32-expanded-content.html(last accessed 12.01.2023)。

132. 也参见 Dheu/De Bruyne/Ducuing, The European Commission's Approach To Extra-Contractual Liability and AI-A First Analysis and Evaluation of the Two Proposals, CiTiP Working Paper 2022, accessible at https:// ssrn.com/abstract = 4239792 (last accessed 16.1.2023), p.18 at footnote 104。

133. 这显然是立法者的假设，Begr RegE BT-DruckS. 19/27439, p.32；see also Schrader, Wohin steuert das autonome Fahrzeug-vorübergehend? (2021), ZRP 109 (111)。

134. 见上文 III.A.1.a)。

135. 见下文 III.B.2。

136. EU Commission, Explanatory Memorandum to the AIL-D, COM(2022) 496 final 2022/0303(COD), p.3.

137. 也参见 Eichelberger, Der Vorschlag einer „Richtlinie über KI-Haftung" (2022), DB 2783(2784)。

138. 见上文 III.A.6。

139. 也参见 criticism by Hacker, The European AI Liability Directives-Critique of a Half-Hearted Approach and Lessons for the Future, Working Paper(18.11.2022), accessible at https://ssrn. com/abstract = 4279796(last accessed 16.1.2023), p.28 at footnote 164。

140. Eichelberger, Der Vorschlag einer „Richtlinie über KI-Haftung"(2022), DB 2783(2785).

141. Eichelberger, Der Vorschlag einer „Richtlinie über KI-Haftung"(2022), DB 2783(2785).

142. 参见 Dheu/De Bruyne/Ducuing, The European Commission's Approach To Extra-Contractual Liability and AI—A First Analysis and Evaluation of the Two Proposals, CiTiP Working Paper 2022, accessible at https:// ssrn.com/abstract = 4239 792(last accessed 16.1.2023), p.15 at footnote 78 ss。

143. 见上文 III.A.6。

144. 但可参见 Dheu/De Bruyne/Ducuing, The European Commission's Approach To Extra-Contractual Liability and AI—A First Analysis and Evaluation of the Two Proposals, CiTiP Working Paper 2022, accessible at https://ssrn. com/abst ract = 4239792(last accessed 16.1.2023), p.21 at footnote 124，这批判了《人工智能责任指令》对其中是否涵盖经营者仍然不清晰。

145. Eichelberger, Der Vorschlag einer „Richtlinie über KI-Haftung"(2022), DB 2783(2785).

146. Eichelberger, Der Vorschlag einer „Richtlinie über KI-Haftung"(2022), DB 2783(2784).

147. Eichelberger, Der Vorschlag einer „Richtlinie über KI-Haftung"(2022), DB

2783(2786).

148. EU Commission, Explanatory Memorandum to the AIL-D, COM(2022) 496 final 2022/0303(COD), p.13.

149. Similar Eichelberger, Der Vorschlag einer „Richtlinie über KI-Haftung" (2022), DB 2783(2787).

150. Criticized by Dheu/De Bruyne/Ducuing, The European Commission's Approach To Extra-Contractual Liability and AI—A First Analysis and Evaluation of the Two Proposals, CiTiP Working Paper 2022, accessible at https://ssrn.com/abstract = 4239792(last accessed 16.1.2023), p.20, 认为注意义务和第 4 条第 2 款的标准之间的关系不明确；also Wagner, "Liability Rules for the Digital Age-Aiming for the Brussels Effect"(January 8, 2023). Available at SSRN: https://ssrn.com/abstract = 4320285(last accessed 20.1.2023), p.41 at footnote 109。

151. Eichelberger, Der Vorschlag einer „Richtlinie über KI-Haftung"(2022), DB 2783(2787).

152. Hacker, The European AI Liability Directives-Critique of a Half-Hearted Approach and Lessons for the Future, Working Paper(18.11.2022), accessible at https://ssrn.com/abstract = 4279796(last accessed 16.1.2023), p.18 at fn. 110 ss.

153. Hacker, The European AI Liability Directives-Critique of a Half-Hearted Approach and Lessons for the Future, Working Paper(18.11.2022), accessible at https://ssrn.com/abstract = 4279796(last accessed 16.1.2023), p.35 at footnote 180.

154. 参见 EU Commission, Explanatory Memorandum to the AI Liability Directive, COM(2022) 496 final 2022/0303(COD), p.13。

155. 但是 Eichelberger, Der Vorschlag einer „Richtlinie über KI-Haftung" (2022), DB 2783(2788) 并不认为该条(《人工智能法案》第 29 条第 3 款)具有排他性。

156. 见上文 III.A.4.b)。

157. Hacker, The European AI Liability Directives-Critique of a HalfHearted Approach and Lessons for the Future, Working Paper (18.11.2022), accessible at https://ssrn.com/abstract = 4279796(last accessed 16.1.2023), p.36 at footnote 182 受到批判，作者请求将《人工智能责任指令》第 4 条第 2 款、第 3 款的适用范围扩大到非高风险人工智能系统。

158. 欧洲议会和理事会于 2020 年 11 月 25 日颁布欧盟第 2020/1828 号指令，关于保护消费者集体利益的代表性诉讼，并废除指令 2009/22/EC, OJ L 409/1。

159. Hacker, The European AI Liability Directives-Critique of a Half-Hearted Approach and Lessons for the Future, Working Paper(18.11.2022), accessible at https://ssrn.com/abstract = 4279796(last accessed 16.1.2023), p.43 at footnote 201.

160. 见上文注释 9。

161. EU Commission, Explanatory Memorandum to the AI Liability Directive, COM(2022) 496 final 2022/0303(COD), p.6 et seqq., 14.

162. Fundamental Calabresi, The Costs of Accidents(1974), Israel Law Review 136 et seqq.；Calabresi/Hirschoff, Toward a Test for Strict Liability in Torts (1972) Yale Law Journal, 1055；Shavell, Economic Analysis of Accident Law (Harvard University Press 1987) p. 47 et seqq.；Shavell, Strict Liability versus Negligence (1980), Journal of Legal Studies, 1；Schäfer/Ott, Ökonomische Analyse des Zivilrechts (6th ed., Springer 2020) p.279 et seqq.；Blaschczok, Gefährdungshaftung und Risikozuweisung, 1993, p.183 et seqq.

163. 参见 Shavell, Foundations of Economic Analysis of Law(Harvard University Press 2004), p.190。

164. Spindler, Roboter, Automation, künstliche Intelligenz, selbst-steuernde Kfz-Braucht das Recht neue Haftungskategorien? (2015), CR 766(767)；Zech, Expert Opinion, 2022, p.59 et seq.；Wagner, Verantwortlichkeit im Zeichen digitaler Techniken(2020), VersR 717(724)；Wagner, Produkthaftung für autonome Systeme(2017), AcP 707(751).

165. 但可参见 Bertolini, "Artificial Intelligence and Civil Liability", Study requested by the JURI committee, July 2020, p.72 可知作者支持基于风险的方法并反对《产品责任指令》的通用方法。

166. 但反向来看, Bertolini, "Artificial Intelligence and Civil Liability", Study requested by the JURI committee, July 2020, p.80 et seq. 中作者支持个案处理的方法。

167. 也参见 Hacker, The European AI Liability Directives-Critique of a Half-Hearted Approach and Lessons for the Future, Working Paper(18.11.2022), accessible at https://ssrn.com/abstract = 4279796(last accessed 16.1.2023), p.48 et seq. at . 239；before Spindler in Lohsse/Schulze/Staudenmayer, Liability for artificial intelligence and the internet of things(Nomos 2019) "User liability and strict liability in the Internet of Things and for robots", p.125 et seqq。

168. Zech, "Liability for AI：public policy considerations" (2021) 22 ERA Forum 147, 150 ss, 154；Wagner in Lohsse/Schulze/Staudenmayer, Liability for artificial intelligence and the internet of things(Nomos 2019) "Robot Liability", p.27, 34；discussion summarized by Hacker, The European AI Liability Directives-Critique of a Half-Hearted Approach and Lessons for the Future, Working Paper(18. 11. 2022), accessible at https://ssrn. com/abstract = 4279796(last accessed 16. 1.2023), p. 47 at footnote 224 et seqq.

169. Wagner, Verantwortlichkeit im Zeichen digitaler Techniken(2020), VersR 717 (738)；similarly Wagner, Haftung für Künstliche Intelligenz-Eine Gesetzesinitiative des

Europäischen Parlaments(2021) ZEuP 545(551); Wagner, "Produkthaftung für das digitale Zeitalterein Paukenschlag aus Brüssel" (2023), JZ 1(2 et seq.).

170. High Level Expert Group on Artificial Intelligence, Ethical Guidelines for Trustworthy AI, 2019, p.41 available at https://ec.europa.eu/newsroom/dae/document.cfm?doc_id=60425(last accessed on 12.01.2023).

171. 关于经营者的严格责任, 参见 Spindler, Roboter, Automation, künstliche Intelligenz, selbst-steuernde Kfz-Braucht das Recht neue Haftungskategorien? (2015), CR 766 et seqq.; Gless/Janal, Hochautomatisiertes und autonomes Auto-fahren-Risiko und rechtliche Verantwortung (2016) JR 561 (574); Horner/Kaulartz, Haftung 4.0-Verschiebung des Sorgfaltsmaßstabs bei Herstellung und Nutzung autonomer Systeme (2016), CR 7(13 et seq.); Schirmer, Rechtsfähige Roboter? (2016), JZ 660(665 et seq.); Schirmer, Robotik und Verkehr(2018), RW 453(473); Schulz, Verantwortlichkeit bei autonom agierenden Systemen, 2015, p.364 et seqq.。

172. Zech, Expert Opinion, 2022, p.89 et seq.持同样观点; 但是 Borges, "Haftung für KI-Systeme Konzepte und Adressaten der Haftung" (2022) CR 553 para. 47 et seq.主张生产商的责任。

173. 参见刑法领域的相关文献 Gleß/Weigend, Intelligente Agenten und das Strafrecht(2014), ZStW 561(566 et seqq.)。

174. Spindler, Roboter, Automation, künstliche Intelligenz, selbst-steuernde Kfz-Braucht das Recht neue Haftungskategorien? (2015), CR 766 et seqq.; Spindler in Lohsse/Schulze/Staudenmayer, Liability for artificial intelligence and the internet of things(Nomos 2019) "User liability and strict liability in the Internet of Things and for robots", p.125, 136 et seqq.

175. 也参见 Zech, Expert Opinion, 2022, p.63 et seqq.; Foerster, Automatisierung und Verantwortung im Zivilrecht(2019), ZfPW 418(432); similarly the contributions by Wagner, see only Wagner, Verantwortlichkeit im Zeichen digitaler Techniken(2020), VersR 717(734 et seq.); earlier already Rohe, Gründe und Grenzen delik-tischer Haftung-die Ordnungsaufgaben des Deliktsrechts (einschließlich der Haftung ohne Verschulden) in rechtsvergleichender Betrachtung(2001), AcP 117(138 et seqq.) with further references to older literature。

176. Zech, Expert Opinion, 2022, p.63.

177. Hanisch in Hilgendorf, Robotik im Kontext von Recht und Moral(Nomos 2013), pp.27, 36; Linardatos, Autonome und vernetzte Aktanten im Zivilrecht(Mohr Siebeck 2021), pp.322 et seqq., 328 et seqq.:同样认为不应对任何风险承担责任。

178. Blaschczok, Gefährdungshaftung und Risikozuweisung(Heymanns 1993), pp.170 et seqq., 326 et seqq.; Schäfer/Ott, Ökonomische Analyse des Zivilrechts(6th ed., Springer 2020) p.265.

179. BGH NJW 1988, 3019; Spindler in Gsell/Krüger/Lorenz/Reymann Beck Online Großkommentar(status 01.07.2022, C.H. Beck) BGB § 823 para. 4 et seqq.; Blaschczok, Gefährdungshaftung und Risikozuweisung(Heymanns 1993), p.7 et seqq.

180. Likewise Zech, Expert Opinion, 2022, p.67; previously Günther, Roboter und rechtliche Verantwortung, Dissertation, Würzburg 2014, p. 241; Borges in Lohsse/Schulze/Staudenmayer, Liability for artificial intelligence and the internet of things(Nomos 2019) "New Liability Concepts: the Potential of Insurance and Compensation Funds", pp.145, 152.

181. 也参见 Bertolini, "Artificial Intelligence and Civil Liability", Study requested by the JURI committee, July 2020, p 93 et seq, 作者总体上赞成采用具体部门责任方法针对上限问题。

182. Cf. Zech, Expert Opinion, 2022, p.60 et seq.

183. Zech, Expert Opinion, 2022, p.89 et seq.

184. 也参见 Dheu/De Bruyne/Ducuing, The European Commission's Approach To Extra-Contractual Liability and AI—A First Analysis and Evaluation of the Two Proposals, CiTiP Working Paper 2022, accessible at https://ssrn.com/abstract=4239792 (last accessed 16.1.2023), p.38 et seq. at footnote 238。

185. High Level Expert Group on Artificial Intelligence, Ethical Guidelines for Trustworthy AI, 2019, p.61, available at https://ec.europa.eu/newsroom/dae/document.cfm?doc_id=60425(last accessed on 12.01.2023).

186. Dheu/De Bruyne/Ducuing, The European Commission's Approach To Extra-Contractual Liability and AI—A First Analysis and Evaluation of the Two Proposals, CiTiP Working Paper 2022, accessible at https://ssrn. com/abstract = 4239792 (last accessed 16.1.2023), p.38 at footnote 237.

187. Spindler in Lohsse/Schulze/Staudenmayer, Liability for artificial intelligence and the internet of things(Nomos 2019) "User liability and strict liability in the Internet of Things and for robots", pp.125, 137; likewise Zech, DJT 2020 Expert Opinion A, p.70.

188. Teubner, Digitale Rechtssubjekte? (2018), AcP 155(190 et seqq.); building on this, Wagner, Verantwortlichkeit im Zeichen digitaler Techniken(2020), VersR 717 (735 et seq.) with simultaneous abolition of the exculpatory evidence in section 831 BGB.

189. 也参见 Wagner, "Liability Rules for the Digital Age-Aiming for the Brussels Effect" (January 8, 2023). Available at SSRN: https://ssrn.com/abstract = 4320285(last accessed 20.1.2023), p.47 et seq. at footnote 127 et seq。

190. 但是, 一些作者主张建立一个司法管辖实验区, 参见 Dheu/De Bruyne/ Ducuing, The European Commission's Approach To Extra-Contractual Liability and

AI—A First Analysis and Evaluation of the Two Proposals, CiTiP Working Paper 2022, accessible at https://ssrn.com/abstract＝4239792(last accessed 16.1.2023), p.16 at footnotes 89 et seq。

191. Wagner, "Liability Rules for the Digital Age-Aiming for the Brussels Effect" (January 8, 2023). Available at SSRN：https://ssrn.com/abstract＝4320285(last accessed 20.1.2023), p.54 at footnote 150.

192. Summarized by Hacker, The European AI Liability Directives-Critique of a Half-Hearted Approach and Lessons for the Future, Working Paper(18.11.2022), accessible at https://ssrn. com/abstract＝4279796(last accessed 16.1.2023), p.10 at footnote 73 et seqq.

193. Wagner, "Produkthaftung für das digitale Zeitalter-ein Paukenschlag aus Brüssel" (2023), JZ 1(9).

194. 也参见 Hacker, The European AI Liability Directives-Critique of a Half-Hearted Approach and Lessons for the Future, Working Paper(18.11.2022), accessible at https://ssrn.com/abstract＝4279796(last accessed 16.1.2023), p.6 at footnote 44, 作者认为声称使用人工智能系统的企业应承担责任。

195. Dheu/De Bruyne/Ducuing, The European Commission's Approach To Extra-Contractual Liability and AI—A First Analysis and Evaluation of the Two Proposals, CiTiP Working Paper 2022, accessible at https://ssrn. com/abstract＝4239792(last accessed 16.1.2023), p.20 at footnote 117；Whittam "Mind the compensation gap：towards a new European regime addressing civil liability in the age of AI" 30(2022) International Journal of Law and Information Technology, 249(259)；Bertolini, "Artificial Intelligence and Civil Liability", Study requested by the JURI committee, July 2020, p.83 et seq.

196. 参见 Bertolini, "Artificial Intelligence and Civil Liability", Study requested by the JURI committee, July 2020, p.84。

197. 相似可参见 Hacker, The European AI Liability Directives-Critique of a Half-Hearted Approach and Lessons for the Future, Working Paper(18.11.2022), accessible at https://ssrn. com/abstract＝4279796(last accessed 16.1.2023), p.54 at footnote 259。

198. 也参见 Hacker, The European AI Liability Directives-Critique of a Half-Hearted Approach and Lessons for the Future, Working Paper(18.11.2022), accessible at https://ssrn.com/abstract＝4279796(last accessed 16.1.2023), p.53 at footnote 236, 其认为这与建立标准的莱姆法路西程序(Lamfalussy procedure)相类似。

第二部分
生产商责任和经营者责任

第三章　人工智能的产品责任或经营者责任
——何为最佳前进方向？

克里斯蒂安·温德霍斯特[*]

一、引　言

经过多年来对人工智能(AI)责任的全面讨论，欧盟委员会最终提出两项立法提案：《产品责任指令》修订版提案[1]和单独的《人工智能责任指令》提案，[2]后者采取非常谨慎的方法，只协调了少数几个基于过错责任的方面。这一严谨的进展让许多人感到意外。

最近在欧盟层面的进展可以追溯到欧洲议会2017年通过的《关于机器人民事法律规则的建议决议》。[3]该决议因其呼吁赋予最复杂和先进的自主机器人以法律人格(至少在长期内)，并让这些机器人对其造成的损害负责而闻名。[4]欧盟委员会对此作出回应，成立了一个责任与新

---

* 克里斯蒂安·温德霍斯特(Christiane Wendehorst)系奥地利维也纳大学法学院教授，欧洲法学会科学主任。

技术专家组(NTF)，该专家组分为两个小组：一组是产品责任小组，主要由工业界和其他利益相关者的代表组成；另一组是新技术小组，主要由学术界人士组成。[5]由于在各个层面上普遍存在对触及 1985 年《产品责任指令》的抵触情绪，产品责任小组主要专注于 1985 年文本的解释指南，但从未产生正式报告。新技术小组在 2019 年撰写了一份报告(专家组报告，以下简称 NTF 报告)，[6]但根据其任务规定，该报告预计不会深入探讨产品责任问题。NTF 报告为 2020 年年初欧盟委员会的进一步沟通铺平了道路，[7]但实质上是为欧洲议会于 2020 年 10 月自主发布的关于人工智能责任法案的正式提案(欧洲议会草案，即 EP 草案)铺平道路。[8]该欧洲议会草案为"高风险人工智能系统"规定了严格责任制度，这些系统将在附录中具体列明，但欧洲议会草案并未包括该附件。欧洲议会草案还对人工智能系统的一般过错责任进行了针对性的协调。

　　长期以来，人们似乎都不愿意触及 1985 年《产品责任指令》，以至于在这方面没有取得任何进展，但在 2021 年情况开始发生变化。与此同时，欧洲法律研究所(ELI)发表了一份关于调整《产品责任指令》以应对数字时代挑战的创新报告，[9]随后又发布了一份新《产品责任指令》的草案(欧洲法律研究所草案)。[10]然而，直到 2022 年 9 月底，欧盟委员会才最终发布了自己的提案。这两部提案都令人感到意外：《产品责任指令》提案多年不愿在此问题上迈出步伐，却能发展得如此完善与深远；《人工智能责任指令》提案的做法如此谨慎，以至于其主要用处似乎仅仅是让欧盟委员会能够说自己在人工智能责任方面做了一些工作。

二、 人工智能的产品责任

　　自 20 世纪 80 年代末以来，欧盟内的产品责任已实现统一。1985 年《产品责任指令》之所以能维持如此长的时间，仅进行过一些小的修订，原因之一是其技术中立和"横向"方法。然而，随着数字革命的到来，越来越明显的是需要对其进行更为根本的改革。

（一）弥补 1985 年《产品责任指令》的不足之处

虽然人工智能的大规模应用是对《产品责任指令》进行根本性改革的官方理由，但实际上使《产品责任指令》变得过时的不仅仅是人工智能，而是普遍的数字化。特别是该法存在七个问题：独立软件的处理、包含数字元素的产品、软件更新与否的影响、机器学习的作用、缺陷和因果关系的证明问题、新型损害类型和新型经济经营者的出现以及在欧盟内找到被告的难度日益增加。

1. 独立软件

1985 年《产品责任指令》最明显的缺陷之一是没有明确软件是否可以作为"产品"。根据该指令第 2 条，"产品"应指所有动产，即使其被并入另一动产或不动产中，并包括电力。"动产"一词通常被解释为有形动产，而明确包含电力既被解释为支持包含软件的论据，也被解释为反对包含的论据。[11] 有形动产无论是否嵌入软件都被视为"产品"，这一点毋庸置疑。[12] 然而，独立软件本身能否作为产品(如网络游戏)却存在很大争议。[13]《医疗器械法规》(MDR)[14] 明确包含软件并涉及责任问题，[15] 但这还不足以成为充分的论据。成员国关于软件在产品和服务之间的划分存在各种不同的观点。[16] 随着从纯下载软件(在用户设备上运行)向完全或部分基于云的软件的转变，情况变得更加复杂，因此可能不得不将其视为服务。

欧洲法院从未被要求回答这个问题。在 Krone 案中，[17] 法院被促使反思信息的重要性，并可能借此机会至少在附带意见中澄清其在软件问题上的立场。然而，法院并没有利用这一机会，就算有的话，Krone 案的判决可以理解为将 1985 年《产品责任指令》的适用范围限制在有形物品上。[18]

《产品责任指令》修订版提案带来了根本性的变革。其第 4 条第 1 款将"产品"定义为所有动产，即使其被并入另一动产或不动产中，并明确"产品"包括电力、数字制造文件和软件。提案中虽然没有对"软件"进行定义，但在鉴于条款第 12 条中以操作系统、固件、计算机程序、应用程序或人工智能系统作为例证。它还强调，为保证法律的确定性，无论软件的供应或使用方式如何，无论软件是存储在设备上还是通过云技术访问，都应被视为产品。在欧洲理事会谈判期间，添加了明确提及"软件即服务"模型的内容。[19]然而，鉴于条款第 12 条也澄清了信息本身不应被视为产品，因此产品责任规则不应适用于数字文件的内容，如媒体文件、电子书或单纯的软件源代码。

这种区分软件与单纯信息的做法在实践中可能会很好地发挥作用。然而，正如笔者[20]和欧洲法律研究所[21]所提出的问题那样，欧盟第 2019/770 号指令[22]概念范围内的"数字内容"和"数字服务"也许更适合用来划定"产品"的界限。一个明显优势是，这将在法律框架内实现更好的连贯性和一致性。[23]另一个明显优势是，这种划分方法在技术上更加中立——特别是，不需要弄清楚特定的数字内容是否包含"指令集"或"仅仅是数据"，[24]因为更复杂的数据集(如更复杂的视频文件)通常会包含少量的指令。在某种程度上，指令和数据可以在功能上相互替代。如果一辆智能汽车要改变方向，可能有人编写了从主街到贝克街右转的指令。 或者(更可能)有一个在道路转弯处改变方向的指令，并有一个单独的电子地图告诉系统贝克街与主街是垂直的。[25]该电子地图可以与指令集一起提供，也可以单独提供和销售，在这种情况下，如果有缺陷的地图数据引发了事故，那么其提供商为何可以免于承担产品责任就不清楚了。当然，如果《产品责任指令》的范围与《数字内容指令》的范围一致，就有必要将《产品责任指令》的适用范围限制在数字内容或数字服务提供特定与安全相关的功能的情况下，排除对内容本身的责任。[26]诚然，这样做会在内容被机器读取的情况下引发新的界定问题。

另一个关于第 4 条第 1 款和鉴于条款第 12 条中定义的问题是，由于《产品责任指令》仍然不涵盖服务，尚不清楚如何区分云端软件解决方案与真正的(数字)服务之间的界限。这一区分在实践中非常重要。例如，如果一款在线视频游戏会导致成瘾和严重的心理问题，构成一种公认的疾病，这是否属于《产品责任指令》的范畴？如果提供给消费者的云存储不能保证他们的文件安全，造成巨大的物质和非物质损害时又该如何处理？希望欧盟立法者通过选择对"软件"广义和技术中立的理解来消除这种不确定性。

2. 软件更新与否和机器学习　　　　　　　　　　　　　　　　　105

事实证明，1985 年《产品责任指令》已经过时，这不仅是因为它忽视了软件，还因为它没有考虑到产品在投放市场流通后因软件更新而在某个时间点变得有缺陷的情况，[27]例如，智能割草机在安装了软件更新后，突然不再识别障碍物并造成损害。由于更新本身可能不会作为一个独立的产品被认可，1985 年《产品责任指令》中唯一负有责任的经济经营者是割草机的生产商，但该生产商可以根据第 7 条第 2 款提出抗辩。[28]有些人试图避免这种不理想的结果，他们假定每次软件更新都使产品换上新的组件再次投放市场流通。[29]然而，这意味着将"投放市场"的概念过度扩张。更重要的是，通常使产品不安全的不是更新的提供，而是缺乏更新。例如，智能割草机不再与(同时升级的)智能家居设备正常交互，从而造成损害。[30]

《产品责任指令》修订版提案第 10 条现在解决了这一问题，该条与 1985 年《产品责任指令》第 7 条相对应。根据第 10 条第 2 款规定，如果产品的缺陷是由于软件(包括软件更新或升级)或者是缺乏维护安全所必需的软件更新或升级造成的，被告不能以"后期缺陷"为由进行　　106抗辩。

这也解决了机器学习问题。如果人工智能或包含人工智能组件的产品在投放市场后继续发展和学习，可能会出现这样的情况：产品在发布时是完全安全的，但由于不适当的学习发展，后来变得不安全。诚然，原则上，这可以在 1985 年《产品责任指令》下解决，但对于受害者来说，证明问题源于制造商的负担可能过于繁重。[31]如果在所有涉及软件缺陷的情形中都禁止以"后期缺陷"为由进行抗辩，事情就会变得简单多了。

3. 数字元素作为产品组件

与产品的数字元素相关问题也出现了，这在 1985 年《产品责任指令》中同样被忽略了。正如独立软件作为产品的资格存在争议一样，数字元素的资格，特别是非嵌入式数字元素的资格也存在争议。这涉及不在有形物品上运行而是在其他设备上运行的辅助软件(如智能割草机的控制应用程序)，以及使产品能够实现其功能所需的数字服务(例如导航数据)。[32]这对这些数字组件生产商的责任产生了影响，因为它们作为组件生产商的资格是值得怀疑的，可能仅限于有形物品(除电力之外)的定义也可能影响"组件"的定义。[33]诚然，造成物理损坏的通常是有形组件(可能由数字组件控制)，但这些组件在投放市场时很可能没有缺陷，这就是生产商根据 1985 年《产品责任指令》第 7 条第 2 款进行抗辩的原因。

107　　　《产品责任指令》修订版提案第 4 条第 3 款明确强调，"组件"是指任何有形或无形物品，或者与产品集成或互联的任何相关服务。第 4 条第 4 款对"相关服务"的定义是集成到产品中或与产品互联的数字服务，如果没有该服务，产品将无法实现其一项或多项功能(电子通信服务除外)。在欧盟理事会谈判过程中修改的鉴于条款第 15 条对"相关服务"通过举例说明——导航系统中交通数据的持续提供、依靠物理产品的传感器跟踪用户的身体活动或健康指标的健康监测服务、监控和调节智能冰箱温度的温度控制服务，[34]或者通过语音命令控制一个或多个产品的语音助手服务。

《产品责任指令》修订版提案将"组件"的概念扩展到数字服务，从而确保相关服务的提供商在相关服务存在缺陷或未能提供并造成损害时可能承担责任。为了确保相关服务在制造商的控制范围内时(即制造商推荐这些服务或以其他方式影响第三方提供这些服务)，主要产品的制造商也要承担责任，第 10 条第 2 款规定，当缺陷源自相关服务时，制造商不能以"后期缺陷"为由进行抗辩。

4. 缺陷和因果关系的证明

一般来说，证明缺陷以及缺陷与所造成损害之间的因果关系是受害者面临的一个关键问题。在实践中，许多损害赔偿请求不被支持是因为受害者无法证明其损害赔偿的要素。各国程序法探索不同途径来减轻受害者面临的挑战。然而，我们在欧盟看到的基于统一的产品责任法成功索赔的数量相对较少，这不仅表明产品安全水平非常高，还表明缺乏有效的损害赔偿请求行使方式。[35]

《产品责任指令》修订版提案试图通过第8条"证据披露"和第9条"举证责任"的新规定来解决这一问题。根据第8条的规定，成员国应确保国家法院有权在受害者提出请求并提供足够的事实和证据以支持其损害赔偿合理性的情况下，要求被告披露其所掌握的相关证据。考虑到所有相关方(包括第三方)的合法利益，这必须遵循比例原则。如果被告被要求披露的是商业秘密或声称是商业秘密的信息，则应采取特定措施保护该信息的秘密性。

根据第9条，在以下情况下应推定产品存在缺陷：如果被告未履行披露其掌握的相关证据的义务；原告证明产品不符合欧盟或国家法律中为防范相关风险而制定的强制性安全要求；原告证明在合理可预见的使用或在正常情况下，损害是由产品的明显故障造成的。在人工智能领域，最后一种情况尤为重要。例如，一个大型清洁机器人突然向左移动，撞倒了一名路过的行人，通常很难证明该机器人存在缺陷，但由于此类机器人在公共场所不应突然向左移动，因此可以推定该机器人存在缺陷。同样，第9条还规定，如果已经确定产品存在缺陷，且造成的损害通常与所涉缺陷相一致，则应推定产品缺陷与损害之间存在因果关系。尽管有这些规定，但由于技术或科学的复杂性，原告在证明产品缺陷或其缺陷与损害之间的因果关系时仍然面临过大的困难，因此第9条第4款规定，在某些情况下，国家法院应适用更为广泛的举证责任倒置。

5. 新型损害

随着数字化转型，不仅出现了新型的数字产品，还出现了新型的损害，特别是对受害者数字环境的损害(例如数据删除或其他软件的修改)，[36]由于受害者数据泄露造成的损害，[37]以及由于软件代理进行损害用户利益的交易而导致的经济损失。[38] 除此之外，对于某些类型的损害，特别是心理健康损害，[39] 法律一直没有作出明确规定，并且有呼声要求取消对商业财产损害的排除以及 500 欧元的免赔额。[40]

《产品责任指令》修订版提案采纳了部分要求，但并非全部。该提案明确了人身伤害现在包括医学上公认的心理健康损害，如诊断为抑郁症，并且取消了 500 欧元的免赔额。更重要的是，数据丢失或损坏被纳入并同等对待为财产损害。然而，欧盟委员会仍然排除了对用于商业财产(或数据)损害的赔偿，并拒绝进一步扩展损害的概念，例如数据泄露或纯粹经济损失等，更不用说纯粹的非物质损害(成员国可自行决定是否对因人身伤害等造成的非物质损害给予赔偿)。[41]

110　　　　什么算作合格的损害最终由政策决定。毫无疑问，无过错责任制度只能对那些明显不可接受的损害(如死亡、人身伤害或财产损害)给予赔偿。对于纯粹经济损失等损害，情况就复杂得多，因为并不明确什么是"不可接受的"经济损失。[42] 例如，当一个自主购物助手代表消费者进行交易并造成经济损失时，如何区分不理想(但仍可接受)的交易和明显不可接受的交易？可以说，这一界限需要由其他法律来划定，如消费者合同法或不公平商业行为法。这些领域的法律可以被优先适用，特别是因为当事人之间通常会有合同协议。[43]

6. 欧盟内的被告

1985 年《产品责任指令》的一个显著特点是明确希望尽可能确保受害者在欧盟内能找到被告。这就是为什么不仅缺陷产品的制造商要承担损害赔偿责任，而且让产品进入欧洲的进口商也要承担责任。对于那些没有实体进口，而是从欧盟外部通过无线传输供应的数字产品，情况变得更加复杂。然而，即使是有形产品，新商业模式和分销链的出现也导致消费者难以在欧盟内找到被告。这是因为通过在第三国的运营商经营设立的在线商店，消费者和其他终端用户自己直接进口到欧盟的产品急剧增加，特别是大型在线平台的推动，其商业模式促成第三国贸易商和欧盟消费者之间的交易。[44] 因此，在线平台在很大程度上承担了以前由进口商扮演的角色。同样，在欧盟内设立并专门代表设在欧盟以外的贸易商提供仓储、包装和拆卸来自第三国的产品等服务的企业，即履行服务提供商也是如此。[45]

《产品责任指令》修订版提案的回应喜忧参半。首先，欧盟内的授权代表(根据最新的产品安全立法的要求[46])已被纳入其中，并且当制造商并未在欧盟内设立时，授权代表应与制造商共同承担连带责任。[47]如果在欧盟内没有其他被告的情况下，履行服务提供商(即提供仓储、包装、标记和发货服务中至少提供其中两项服务的企业，但不包括邮政服务)也可能承担责任。[48]

《产品责任指令》修订版提案对在线平台提供商的处理存在问题。在线平台允许从第三方国家直接和单独进口数以百万计的不安全产品，在很大程度上取代了以前作为进口商的经济经营者。[49]这就是为什么一段时间以来，人们一直呼吁将在线平台纳入《产品责任指令》责任体系。[50]欧盟委员会现在实际上考虑到了在线平台提供商，但建议将其视为分销商对待，即只有在无法确定制造商或进口商身份，并且它们被要求时未能确定从哪方收到有缺陷产品的情况下，才可能承担责任。[51]即便如此，也仅在《数字服务法》第6条第3款提到的条件下适用，即当在线平台以一种会让普通消费者相信产品是由在线平台本身或在其授权或控制下的贸易商提供的方式显现缺陷产品时。[52]

这一解决方案并不能令人信服，原因有二。第一，如果符合《数字服务法》第6条第3款要求的情况，在线平台提供商在没有进口商或授权代表设立在欧盟内时，应对损害承担全部责任。但很难理解为什么这些平台可以通过识别销售产品的贸易商来逃避责任。第二，虽然第7条第6款规定的未能识别的责任本身可能存在合理性，但更合乎逻辑的是将其与《数字服务法》第30条涉及的产品适用性联系起来，即确保贸易商可追溯性的义务。

(二) 加强与产品安全法的联系,包括《人工智能法案》?

欧洲法律研究所在其《产品责任指令》(草案)中，[53]建议插入一个单独的第三章，规定不履行产品安全法和市场监督法义务的责任，这在现行的《产品责任指令》中没有任何先例。产品安全法或市场监督法的义务是多方面的，包括确保产品符合基本安全要求，监督产品，在出现安全问题时采取补救措施(如通过无线网络更新或产品召回)，以及与市场监督机构合作。[54]原则上，违反任何此类义务都可能对受害者造成损害。这种违反义务的责任属于过错责任，或者至少非常接近于过错责任。

113 　　不履行市场监督和类似义务的责任过去是根据国家侵权法处理，如根据过错责任的一般规则或根据将责任附加到特定违法行为的规则。现行的《产品责任指令》并不涵盖产品上市后监督义务的履行，这是为什么有必要允许根据国家侵权法与统一产品责任法下的损害赔偿请求并行的主要原因之一。这可能会导致内部市场的分裂，受害者能够获得赔偿的范围在很大程度上取决于适用的国家法律。如果修订后的《产品责任指令》要在成员国之间实现更高程度的统一，并在欧盟内部建立更公平的竞争环境，就应该努力统一违反产品安全法与市场监督法义务的责任。同时，加入有关不履行产品安全法和市场监督法义务的责任条款，有助于通过明确规定违反其他欧盟法律的义务如何转化为私法责任，来加强法律的一致性。[55]

　　鉴于未来的《人工智能法案》[56]也将成为产品安全法，[57]欧洲法律研究所草案的第三章也将填补人工智能责任的空白，特别是在高风险人工智能系统的提供商或使用者未能遵守《人工智能法案》规定义务的情况下。由于第三章的责任将受益于《产品责任指令》修订版提案的第8条和第9条中关于证据披露和举证责任的规定，因此，使用技术中立的方式可以在很大程度上涵盖现阶段欧盟委员会通过《人工智能责任指令》提案预期实现的目的。[58]值得注意的是，鉴于《人工智能法案》不

114 仅涵盖安全风险，也涵盖基本权利风险，因此也可以将基本权利风险(如歧视)造成的损害纳入该责任体系。[59]

（三）小结

　　总之，2022年《产品责任指令》修订版提案解决了1985年《产品责

任指令》提出的绝大多数问题，剩下的主要是政策选择的问题。只需要再进行一些扩展——特别是包括用于商业目的的财产或数据损害，增加在线市场的责任，以及全面统一不履行产品安全和市场监督法义务的责任——新的《产品责任指令》似乎已使得人工智能责任的任何额外措施或多或少变得多余。

三、 经营者责任

特别是在对《产品责任指令》不太可能进行重大修订的时期，人们努力通过其他方式来取得令人满意的结果。其中一些成果可以归纳为"经营者责任"，因为它们的共同点是不关注人工智能的市场流通，而是关注人工智能的运行。

（一）严格的经营者责任

"经营者责任"这一术语主要在严格责任的背景下使用，即与经营者过错无关的责任。关于谁是"经营者"并没有公认的定义。一般来说，人工智能系统的经营者是指代表自己并为实现自己的目的而运行人工智能系统的主体。这一主体通常是人工智能系统的所有者，但并不绝对，因为它也可能是根据所有权保留制度购买人工智能系统的一方，或者是其他类型的长期用户或持有者，例如通过租赁合同的承租人。在短期租赁中，经营者可能不是直接使用人工智能系统的一方(例如为实现从 A 地到 B 地的短期交通运输而使用自动驾驶车辆的主体)，而更有可能是通过将人工智能系统作为服务出租给他人使用的所有者或其他长期持有者。"经营者"一词类似于《人工智能法案》中的"用户"一词，《人工智能法案》(草案)第 3 条第 4 款将其定义为在其授权下使用人工智能系统的任何自然人或法人、公共机关、机构或其他团体。

1. 自动驾驶

笔者最早在参与责任与新兴技术专家组(新技术形态专家组)的工作

中提出了"经营者责任"这一术语，并发展出一个"经营者责任"模型。[60]该模型是在一份专门针对自动驾驶的内部报告中，作为欧盟立法者应对的四个选项之一而提出的。[61]自动驾驶车辆从个人所有到移动即服务(Mobility-as-a-Service)以及多种混合商业模式(将一次性出售设备与长期提供相关数字服务相结合)的总体趋势，促进了对"个人经营者"和"车辆经营者"的区分。"个人经营者"是指通常亲自或通过他人使用车辆来实现自己的目的，并承担车辆运营的经济风险的自然人或法人；在成员国公共登记册上以其名义登记车辆的人将被推定为经营者。车辆自动化程度为4级或5级的"车辆经营者"是在欧盟设立并负责控制车辆主要功能的一类企业，例如提供电子地图、其他软件更新、远程后台支持和类似在线服务。如果有多家公司履行这一职能，则必须指定其中一家公司作为每辆自动驾驶汽车的车辆经营者的责任方。成员国必须确保每辆自动化程度达到4级或5级的车辆的个体经营者和车辆经营者都在国家公共登记册上登记。

这个想法是，对于自动化程度达到4级或5级的所有车辆，车辆经营者必须根据《关于机动车民事责任保险的指令》(MID)第3条为每辆车购买保险并提供足够的保险范围证明。[62]根据成员国法律(或新的统一制度)，对于低于这一自动化等级的车辆，严格责任将由个人经营者承担，但一旦达到4级，责任将转移给车辆经营者。这种方法的优点在于，它可以将责任和保险负担从个人所有者转移到与制造商相同或与制造商签订合同的一方，而不会大幅改变成员国的责任制度，也不必依赖于《产品责任指令》的修订(当时看来这是不太可能的)。

2. 专家组报告

2019年由责任与新兴技术专家组(新技术形态专家组)提交的关于《人工智能责任报告》(NTF报告)[63]采用了经营者责任的概念，并区分了两种不同类型的经营者。这一概念已被推广，不再限于自动驾驶，因此最终将这两类经营者称为"前端经营者"和"后端经营者"。NTF报告的主要发现第11点提出，如果有两个或两个以上经营者，特别是主要决定和受益于相关技术使用的人(前端经营者),以及持续定义相关技术的特征并提供必要和持续的后台支持者(后端经营者),严格责任应由对操作风险有更多控制权的一方承担。[64]

需要注意的是,NTF 报告只包括一般原则。这就是为什么 NTF 报告只可能提出一些相对模糊的方案,并没有提供实际责任规则所需的具体性和确定性。就实际责任规则而言,判断由前端经营者还是后端经营者对损害负主要责任是非常困难的,因为这意味着在具体个案中会有高度的不确定性。因此,前端经营者和后端经营者之间的区别主要适用于从一开始就明确谁是责任对象的法律框架,这在自动驾驶情景中是可行的,因为车辆的自动化水平结合公共登记册上的登记,将为认定经营者以及责任提供必要的确定性。

3. 欧洲议会(EP 草案)的提议

欧洲议会于 2020 年 10 月通过自主立法决议,[65]其中包括将欧洲议会草案作为一项完整的《人工智能责任指令》(草案),进一步推广了经营者责任以及前端和后端经营者的概念。在有多个经营者时,例如存在后端经营者和前端经营者,其理念是所有经营者都应承担连带责任,并且彼此之间有权按比例相互追偿。[66]责任比例应根据各经营者对与人工智能系统的运行和功能有关风险的控制程度来确定。[67]"控制"被定义为经营者任何影响人工智能系统运行的行为,从而决定经营者将第三方暴露在与人工智能系统的运行和功能相关的潜在风险中的程度。[68]因此,关于前端和后端经营者之间关系的不确定性被延续到追偿阶段。

显然,后端经营者可能与制造商具有相同的身份。因此,欧洲议会草案规定,只有后端经营者的责任未被《产品责任指令》涵盖,才需要根据拟议的《人工智能责任指令》承担责任。根据 2022 年《产品责任指令》修订版提案,每个后端经营者都自动被视为更新和相关服务的组件形式出现的制造商。这意味着,只有在更新和相关服务没有缺陷或不完整,以及如果后端经营者与制造商相同,且产品本身没有缺陷(或至少没有足够的证据证明这一点)的情况下,后端经营者才需要承担欧洲议会草案规定的责任。鉴于《产品责任指令》修订版提案提出的新的缺陷和/或因果关系推定，特别是第 9 条第 2 款的规则，如果原告证明损害是由产品在合理可预见的使用或正常情况下的明显故障造成的，则推定产品存在缺陷，因此根据欧洲议会草案，后端经营者的责任空间非常有限。无论如何，欧洲议会草案本应是《产品责任指令》在适用时的附属条款，这一规定在实际操作中并不明确，因为受害者通常会首先诉诸于欧洲议会草案所提出的《人工智能责任指令》(考虑该规定如何运作可能是一种浪费精力的做法，因为目前欧洲议会草案似乎已不再将其列入议程)。

4. 评估

必须重申的是，经营者责任的概念，特别是区分前端和后端经营，最初是针对自动驾驶的特定背景而提出的，其中登记系统将会确定相关的经营者，而且当时还不清楚《产品责任指令》是否会进行重大修订。随着修订《产品责任指令》的可能性越来越大，对严格经营者责任的需求已大大降低。此外，当产品自主性越来越强时，因产品特性而非人类行为所造成的损害在损害总额中所占的比例也会大大增加，此时引入严格的经营者责任也不太合理。[69]

119　　人工智能的经营者责任集中在传统的"安全风险"(生命、健康、财产)上，[70]并以自动驾驶车辆等典型场景为出发点。然而，在大多数国家的法律体系中，许多在物理上构成高风险的人工智能系统(如机动车辆、飞机等)无论它们是否包含人工智能，已经被严格责任所涵盖。因此，责任空白往往主要出现在少数低于相关门槛的情况中(如公共场所的清洁机器人、非常小的无人机等)。[71]如果需要欧洲议会草案所指的严格经营者责任，那么对于已知会造成频繁和/或严重损害的各种活动来说，这种责任是独立于人工智能而存在的，欧盟立法有助于填补这些空白，并在法律的一个重要领域内实现更好的统一。然而，欧盟责任制度也可能会因为干扰特定领域(如道路交通)中已经成熟的责任制度而造成混乱。显然，在没有"对人工智能做点什么"的象征意义的情况下，政治上对统一这些传统法律领域的意愿并不强烈。

如果需要特定的人工智能责任,那么应当规定针对由"基本权利风险"造成损害的责任,如歧视、操纵或错误和无根据的决策。然而,试图为非物质损害(参见议会提案中的拟议规则,如果损害导致可验证的经济损失,则可能意味着显著的非物质损害)[72]确立严格的经营者责任,这引发了人们对责任界限不明确的担忧。

(二)"经营者责任"的替代概念

虽然欧洲议会草案意义上的严格经营者责任可能并非完全必要,或者至少不需要专门针对人工智能,但这并不意味着不存在超出《产品责任指令》已经涵盖范围的人工智能责任问题。虽然产品责任本质上是将有缺陷的产品投放市场而产生的责任,并且总是涉及制造商的责任(包括供应链中的各个环节),但也需要对那些使用或运行产品的人承担责任。"经营者责任"一词也可以从广义上理解为,包括所有基于产品(包括人工智能系统)使用方式的责任类型。

120

1. 真正的"责任空白"

显然,现行法律对责任制度并没有,或者至少在所有成员国中都没有,做好应对使用人工智能所带来的独特挑战的准备。许多国家的侵权法体系仍然严重依赖过错责任,但如果一个人从公认的供应商处购买了人工智能系统,并履行了监管和类似义务,那么当人工智能系统以不可预测的方式造成损害时,该人通常不会有过错。无论是直接适用还是类推适用替代责任也存在不确定性,并且许多成员国没有其他更接近严格责任的责任制度可以普遍适用于人工智能系统,除了在一些狭义定义的领域(如机动车辆或飞机)。综上所述,这可能意味着之前的法律存在"责任空白",[73]因为非常有害活动存在无人承担责任的情况。

这种责任空白因为以下事实而加剧:拟议的《人工智能法案》所称的"基本权利风险"(如歧视、操纵)的责任完全不被《产品责任指令》涵盖,而且在国家侵权法中通常不被视为责任的情形。即使法律覆盖了基本权利风险造成的损害,鉴于专业用户对受害者的义务以及使用的具体目的和方式取决于专业用户与受害者之间的具体关系，在许多情况下，主要让人工智能的生产商或提供商承担责任也是不恰当的。

2. 经营者替代责任——新的欧盟归责规则

鉴于这些问题，笔者在对人工智能责任的公众咨询的回应中，提出了一种不同的、[74]大体以替代责任概念为基础的方法。[75]更确切地说，该提议不是通过欧盟法律创建全新的责任基础，而是创建统一的归责规则。

作为所有人工智能系统的基准，(简单的)替代责任是这类"人工智能责任"的第一个支柱。人工智能系统的专业用户对系统运行中准确性不足或其他缺陷导致的损害承担责任，责任程度至少与用户对被委托执行与人工智能系统相同任务的人类雇员的作为或不作为(根据适用的国家法律)承担的责任相同。如果人类无法执行同样的任务，例如任务所需的计算能力超出人类能力范围，那么确定所需性能水平的参考点将是用户可预期使用的可比技术(另见 2019 年 NTF 报告的第 18 条和第 19 条主要结论)。

经营者替代责任的第一支柱，或者更确切地说是为了责任归责的第一支柱，其背后原理是一方不应该仅仅通过使用机器代替雇用辅助人员的方式来逃避责任。[76]替代责任的界限将与国家法律中对辅助人员的界限一致，因为新的欧盟规则仅限于将辅助人员的归责扩展到人工智能。以德国或奥地利的法律为例，在合同或类似背景下，人类辅助人员适用严格责任，[77]但在合同外情形下则相对宽松。[78]人工智能运行的归责也是如此。如果在合同签订前，定价算法区别对待男性和女性，或者内容审查算法错误地删除了用户在社交媒体上的帖子，根据这些国家的法律制度，将适用严格责任，因为如果由人类雇员完成这项工作，也将同样适用严格责任。然而，如果人工智能在双方之间没有任何合同或类似纽带的情况下造成损害，那么归责的门槛就会高得多。

将人工智能与人类辅助人员进行类比的做法受到了批评，原因在于替代责任以辅助人员存在过错为前提，而这对于机器来说并不适用。[79]

然而，法律可以建立功能上等同于过错的标准，[80]并且无论如何，辅助人员的任何认知或意识要素是不是替代责任的重要因素，都是非常值得怀疑的。至于什么可以等同于过错，可假设以人类活动作为基准，但这有一个缺点，即无法激励企业使用人工智能，[81]以防止即使是勤勉的人也无法避免的损害。因此，为人工智能制定具体的性能标准就非常重要。[82]

第二支柱是严格的替代责任，或者更确切地说，是针对高风险人工智能系统的统一的严格归责。第二支柱将克服诸如我们在德国或奥地利法律中对合同外责任的限制，并确保在其他情况下适用的类似严格归责规则能全面适用，以符合雇主责任原则。因此，即使在合同外的情形中，经营者也无法再"隐藏"其从公认的供应商处获得人工智能并已履行所有监管和维护义务这一事实，即使国家对人类辅助人员的规则通常允许经营者提出这一抗辩。

鉴于新的欧盟规则仅作为归责规则，高风险人工智能系统的专业用户仍然可以通过证明人工智能的操作在任何方面都无可指责，并且即使相关用户本人或其法定代表完全了解所有合理预期会被收集的输入数据的情况下，有意实施相同作为或不作为，也不会产生适用法律规定的责任，从而免除他们的责任。例如，如果招聘软件将一名白人男性求职者排在最前面，而根据客观标准，该白人男性求职者确实是最有资格胜任该工作，则雇主不可能因此承担责任。如果一个大型清洁机器人撞倒了路人，但是如果操作员自己(或其自然人代表)手动驾驶机器，其清洁机器的相关动作是否构成过错仍有待商榷；在人类无法执行任务的情况下，确定所需性能水平的参照点将是现有的可比技术。同样，在不可抗力致损的情形中，相关人员也不会承担任何责任，例如一辆卡车撞上了清洁机器人并将其推向受害者身上。

这接近于严格责任，[83]因为它既不要求有过错，也不要求有缺陷(或在存在辅助人员的情况下也不需要普遍的可靠性缺失)，而是只要存在一些不符合专业运营者在履行其职务时应有的行为标准。这一质量水平

123

124

取决于要完成的任务，但基于可能的新归责规则，人工智能的替代责任只能在人工智能经营者在违反相同行为标准时根据国家法律本应承担责任的范围内进行。这意味着经营者必须有某种法定或合同义务。[84] 这种义务可能源于《人工智能法案》，例如关于禁止的人工智能行为的规定。如果人工智能的专业运营者利用特定年龄的漏洞为目的使用人工智能，[85] 那么该运营者显然应该承担责任。然而，同样的情况也适用于人工智能用于其他禁止的行为，如不公平的商业行为或禁止的歧视行为。

如果《人工智能责任指令》提案包含该条款，可以引用《人工智能法案》中定义的术语，使用以下表述：

《人工智能责任指令》第 2a 条——人工智能系统输出的归责。

(1) 成员国应确保人工智能系统的用户对人工智能系统生成的输出或未能生成输出所造成的损害承担责任，其责任范围至少应当与该用户对受其委托执行相同任务的人类雇员的作为或不作为所承担责任相同。

(2) 对于高风险人工智能系统，成员国应确保人工智能系统的用户对由人工智能系统生成的输出或未能生成输出所造成的损害承担责任，其责任范围应与该用户对自身作为或不作为，或在法律实体情况下，其法定代表的作为与不作为，如果他们负责与人工智能相同的任务，所承担责任相同。

(3) 如果人类雇员无法完成人工智能系统所完成的任务，例如任务所需的计算能力超过人类能力范畴，那么确定所需性能水平的参考点就是用户预期使用的现有可比技术。

125　　3. 经营者违反义务的责任(Non-Compliance)

这两项人工智能特定责任应当通过对违反《人工智能法案》义务的不合规行为责任来补充。理想情况下，法律应以技术中立的方式将其表述为不履行产品安全或市场监督法规定义务的责任(见上文"加强与产品安全法的联系，包括《人工智能法案》？")。遗憾的是，欧盟立法者没有采纳笔者和欧洲法律研究所的建议将这类责任纳入[86] 修订后的《产品责任指令》。

然而，正如笔者在一项关于《人工智能法案》的研究中所表明的那样，[87]将经营者违约责任作为专门针对人工智能的条款也是合理的，例如拟议的《人工智能责任指令》就采取了这种方式。与目前在《人工智能责任指令》(草案)中提出的条款相比，这样更有利于为责任认定建立一个明确和统一的责任基础，从而使人工智能的责任不再完全依赖于国家法律中的责任依据，因为无法确定这些责任依据能否为受害者提供足够的保护。新条款的措辞可大致如下：

《人工智能责任指令》第 2b 条——违反《人工智能法案》义务的责任。

(1) 如果提供商、受提供商义务约束的个人或用户不履行《人工智能法案》第二、第三或第四章规定的任何义务，导致对某人的安全或基本权利构成更大的风险，并且该人因此遭受经济或非经济损失(物质或非物质损害)，当事人有权从违反义务的一方获得赔偿。

(2) 如果未履行义务的一方能证明自己对不履行义务不负有任何责任，则可免除其在第 1 款中的责任。

(3) 如果有多方未履行其义务并根据第 1 款的规定承担责任，则每一方都应对全部损害负责，以确保受害者能够获得有效赔偿。如果一方已支付了全部损害赔偿，该方有权向其他责任方追偿相应于其责任部分的赔偿。

(4) 本条不会影响被告根据其他欧盟法律或成员国根据欧盟法律通过的法律所承担的任何责任。

四、结 论

就被尘封多年的《产品责任指令》而言，2022 年欧盟委员会的提案令人惊喜。该提案解决了 1985 年《产品责任指令》的所有主要缺陷，仅剩极少数问题，并建立了一个技术中立同时又能应对包括人工智能在内的数字技术挑战的责任制度。随着有关证据披露和举证责任的新规定的出台，特别是在可合理预见的或正常情况下，当损害是由产品明显故障造成时，举证责任的转移，将消除人们对人工智能受害者可能探究"黑箱"的担忧(如果他们曾经有过这种担忧的话)。

严格经营者责任的概念，特别是结合前端和后端经营者之间的区别，最初是为自动驾驶这类特定环境而制定的(在这种环境下，谁是相关经营者从登记处就能看出来)，而且在制定时无法预测未来《产品责任指令》是否会进行重大修订。随着修订《产品责任指令》的可能性越来越大，严格经营者责任以原始形式(即传统"安全风险")存在的必要性已大大降低。此外，在产品自主性越来越强的今天，因产品特性(也就是生产商或生产商范围内的实体)而非人类行为造成的损害在损害总额中所占的比例越来越大，在这个时候引入严格的经营者责任也不太合理。

就使用人工智能实现安全相关功能的"高风险"产品造成的死亡、人身伤害或财产损害而言，严格责任是一种适当的应对措施。然而，需要注意的是，如果人工智能设备造成了物理风险并需要承担严格责任，而在相同情况下非人工智能驱动但由人类或人工智能以外的技术控制的同类设备却无需承担严格责任，可能会导致严重的责任失衡。被车辆碾压的受害者并不关心车辆是否由人工智能驱动。因此，如果认为在公共场所(或其他通常与操作中人员接触的场所)中对以一定最低重量和一定最低速度运行的某种设备施加严格责任是适当的，那么无论该设备是由人类还是由人工智能控制，都应一视同仁。例如，公共场所的大型清洁机器、割草机或送货车辆通常需要被纳入严格责任制度，即使相关司法管辖区目前并未采用这种做法。因此，严格责任制度不应仅限于人工智能系统。

经营者替代责任，或者说欧盟的归责规则显然比先前更为合乎逻辑，这将确保人工智能的任何故障都能够归责于人工智能经营者，其情况至少与经营者雇用辅助人员完成任务的程度相同。在人类无法完成相

127

同任务的情况下，确定所需性能水平的参照点将是经营者可以预期使用的现有可比技术。为确保整个欧盟为高风险人工智能系统的经营者提供一个公平的竞争环境，建议对此类系统的故障作出统一的严格归责规则。此类归责规则可纳入拟议的《人工智能责任指令》。

除此以外，由于整个欧盟需要建立一个公平的竞争环境，因此对于不履行产品安全和市场监督法义务的行为，引入一个完全统一的责任制度也同样重要。理想情况下，这一制度应当是技术中立的，并且不局限于人工智能领域。遗憾的是，《产品责任指令》修订版提案似乎错失了将其纳入的机会。不过，如果在《人工智能责任指令》中列入一项关于不履行《人工智能法案》义务的条款作为新的责任依据，那么新《人工智能责任指令》不仅会更加合理，而且将大大提高对受害者的保护。

注释

1. Proposal for a Directive of the European Parliament and of the Council on liability for defective products, COM(2022) 495 final.

2. Proposal for a Directive of the European Parliament and of the Council on adapting non-contractual civil liability rules to artificial intelligence (AI Liability Directive), COM(2022) 496 final.

3. European Parliament Resolution of 16 February 2017 with recommendations to the Commission on Civil Law Rules on Robotics (2015/2103(INL)) [2018] OJ C 252/239.

4. European Parliament Resolution (2015/2103(INL)) Recommendation 59 (f).

5. 参见 the mission and members of the Expert Group here：〈https：//ec.europa. eu/transparency/expert-groups-register/screen/expert-groups/consult?lang＝en&do＝group Detail.groupDetail&groupID＝3592〉 accessed 3 May 2023。

6. European Commission, Liability for Artificial Intelligence and Other Emerging Digital Technologies (2019) 12,〈https：//data.europa.eu/doi/10.2838/573689〉 accessed 3 May 2023.

7. White Paper on Artificial Intelligence-A European approach to excellence and trust, COM(2020) 65 final.

8. European Parliament Resolution of 20 October 2020 with recommendations to the Commission on a civil liability regime for artificial intelligence(2020/2014(INL))

[2021] OJ C 404/107.

9. Christian Twigg-Flesner, Guiding Principles for Updating the Product Liability Directive for the Digital Age (ELI, 2021).

10. Jean-Sébastien Borghetti and others, ELI Draft of a Revised Product Liability Directive (ELI, 2022).

11. Gerhard Wagner, "Produkthaftung für autonome Systeme" (2017) AcP, 707, 718; Gerhard Wagner, "ProdHaftG § 2" in Franz Jürgen Säcker, Roland Rixecker, Hartmut Oetker and Bettina Limperg(eds), Münchener Kommentar zum BGB(C.H. Beck 2020) para 27 uses electricity as an argument for the inclusion of software in the product definition; cf. Herbert Zech, Information als Schutzgegenstand(Mohr Siebeck 2012) 342 et seq; Herbert Zech, "Künstliche Intelligenz und Haftungsfragen" (2019) ZfPW, 198, 212; against the inclusion of(non-embedded) software e.g. Hans Claudius Taschner/Edwin Frietsch, Produkthaftungsgesetz(2nd edn, C.H. Beck 1990) ProdHaftG § 2 para 22; neutral regarding the meaning of the inclusion of electricity for software Martin Sommer, Haftung für autonome Systeme(Nomos 2020) 223.

12. 这在很大程度上是无可争议的，即使是在早期的文学作品中，可参见： Taschner and Frietsch(n 11) para 22; Jürgen Taeger, Außervertragliche Haftung für fehlerhafte Computer-programme(Mohr Siebeck 1992) 108; Markus Andréewitch, "Zur Anwendbarkeitdes Produkthaftungsgesetzes für Softwarefehler" (1990) EDVuR, 50, 50; cf. Zech, "Künstliche Intelligenz und Haftungsfragen" (n 11) 213; Georg Borges, "Haftung für KI Systeme" [2022] CR 553, 558; see also Sophia Fida, Updates, Patches & Co-Zivilrechtliche Fragen zur Softwareaktualisierung (Manz 2022) 130。

13. In favour of narrow definition of "product"：Andrew Tettenborn in Michael Jones and Anthony Dugdale(eds), Clerk and Lindsell On Torts(20th edn, Sweet and Maxwell 2010) 11 et seq; Daily Wuyts, "The Product Liability Directive-More than Two Decades of Defective Products in Europe" (2014) 5 Journal of European Tort Law 1, 4; Gert Straetmans and Dimitri Verhoeven in Piotr Machnikowski(ed) European Product Liability(Intersentia 2016) 41; contra Gerhard Wagner, "Software as a Product" in Sebastian Sebastian Lohsse, Reiner Schulze and Dirk Staudenmayer(eds) Smart Products(Nomos 2022) 172 et seq; Jean-Sébastien Borghetti "How can Artificial Intelligence be Defective?" in Sebastian Lohsse, Reiner Schulze and Dirk Staudenmayer(eds), Liability for Artificial Intelligence and the Internet of Things (Nomos 2019) 104.

14. Regulation(EU) 2017/745 of the European Parliament and of the Council of 5 April 2017 on medical devices, amending Directive 2001/83/EC, Regulation (EC) No 178/2002 and Regulation(EC) No 1223/2009 and repealing Council Directives 90/385/

EEC and 93/42/EEC [2017] OJ L 117/1.

15. Art 2(1), Rec 19 Medical Device Regulation, Regulation(EU) 2017/745.

16. 关于成员国法律的概述，参见 EY, Technopolis and VVA "Evaluation of Council Directive 85/374/EEC on the approximation of laws, regulations and administrative provisions of the Member States concerning liability for defective products, Final Report" (European Commission 2018) 17 and 36 et seq, 〈https：// op. europa. eu/en/publication-detail/-/publication/d4e3e1f5-526c-11e8-be1d-01aa75ed71a1/ language-en〉 accessed 3 May 2023。

17. ECJ, Case C-65/20, Krone, EU：C：2021：471.

18. Jean-Sébastien Borghetti and Bernhard Koch, European Commission's Proposal for a Revised Product Liability Directive-Feedback of the European Law Institute(ELI, 2023) 11；Andreas Günther, "Keine Produkthaftung für unrichtigen Gesundheitstipp in Zeitung" (2021) EuZW, 763, 766；cf. Borges, "Haftung für KI Systeme" (n 12) 556；with a different view(that the ECJ implicitly included software in its judgment) see Max Finkelmeier, "Keine Produkthaftung für unrichtigen Gesundheitstipp in Zeitung" (2021) NJW, 2015, 2017.

19. Recital 12 Council of the European Union, Proposal for a Directive of the European Parliament and of the Council on liability for defective products-Presidency draft compromise proposal of 9 March 2023, 2022/0302(COD) 6, 〈https：//data. consilium. europa.eu/doc/document/ST-7255-2023-INIT/en/pdf〉 accessed 3 May 2023.

20. Directive (EU) 2019/770 of the European Parliament and of the Council of 20 May 2019 on certain aspects concerning contracts for the supply of digital content and digital services [2019] OJ L 136/1.

21. Christiane Wendehorst and Yannic Duller, "Safety and Liability Related Aspects of Software" (European Commission, 2021) 27, 〈https：//digital-strategy.ec. europa.eu/en/library/study-safety-and-liability-related-aspects-software〉 accessed 3 May 2023.

22. Twigg-Flesner(n 9) 5；Bernhard Koch and others, "European Commission's Public Consultation on Civil Liability Adapting Liability Rules to the Digital Age and Artificial Intelligence—Response of the European Law Institute" (ELI, 2022) 12；Borghetti and Koch (n 18) 11.

23. Wendehorst and Duller (n 21) 20.

24. Twigg-Flesner (n 9) 5；Wendehorst and Duller (n 21) 20.

25. Wendehorst and Duller (n 21) 20.

26. Wendehorst and Duller (n 21) 20.

27. Zech, "Künstliche Intelligenz und Haftungsfragen" (n 11) 203；Expert Group on Liability and Emerging Technologies-New Technologies Formation, "Liability for

Artificial Intelligence and other emerging digital technologies" (European Commission, 2019) 28, 〈https: //www. europarl. europa. eu/meetdocs/2014 _ 2019/plmrep/COMMITTEES/ JURI/DV/2020/01-09/AI-report_EN.pdf〉 accessed 3 May 2023; Wendehorst and Duller (n 21) 68.

28. Bernhard Koch "Product Liability 2.0-Mere Update or New Version? " in Sebastian Lohsse, Reiner Schulze and Dirk Staudenmayer(eds), Liability for Artificial Intelligence and the Internet of Things(Nomos 2019) 109; Tiago Sergio Cabral, "Liability and artificial intelligence in the EU: Assessing the adequacy of the Current Product Liability Directive" (2020) 27 Maastricht Journal of European and Comparative Law 616, 624; Wendehorst and Duller (n 21) 68.

29. 例如 Deutscher Anwaltverein, "Stellungnahme zum vorläufigen Konzeptpapier der Kommission zur ProdHaftRL, Nr. 55/2018" (2018) 6, 〈https: //anwaltverein.de/ de/newsroom/sn-55-18-leitlinien-zur-produkthaftung-srichtlinie? file = files/anwaltverein. de/downloads/newsroom/stellungnahmen/2018/dav-sn_ 55-2018. pdf〉 accessed 3 May 2023。

30. Thomas Riehm, "Updates, Patches etc.-Schutz nachwirkender Qualitätserwartungen" in Martin Schmidt-Kessel and Malte Kramme(eds), Geschäftsmodelle in der digitalen Welt(JWV 2017) 219.

31. Koch(n 28) 109; Georg Borges, "Liability for Self-Learning Smart Products" in Sebastian Lohsse, Reiner Schulze and Dirk Staudenmayer (eds) Smart Products (Nomos 2022) 190 et seq.

32. Wendehorst and Duller(n 21) 65.

33. Expert Group on Liability and Emerging Technologies-New Technologies Formation(n 27) 28, Koch(n 28) 104 et seq; cf. Twigg-Flesner(n 9) 5.

34. Council of the European Union, Proposal for a Directive of the European Parliament and of the Council on liability for defective products-Presidency Draft Compromise Proposal of 9 March 2023, 2022/0302(COD) 8, 〈https: //data.consilium. europa.eu/doc/document/ST-7255-2023-INIT/en/pdf〉 accessed 3 May 2023.

35. Wendehorst and Duller (n 21) 69 f; cf. Herbert Zech, "Haftung für Trainingsdaten Künstlicher Intelligenz" (2022) NJW, 502, 507.

36. Christiane Wendehorst "Liability for Pure Data Loss" in Ernst Karner/Ulrich Magnus/Jaap Spier/Pierre Widmer(eds), Essays in Honor of Helmut Koziol(Jan Sramek 2020) 238; Gerhard Wagner, "Liability Rules for the Digital Age-Aiming for the Brussels Effect", 24 〈https: //papers. ssrn. com/sol3/papers. cfm? abstract_ id = 4320285〉 accessed 3 May 2023.

37. Wendehorst and Duller (n 21) 30; Christiane Wendehorst, "Liability for Artficial Intelligence-the Need to Address Both Safety Risks and Fundamental Rights

Risks" in Silja Voenekey, Philipp Kellermeyer, Oliver Mueller and Wolfram Burgard (eds), The Cambridge Handbook of Responsible Artificial Intelligence: Interdisciplinary Perspectives(Cambridge University Press 2022) 191.

38. Wendehorst and Duller(n 21) 30; Wendehorst, "Liability for Artificial Intelligence" (n 37) 190.

39. Borghetti and others (n 10) 18.

40. Borghetti and others (n 10) 17; Koch(n 28) 103.

41. Art 4(6) COM (2022) 495 final.

42. 参见 Wendehorst, "Liability for Artificial Intelligence" (n 37) 201; advocating a very cautious approach to the inclusion of pure economic loss into the scope of protection of tort law Wagner, "Liability Rules for the Digital Age" (n 36) 53。

43. Wendehorst and Duller (n 21) 45.

44. Eurostat, E-commerce statistics for individuals(2023) 〈https://ec.europa.eu/eurostat/statistics-explained/index.php?title = E-commerce_statistics_for_individuals〉 accessed 3 May 2023.

45. Twigg-Flesner(n 9) 7.

46. Recital 35, Art 2(30)—(32) Regulation(EU) 2017/745 of the European Parliament and of the Council of 5 April 2017 on medical devices, amending Directive 2001/83/EC, Regulation(EC) No 178/2002 and Regulation(EC) No 1223/2009 and repealing Council Directives 90/385/EEC and 93/42/EEC [2017] OJ L117/1; Art 3(8)—(13) Regulation(EU) 2019/1020 of the European Parliament and of the Council of 20 June 2019 on market surveillance and compliance of products and amending Directive 2004/42/EC and Regulations(EC) No 765/2008 and (EU) No 305/2011 [2019] OJ L169/1; Art 3(7)— (13) Proposal for a Regulation of the European Parliament and of the Council on general product safety, amending Regulation(EU) No 1025/2012 of the European Parliament and of the Council, and repealing Council Directive 87/357/EEC and Directive 2001/95/EC of the European Parliament and of the Council, COM(2021) 346 final.

47. Art 7(2) COM(2022) 495 final.

48. Art 7(3) COM(2022) 495 final.

49. Christoph Busch, "When Product Liability Meets the Platform Economy" (2019) 8 Journal of European Consumer and Market Law 173, 174; Thomas Riehm and Stanislaus Meier, "Product Liability in Germany" (2019) 8 Journal of European Consumer and Market Law, 161, 165.

50. Twigg-Flesner (n 10) 7.

51. Art 7(6) COM (2022) 495 final.

52. Art 6(3) Regulation(EU) 2022/2065 of the European Parliament and of the

Council of 19 October 2022 on a Single Market for Digital Services and amending Directive 2000/31/EC (Digital Services Act) [2022] OJ L 277/1.

53. Borghetti and others (n 10).

54. Borghetti and others (n 10) 26; cf. Wendehorst and Duller(n 21) 48 et seq.

55. Borghetti and others (n 10) 24 f.

56. Proposal for a Regulation of the European Parliament and of the Council laying down harmonised rules on artificial intelligence (Artificial Intelligence Act) and amending certain Union legislative acts, COM(2021) 206 final.

57. Christiane Wendehorst, The Proposal for an Artificial Intelligence Act COM (2021) 206 from a Consumer Policy Perspective(Federal Ministry of Social Affairs, Health, Care and Consumer Protection, 2021) 26; Lilian Edwards, "Regulating AI in Europe: Four Problems and Four Solutions" (Ada Lovelace Institute, 2022), ⟨https: //adalovela ceinstitute.org/report/regulating-ai-in-europe/⟩ accessed 3 May 2023.

58. AI Liability Directive, COM(2022) 496 final.

59. Wendehorst, "Liability for Artificial Intelligence" (n 37) 196.

60. European Commission, Register of Commission Expert Groups and Other Similar Entities-Expert Group on Liability and New Technologies(E03592) ⟨https: //ec. europa. eu/transparency/expert-groups-register/screen/expert-groups/consult? lang = en& do = groupDetail.groupDetail&groupID = 3592⟩ accessed 3 May 2023.

61. 参见 European Commission, "Summary of the 2nd Meeting of the Expert Group on Liability and New Technologies/New Technologies formation 24-25 September 2018, Brussels" (2018) ⟨https: //ec. europa. eu/transparency/expert-groups-register/ core/api/ front/document/24625/download⟩ accessed 3 May 2023。

62. Directive 2009/103/EC of the European Parliament and of the Council of 16 September 2009 relating to insurance against civil liability in respect of the use of motor vehicles, and the enforcement of the obligation to insure against such liability [2009] OJ L 263/11.

63. Expert Group on Liability and Emerging Technologies-New Technologies Formation(n 27).

64. Expert Group on Liability and Emerging Technologies-New Technologies Formation(n 27) 39.

65. European Parliament Resolution(2020/2014(INL)).

66. Articles 11 et seq European Parliament Resolution(2020/2014(INL)); also cf. Recital 10 of the European Parliament Resolution(2020/2014(INL)).

67. Article 12(2) European Parliament Resolution(2020/2014(INL)).

68. Article 3(g) European Parliament Resolution(2020/2014(INL)).

69. Borges, "Liability for Self-Learning Smart Products" (n 31) 151.

70. Wendehorst and Duller (n 21) 68; Koch (n 28) 102; Koch and others (n 22) 9; Wendehorst, "Liability for Artificial Intelligence" (n 37) 204.

71. Christiane Wendehorst, "Strict Liability for AI and other Emerging Technologies" (2020) 11 Journal of European Tort Law 150, 177.

72. Recommendation 19 European Parliament Resolution(2020/2014(INL)).

73. Expert Group on Liability and Emerging Technologies-New Technologies Formation(n 27) 34 et seq; Datenethikkommission der deutschen Bundesregierung, Gutachten der Datenethikkommission(2019) 220; Wendehorst and Duller(n 21) 82 et seq, Wendehorst, "Liability for Artificial Intelligence" (n 37) 207; Borges, "Liability for Self-Learning Smart Products" (n 31) 190 et seq.

74. Christiane Wendehorst, "Response to the public consultation on Civil liability-adapting liability rules to the digital age and artificial intelligence" (2022) 〈https://eceuropa-eu. uaccess. univie. ac. at/info/law/better-regulation/have-your-say/initiatives/12979-Product-Liability-Directive-Adapting-liability-rules-to-the-digital-age-circular-e conomy-and-global-value-chains/F_en〉 accessed 3 May 2023.

75. Phillip Hacker, "Verhaltens-und Wissenszurechnung beim Einsatz von Künstlicher Intelligenz" (2018) RW 243, 248 et seq; Ernst Karner, "Liability for Robotics: Current Rules, Challenges, and the Need for Innovative Concepts" in Sebastian Lohsse, Reiner Schulze and Dirk Staudenmayer(eds), Liability for Artificial Intelligence and the Internet of Things (Nomos 2019) 120; Herbert Zech, "Entscheidungen digitaler autonomer Systeme: Empfehlen sich Regelungen zu Verantwortung und Haftung?" in Ständige Deputation des Deutschen Juristentages (ed), Verhandlungen des 73. Deutschen Juristentages-Band I-Gutachten Teil A(2020) 76 et seq; Herbert Zech, "Künstliche Intelligenz und Haftungsfragen" (n 11) 211; Borges, "Haftung für KI Systeme" (n 12) 556.

76. 也参见 Hacker(n 75) 245 et seq; Datenethikkommission der deutschen Bundesregierung(n 73) 219 et seq; Expert Group on Liability and Emerging Technologies-New Technologies Formation(n 27) 24 et seq; Zech, "Entscheidungen digitaler autonomer Systeme: Empfehlen sich Regelungen zu Verantwortung und Haftung?" (n 75) 76 et seq。

77. For Austria see § 1313a ABGB; for Germany § 278 BGB.

78. For Austria see § 1315 ABGB, for Germany § 831 BGB.

79. Borges, "Haftung für KI Systeme" (n 12) 556; Freudenthaler, "Haftung für 'technis-che Hilfsmittel' wie für Erfüllungsgehilfen?" (2011) ÖJZ 801; Jens Günther, Matthias Böglmüller, "Künstliche Intelligenz und Roboter in der Arbeitswelt" (2017) BB 55; Peter Bräutigam, Thomas Klindt, "Industrie 4.0, das Internet der Dinge und das Recht" (2015) NJW 1138; Carmen Freyler, "Robot-Recruiting, Künstliche

Intelligenz und das Antidiskriminierungsrecht" (2020) NZA 286.

80. Hacker（n 75）256 et seq; Zech, "Entscheidungen digitaler autonomer Systeme: Empfehlen sich Regelungen zu Verantwortung und Haftung？" （n 75）; Zech, "Künstliche Intelligenz und Haftungsfragen" (n 11) 211.

81. Hacker(n 75) 267.

82. Mark Geistfeld, "A Roadmap for Autonomous Vehicles: State Tort Liability, Automobile Insurance, and Federal Safety Regulation" (2017) 105 California Law Review 1611, 1651 ff; Wagner(n) 734.

83. 从比较的角度看，严格责任和替代责任之间的相似之处，参见如 Bernhard Koch and Helmut Koziol(eds), Unification of Tort Law(Kluwer Law 2002)。

84. Wendehorst, The Proposal for an Artificial Intelligence Act COM(2021) 206 from a Consumer Policy Perspective(n 57) 159.

85. Wendehorst, "Liability for Artificial Intelligence" (n 37) 208.

86. Borghetti and others (n 10) 24 et seq.

87. Wendehorst, "The Proposal for an Artificial Intelligence Act COM(2021) 206 from a Consumer Policy Perspective" (n 57) 189 et seq.

第四章　产品责任数字化：旧瓶不宜装新酒

让·塞巴斯蒂安·博尔盖蒂[*]

一、引　言

关于《产品责任指令》(草案)[1]以及更广泛的产品责任改革问题，人们已经有很多的讨论和文献。《产品责任指令》(草案)是一个非常有趣的主题，其目标和内容也得到应有的赞扬。欧盟委员会最初只是打算就现行的《产品责任指令》是否适用于软件以及如何适用于软件，[2]更宽泛地说是否适用于数字化经济来制定"指导原则"。虽然这些指导原则可能是有用的(尽管它们的法律地位不确定)，但是所有关心产品责任的人都应该肯定的是，欧盟委员会最终决定对《产品责任指令》进行改革。

这并不是说现行《产品责任指令》是一部糟糕的法律。尽管在讨论和通过该指令时，[3]人们对其缺陷和不足之处进行了大量的讨论，但事

---

[*]　让·塞巴斯蒂安·博尔盖蒂(Jean-Sébastien Borghetti)系巴黎第二大学的民法教授。

实证明，该指令是一个强有力的工具，也是欧洲法院(ECJ)作出有效判决的来源。然而，现行《产品责任指令》主要起草于 20 世纪 70 年代，即欧洲产品责任的萌芽阶段。但直到 20 世纪 60 年代，由于消费品数量(以及由其造成的事故数量)急剧上升和美国学术界的影响(这种影响对德国和意大利律师尤甚)，欧洲大多数国家才将产品责任确定为一个独立的法律议题。这种"美国遗产"的象征就是现行《产品责任指令》第 6 条第 1 款中对缺陷的定义，[4]它让人联想到美国《侵权行为法重述(第二版)》中提出的消费者期待测试。[5]矛盾的是，经过十年的讨论，当《产品责任指令》最终获得通过时，美国法院和律师在很大程度上已经放弃了消费者期待测试，他们认为该测试不适合设计缺陷——这是最具挑战性的缺陷类别。[6]因此，至少从美国的角度来看，《产品责任指令》在通过时反映了法律学术的滞后性。这对欧洲产品责任的未来未必是个好兆头。《产品责任指令》实施的前二十年似乎表明了该法有限的相关性。各国法院适用《产品责任指令》制度的案例寥寥无几。[7]

然而，情况已发生了巨大变化。在大多数欧盟司法管辖区，产品责任案件的数量一直在稳步增长，而且欧洲法院已经制定了大量关于《产品责任指令》的判例法(尽管有些判例法针对的议题极少引起案件争议，如缺陷的定义)。真正意义上的欧洲学术研究也已出现，与美国产品责任的知识联系也有所松动，尽管这种联系并没有被切断。

欧洲产品责任现已进入成熟期，《产品责任指令》(草案)就是这一成熟期的代表。该草案并非试图追赶美国法律的发展。相反，立法起草者以欧洲学术理论为基础展开(其中以欧洲法律研究所[8]的理论研究为代表，但并非仅限于此)，试图以《产品责任指令》为基点，通过整合欧洲法院的司法实践和欧盟面临的经济数字化挑战，来系统地完善欧洲产品责任制度。现行《产品责任指令》已经对许多希望采用"现代"产品责任立法的国家产生一定的影响(即使只是因为它提供一个与美国复杂的判例法相比更容易理解相关主题的例子)，但是，正如格哈德·瓦格纳(Gerhard Wagner)所评论的那样，《产品责任指令》(草案)可能会将自己确立为"全球标杆"，并引发所谓的"布鲁塞尔效应"，也许《通用数据保护条例》就是最好的例子，[9]即欧盟在立法上将自己作为一个全球范本。[10]

欧盟委员会试图通过该草案使产品责任适应数字化的路径确实令人瞩目，这也将是本章的重点。然而，首先应该注意的是，欧洲产品责任对于数字化的重视可能会导致忽视其所面临的其他问题和挑战。这种忽视显现在各种有关《产品责任指令》的实施情况报告中，这些报告大多是由欧盟委员会或代表集体因私利而发表的乏味文件。这些报告一直宣称《产品责任指令》一切顺利，该法很好地平衡各利益相关方(主要是产品的生产商和用户)的利益，不需要任何实质性的修改[11]——除了数字化问题，因为后者已成为欧盟层面的首要任务。然而，这些结论并不能完全令人信服。

首先，除数字产品外，其他产品也应受到特别关注。举个最明显的例子，药品在产品责任的几个关键内容，特别是在缺陷、因果关系和处方等要素方面存在特殊的挑战。其根本问题在于难以确定药品应适用产品责任的共同规则还是特定制度(如德国的情况[12])。遗憾的是，这一问题暂时还没有被公开讨论。

其次，存在疑问的是，目前的《产品责任指令》是否真的能够很好地平衡产品责任领域中的各种利益。如前所述，在过去的几十年中，援引《产品责任指令》的案件数量总体上呈上升趋势，但与市场上流通的产品数量以及与这些产品所造成的事故数量相比，这一数字仍显得微不足道。该领域缺乏可靠的统计数据。我们所能了解的那部分是提交给法院或至少是高级法院的产品责任案件的数量。但是，关于欧盟境内由产品造成的事故数量，以及根据《产品责任指令》向生产商或其他责任人提出的赔偿请求数量，似乎并没有确切的数字。各行各业的代表经常宣称，他们面临着(太多的)责任索赔，其中大部分都以庭外和解的方式解决，但似乎从来没有公布相关的数据。而保险商们，尽管可能掌握着大量这方面的数据，但也没有予以公布。同样令人失望的是，欧盟委员会

132

多年来一直聘用各种顾问来起草有关《产品责任指令》实施情况的报告，但这些顾问显然从未试图获得有关欧盟境内事故和产品责任索赔的确凿数据，而只是简单地参考全欧洲学术界已经公布的法院案例。这样做的结果是，我们无法确定产品责任在欧盟是否得到了应有的实现，也无法确定产品责任在欧盟的实现是不足的抑或是过度的。

133　　　但应怀疑的是，产品责任的实现存在严重不足。我们很难衡量侵权法的普遍实现程度，但我们所掌握的研究表明，执行不力是侵权法中的一个大问题，产品责任没有理由存在差异。[13]执法不力的一些原因是众所周知的。有时，一个人很难知道他所遭受的损害是由产品造成的(以药品为例，一个病人可能不知道，至少最初不知道，他现在的病症是由几年前服用的产品引起的)。当一个人知道自己的损失是由产品造成的，损失的大小可能并不值得去进行责任索赔。即使值得，受害者在获得赔偿之前也必须克服无数的困难：他们必须确定生产商或其他责任方；他们必须拥有或收集足够的证据，表明或至少暗示产品存在缺陷并给他们造成了伤害；他们必须联系生产商的有关人员或服务部门，并面对可能的拖延或劝阻策略；他们必须准备好聘请律师，并在必要时诉诸法庭等。此外，在成员国中的发达国家，严重的人身伤害在很大程度上是通过社会保障或个人保险得到赔偿。对于受害者而言，一方面，这降低了受害者提出责任索赔的积极性；另一方面，社会保障机构或保险公司可能也缺乏必要的信息、时间或资源向行为人提起追偿。由此可见，受害者提出适用产品责任面临的困难并不比侵权法其他领域少。与此相反的是，产品责任案件的被告通常都是专业人士，有时是法律手段高超的大公司。通常，即使在庭外进行索赔，被告所需的时间、费用和精力也比原告低得多(至少在私人保险公司没有代位行使原告权利的情况下)。

　　　对于上述事件的观察证实了产品责任规则在欧洲执行不力的情况。已公布的法庭案例中几乎没有被告是亚洲生产商或亚洲制造产品的进口商的案例。然而，在欧洲市场上销售的大量产品都来自亚洲，而且并非所有产品都以欧洲公司的名义或品牌进行销售。有三种观点可以解释产品数量和法院案件数量之间的差异：一是亚洲制造的产品比欧洲制造的产品更安全；二是所有涉及不是以欧洲公司名义或品牌销售的亚洲产品案件都进行了庭外和解；三是也许因为被告遥不可及，这些产品的受害者根本没有提起损害赔偿请求。第一种和第二种解释似乎没有任何证据支持，而且可能性也不大。亚洲公司销售产品的案件很少，最有可能的原因是，按照产品责任目前的设计，使得受害者实际上无法起诉那些理论上应该对这些产品缺陷负责的人。在亚洲设立的生产商通常不在起诉之列，因为没有欧洲消费者会在亚洲国家提出损害赔偿请求，除非他们能确定生产商。进口商虽然在理论上对欧盟进口的产品负有责任，但似乎很少被起诉。这可能是因为进口商的身份难以确定，也可能是因为进口商本身就在欧盟以外成立，还可能是因为进口商是小公司，财力有限，不值得被起诉。此外，营销战略的演变意味着现在许多产品都是从欧盟以外直接运给欧洲买家的，而这一环节中没有任何进口商。

如果现行《产品责任指令》真如上述观察所显示的那样严重实现不力，那么欧盟的产品责任就存在重大问题，应立即加以解决。遗憾的是，因为该法主要解决产品责任数字化问题，欧盟委员会没有对产品责任规则的执行水平进行认真评估。尽管从损害赔偿请求权人角度出发，确定产品责任实现水平不是优先事项，但评估实现水平却实属必要。如果产品责任的效果本来就不够理想，那么将其适用范围扩大到数字领域也可能不会优化其适用效果。因此，《产品责任指令》(草案)的主要缺陷在于未对现行《产品责任指令》的影响进行认真评估。

尽管如此，不可否认《产品责任指令》(草案)是一次非常成功的尝试(尽管其结构相当复杂)，其旨在调整现行产品责任制度以适应数字化挑战。这种调整的标志是将非物质产品纳入草案的范围。但是几乎产品责任的所有方面都受到这一努力的影响，表现在《产品责任指令》(草案)的适用范围(见下文"《产品责任指令》(草案)的适用范围")、责任范围(见下文"责任界定")以及该法的程序方面(见下文"程序性问题")。

二、《产品责任指令》(草案)的适用范围

《产品责任指令》(草案)限制产品责任"受益人"(beneficiaries)的范围，只允许对自然人造成的损害进行赔偿。实际上，这并不会与现行《产品责任指令》有太大的区别，因为后者进行损害赔偿的对象通常限于自然人。但欧洲法院曾明确表示现行的《产品责任指令》首先是为了市场协调而不是为了消费者保护，《产品责任指令》(草案)对"受益人"范围的限制可能意味着产品责任的重点将重新聚焦在消费者保护上。[14]然而，《产品责任指令》(草案)作为一项最大限度的统一指令(第 3 条)，会将保护消费者的目标掩盖，这就意味着成员国不能随意提高对缺陷产品受害者(包括消费者)的保护水平。相反，只能通过限制产品责任"受益人"来试图减轻经济经营者的责任负担，《产品责任指令》(草案)总体上扩大了产品责任的适用范围，主要表现在三个方面：一是关于"产品"的定义，二是关于"损害"的定义，三是潜在责任人的确定。

(一)"产品"的定义

现行《产品责任指令》第 1 条明确阐述了欧洲产品责任背后的基本理念，[15]即生产商应对其产品缺陷造成的损害承担责任。《产品责任指令》(草案)仍然坚持这一理念，尽管其表述得并不明确。[16]因此，确定产品的概念是适用产品责任的关键。现行《产品责任指令》(1999 年修订版)第 3 条将"产品"定义为所有动产，即使是与另一动产或不动产结合在一起的动产，并规定"产品"包括电力。姑且不谈电力的问题，这个定义相当简单明了，在过去并未引起争议。然而，随着软件的重要性与日俱增，随之而来的主要问题是软件和非物质产品是否应被视为《产品责任指令》中的"产品"。

关于这个问题目前已经存在大量的讨论。毫无疑问，现行《产品责任指令》的起草者在起草第 3 条[17]时并没有考虑非物质产品，而对于该

法案的最早的评论者也普遍认为该条款不适用于非物质产品。[18]欧盟委员会在其 1999 年《缺陷产品责任绿皮书》第 20 条中认可这一观点。[19]一些成员国，如比利时，[20]在转化《产品责任指令》时也采纳这一观点。然而，其他国家立法中采用的措辞为非物质产品适用产品责任制度敞开了大门。在《产品责任指令》通过后不久，针对议会的问询，欧盟委员会指出该指令适用于软件。[21]并且《医疗服务条例》也明确其适用范围包括软件。[22]近期，有人提出了一个令人信服的观点，《产品责任指令》背后的逻辑，即公平分摊现代技术生产中固有的风险，[23]同样适用于可移动产品和大规模销售的标准软件，因此根据《产品责任指令》规定，软件应被视为一种产品，而"量身定制"的软件更像是一种服务，不应适用产品责任。[24]

但在实践中，确定产品是否包含软件和非物质产品有时也没那么重要。因为软件往往"嵌入"在有形产品中，而且毫无争议的是，有形产品可能因一个组件(包括嵌入式软件)而出现缺陷。在这种情况下，该有形产品的生产商应承担责任，而受害者通常不必理会软件及其"生产商"。只有当独立软件造成伤害或者硬件自身不存在缺陷而生产商负责组合硬件和软件且受害者希望起诉软件生产商时，软件的性质才会成为一个问题。

最终，在缺乏相关判例法的情况下，现行《产品责任指令》是否适用于软件的问题仍然悬而未决。考虑到《产品责任指令》(草案)旨在使产品责任适应数字化经济，该法有必要消除这一分歧，将软件正式纳入产品责任的范围。因此，《产品责任指令》(草案)第 4 条第 1 款规定，"'产品'是指所有动产，即使是集成到另一动产或不动产中的动产。'产品'包括电力、数字制造文件和软件"。[25]与近期一些学术观点不同的是，《产品责任指令》(草案)并没有区分不同类型的软件。因此，任何包括"人工智能"类别(无论如何定义)的软件，都属于产品责任的适用范围。[26]这是最简单的解决方案，可避免在"标准"软件和"量身定制"或"定制"软件之间划清界限。同样，开源软件也没有被排除在

《产品责任指令》的适用范围之外。[27]

产品与服务之间的界限变得模糊不清，因为根据《产品责任指令》(草案)第 4 条第 3 款规定，"组件"是"集成到产品中或与产品互联的任何物品，无论是有体的还是无体的，无论是原材料还是任何相关服务"。这与欧盟 2019 年《货物销售指令》[28]中"货物"的定义保持一致，《产品责任指令》(草案)并未明确提及货物的定义，但货物包括"具有数字元素的货物"，即"任何包含数字内容或数字服务或与之互联的有形动产，如果没有该数字内容或数字服务，货物将无法实现其功能"(第 2 条第 5 款 b 项)。《产品责任指令》(草案)第 4 条第 4 款进一步将"相关服务"定义为，"集成到产品中或与产品互联的数字服务，如果没有该服务，产品将无法实现其一项或多项功能"。

最近，欧洲法院在 Krone 一案[29]中重申，有必要对产品和服务(包括适用产品责任指令的服务)进行明确区分，即使是在组件层面进行区分，以此避免对指令适用于哪些组件进行无休止的争议。[30]这也意味着"软件即服务"属于其适用范围。虽然也有反对的观点，但是很难得出基于什么理由软件即服务可以不适用产品责任，特别是《产品责任指令》(草案)鉴于条款第 12 条规定，"软件是一种适用无过错责任的产品，不论其提供或使用的方式如何"。这对用户和受害者也是不公平的，因为他们获得赔偿的权利将取决于软件的营销技术，而他们可能并没有选择或意识到这一点。正如欧洲法律研究会对《产品责任指令》(草案)的反馈意见中指出的，"事实上，软件即服务某些部分可能会被保留在网络云中，而不会在本地安装，这对于以这种方式购买的软件包来说也同样适用，在这种情况下，所获得的某些组件可能只能以下载的方式提供。从《产品责任指令》(草案)关注的问题来看，软件作为一次性获得的产品与软件即服务之间没有合理的区别，特别是考虑到'相关数字服务'已明确包括在内"。[31]

《产品责任指令》(草案)是否包括软件以外其他类型的"数字内容"[32]仍然是个问题。即使是以数字形式提供的信息也可能不被包括在内。正如鉴于条款第 12 条提到的，软件的源代码"是纯信息，不应被视为本指令中的产品"，起草者无意于将其他类型的数字内容纳入草案的适用范围。若将其纳入适用，这一做法也与欧洲法院最近在 Krone 一案[33]中采用的解决方案背道而驰。更重要的是，将信息视为产品会对言论自由构成威胁，因为任何被证明是虚假的信息内容，即使是出于善意的传播都可能被视为有缺陷，从而成为潜在的责任来源。[34]然而，在实践中，可能很难在纯粹信息和非软件但仍属于产品的数字内容之间划清界限。例如，一个导航系统因使用错误的制图数据而存在缺陷，这些数据本身通常不会被视为产品，但作为软件的导航系统却可能基于《产品责任指令》产生责任。

《产品责任指令》(草案)第 3 条对软件的坚持表明了欧盟委员会对数字化的重视。由此产生的一个副作用是，《产品责任指令》对其他事物，如废弃物、身体部位或组织缺乏任何明确的规定，事实上这些事物的性质也一直存在争议。[35]在许多情况下由于缺乏可以承担责任的经济经营者，产品责任将不再适用，但在其他情况下，如在商业活动过程中对人体器官进行加工，[36]产品的存在可能是一个真正的问题。

140

（二）可赔偿损失

现行《产品责任指令》第 9 条规定了损害的概念，但《产品责任指令》(草案)仅提及损害的定义，淡化了这一产品责任关键要素的相关性和重要性。

《产品责任指令》(草案)第 4 条第 6 款将"损害"界定为，由特定类型损害造成的物质损失。因此，草案明确采用直接损害和间接损害之间的有益区分。这一定义合乎逻辑但隐含的结果是，非财产损害不在《产品责任指令》(草案)的调整范围内。这就阐明了现行《产品责任指令》第 9 条第 2 款的含义，该条提及"非物质损害"，[37]通常被解释为涉及非财产损害(如对疼痛和痛苦的赔偿)，但也可理解为非物质直接损害(如侵犯隐私权)。与现行《产品责任指令》第 9 条第 2 款不同的是，草案第 4 条第 6 款没有明确指出成员国在适用该指令制度时是否可以被自由允许规定非财产损害的赔偿制度，但第 18 条却明确指出了这一点。这样做的目的是允许成员国在这方面遵循各自的传统。因此，当缺陷产品造成第 4 条第 6 款所述类型的直接损害时，应由各成员国决定哪些非财产损害(如果有的话)(可能包括第三方遭受的"连带"损失)可以得到赔偿。

《产品责任指令》(草案)第 4 条第 6 款列出可赔偿的三类主要损害。第一类直接损害是"死亡或人身伤害，包括医学上公认的心理健康伤害"(第 4 条第 6 款 a 项)。因此，将心理伤害和身体伤害置于相同地位是理所当然的。然而，原发性心理损害(如精神疾病)不应与非财产性的间接损害(如身体或精神疾病造成的精神痛苦)相混淆。第二类直接损害是"对任何财产造成的损害或破坏，但以下情况除外：(1)有缺陷的产品本身；(2)因产品组件有缺陷而受损的产品；(3)专门用于专业目的的财产"(第 4 条第 6 款 b 项)。可以看出，现行《产品责任指令》中规定的 500 欧元门槛已被放弃，这是一个值得肯定的简化。现行法律排除因缺陷产品本身造成的损害，合同法更适合处理这一问题。同时也排除用于专业目的的财产损害，但草案解决"双重用途"(即专业用途和家庭用途)问题的方式与现行指令不同，它将排除范围限制在财产"专门"用于专业目的的情况下。因此，草案保护自然人所有的包括建筑物在内的混合用途财产。[38] 然而，令人遗憾的是，排除基于专业适用的目的造成财产损害的做法并未被完全放弃。[39] 当产品责任被理解为一种消费者保护工具时，这种排除是合理的，但欧洲法院已经表明消费者保护并不是《产品责任指令》背后的立法理由。[40] 显然，将专业使用造成的财产损失包括在内会大大扩大产品责任的范围，但制造商和其他潜在责任人可以购买保险来规避责任。目前将专业财产损失排除在外主要是出于政治和战略上的考虑，因此只有自然人才有资格要求赔偿财产损失。在草案其他条款扩大产品责任适用范围的情况下，这是委员会限制产品责任扩大的一种方式。

《产品责任指令》(草案)第 4 条第 6 款 b 项第 2 目，排除了产品组件缺陷对产品造成的损害。现行《产品责任指令》是否涵盖此类损害在一些国家存在争议，虽然草案采纳了这一主流观点，但并不完全能令人信服。对于产品所有者来说，最终产品独立于组件，因此很难理解为什么他们不能因一个独立产品对其最终产品造成的损害获得赔偿。此外，《产品责任指令》(草案)中的规则可能会导致荒谬的结论。当一辆汽车因配备有缺陷的导航系统而受损时，如果车主是单独购买该系统的话，他们可以向该系统的制造商索赔，但如果该导航系统是汽车原装设备的一部分则不能。更好的做法是，当组件的缺陷对最终产品造成损害时，最终产品的所有者总是可以向组件的制造商(或《产品责任指令》(草案)规定的任何其他责任人)提出损害赔偿请求，无论该组件如何"集成"到最终产品中。这也将有助于限制最终产品制造商和组件制造商之间的追偿数量。

142

《产品责任指令》(草案)第 4 条第 6 款 c 项提到第三类直接损害，即非专门用于专业目的的数据丢失或损坏。这是将软件纳入产品类别的逻辑推论，反映了经济数字化的另一个方面。数据在这里类似于财产。然而，并不包括数据的泄露，[41]尽管从受害者的角度来看，数据泄露的严重性可能并不亚于数据的毁坏或损坏。这可能是因为数据泄露往往会造成非物质损害(如侵犯隐私)，而数据丢失或损坏则更接近于财产损害。[42]

《产品责任指令》(草案)没有回答这样一个问题，即成员国在转换指令时，是否可以自由地将草案未包含的直接损害类型纳入其中。欧洲法院明确表示，[43]现行《产品责任指令》第 9 条未包含的损害不在指令的范围内，这意味着成员国可以自由配置对这些损害或损失的赔偿，包括将《产品责任指令》的制度扩展到这些损害或损失。然而，我们建议未来实施《产品责任指令》时，不应保留这一解决方案。允许成员国将欧洲立法者拒绝纳入指令的损害类型纳入产品责任范围将违背立法者的意图，并将大大降低法律的协调效果。在技术层面上，《产品责任指令》(草案)第 18 条明确，该指令不应影响与非物质损害(即非经济的间接损害)相关的国家规则，这一事实表明，根据反向解释，国家规则不

129

143 能扩展产品责任所涵盖的直接损害类型。不过，如果能明确说明这一解决办法会更好。因此，建议未来的《产品责任指令》应补充以下两点：第一，根据成员国愿意，明确允许对非财产损失进行赔偿；第二，明确排除对《产品责任指令》(草案)第 4 条第 6 款未涵盖的直接损害类型(以及由此造成的间接损害)进行赔偿。

(三) 相关责任人

《产品责任指令》(草案)沿用现行指令，建立潜在被告的"级联"，第 7 条将其称为"对缺陷产品负有责任的经济经营者"。这一做法旨在将两个目标结合起来：(1)由缺陷产品造成的损害赔偿责任最终应由生产商承担，《产品责任指令》(草案)更倾向于将其称为"制造商"；(2)原告应始终能够起诉一个不难识别和联系的被告，该被告最好位于欧盟境内。

这种架构非常合理，但不可避免地会导致"一线"被告在被认定对受害者负有责任的情况下，对制造商或其他责任人提起诉讼。因此，《产品责任指令》应当架构追偿权，使这些追偿结果不会妨碍指令的主要目标，即制造商应当对其产品缺陷负责。[44]遗憾的是，尽管欧洲法院提供了一些反向暗示，但是草案在这方面与现行《产品责任指令》保持一致，[45]《产品责任指令》第 3 条第 3 款 b 项规定，不得影响两个或两个以上经济经营者之间的分担请求权或追偿权。

《产品责任指令》(草案)中的级联比现行《产品责任指令》更为复杂，但它并没有解决有关翻新者的情况。

1. 级联

与现行指令一样，《产品责任指令》(草案)第 7 条第 1 款规定的制造
144 商处于级联的第一步。因此，当产品存在缺陷时，只要有制造商在商业性活动中就始终是被告。[46]这意味着，如果开源软件开发者的行为明确是非商业性的，那么根据《产品责任指令》(草案)他们就不会承担责任。当缺陷组件导致最终产品产生缺陷时，缺陷组件的生产商应与最终产品的生产商共同承担责任。根据《产品责任指令》(草案)，在多个经

济经营者都应承担责任的情况下，他们应承担连带责任(第 11 条)。

第 4 条第 11 款将制造商定义为"开发、制造或生产产品，或者设计或制造产品，或者以其名义或商标销售该产品，或者开发、制造或生产自用产品的任何自然人或法人"。因此，与现行《产品责任指令》一样，草案将产品的实际制造商等同于以其名义或商标销售产品的人。不过，新的措辞比现行《产品责任指令》第 2 条第 1 款更合理。根据欧洲法院的解释，后者表明任何以其名义或商标印在产品上的人都应被视为生产商，即使此人显然并未试图推销产品(例如航空公司将其名称印在飞机上)，[47]而《产品责任指令》(草案)则明确规定，只有那些实际上销售产品的人才承担责任。该草案还确认了 Veedfald 案的解决方案，[48]即为自用而生产产品的制造商或生产商，如果该产品已经投放市场，应根据本指令承担责任。

当制造商设立在欧盟境外时，原告可以转向进口商(如现行《产品责任指令》)或制造商在欧盟的授权代表，请求他们承担侵权责任。因此，进口商和授权代表都处于级联的第二步(第 7 条第 2 款)。令人惊讶的是，《产品责任指令》(草案)第 4 条第 13 款将进口商定义为，"在欧盟境内设立的、将第三国的产品投入欧盟市场的任何自然人或法人"，这意味着只有在欧盟境内设立的进口商才能被起诉。这加剧了进口商在欧盟之外设立公司以规避产品责任的行为。有学者建议，进口商无论设立在何处都应根据指令承担责任，即使在实践中，原告可能很难联系到设立在欧盟以外的进口商。

《产品责任指令》第 7 条第 3 款规定，如果缺陷产品的制造商设立在欧盟之外，且前款中所述的经济经营者均未在欧盟设立，[49]则履行服务提供商应当对有缺陷产品造成的损害承担责任。与《市场监督条例》(第 3 条第 11 款)[50]一样，第 4 条第 14 款也将履行服务提供商定义为"在商业活动中提供以下至少两项服务的任何自然人或法人：仓储、包装、标记和发货，但不拥有产品的所有权"，包括但不限于邮政服务、包裹递送服务和货物运输服务。这一规定背后的逻辑清晰且合理：如果上游

145

的潜在被告不在欧盟境内且难以接触，那么原告就应有一个额外的被告。与进口商不同，履行服务提供商不必在欧盟设立即可承担草案规定的责任，但这可能是因为它所提供的服务类型通常要求至少应在欧盟有一个运营基地——即使它并未在法律上注册。这与现行《产品责任指令》有很大不同，后者甚至没有提及履行服务提供商。这也是这些公司的一项重大负担，其合理性在所有情况下都不明显。如果履行服务提供商与制造商有密切联系，并且实际上充当其私人进口商，当制造商在欧盟境外且难以接触时，履行服务提供商承担责任是没有异议的。然而，当不符合上述情形时，履行服务提供商承担赔偿责任的理由就不那么明显了。与客户没有特殊联系的履行服务提供商通常不会选择他们提供服务的商品，也不会控制这些商品。因此，他们对这些商品可能给用户或消费者带来的风险没有任何控制，也难以预见这种风险并为其投保。

146

这种对履行服务的严格态度与《产品责任指令》(草案)对分销商和在线平台的态度形成鲜明对比。第 7 条第 5 款在基本相同的条件下维持了分销商的次要责任，即制造商设立在欧盟之外或未被确定，且无法确定其他级联更高的经济经营者。[51] 第 7 条第 6 款规定，在满足这两个条件的情况下，责任也适用于任何允许消费者与商家签订远程合同并且不是制造商、进口商或分销商的在线平台提供商；如果在线平台以某种方式展示产品或促成特定交易，使普通消费者相信该产品是由在线平台本身或由在其授权或控制下行事的人提供的，那么该平台将承担责任。[52]

在线平台的责任是《产品责任指令》(草案)的另一创新。但这一责任仍然非常有限，因为只有当原告无法向上游的经济经营者(制造商、进口商或履行服务提供商)追偿，并且平台之行为足以暗示它自己或通过受其控制的行为人提供产品时，才会产生这一责任。这与履行服务提供商承担责任的条件形成鲜明对比，令人难以理解。从原告角度来看，购买产品的在线平台往往比组织产品交付的履行服务提供商更容易识别和起诉。在风险控制方面，在线平台可以选择通过其平台销售的产品，并禁止缺陷产品的制造商。与履行服务提供商相比，平台也更有能力识

147

别缺陷产品的生产商，对其提出追偿索赔，或就这些生产商应向缺陷产品而受伤害的人赔偿损失的条件进行谈判。

根据欧洲法律研究所的建议，当制造商未在欧盟设立且没有进口商时，在线平台应承担上游责任。[53]应当牢记的是，许多在欧盟外生产的产品现在进入欧美时没有进口商，在这种情况下，在线平台往往扮演着类似进口商的角色。同样不清楚的是为什么在线平台的责任应该取决于它们是否给人一种产品是由它们自己或通过其控制下的某人提供的印象。这一条件使得在线平台很容易逃避责任，似乎没有理由让这种逃避责任的方式对在线平台开放，而对进口商或履行服务提供商则不开放，尤其是考虑到它们在产品营销中通常扮演的重要角色。

2. 翻新者

《产品责任指令》(草案)涉及产品修改的问题，但没有涉及翻新问题。根据第7条第4款的规定，任何自然人或法人如果对已投放市场或投入使用的产品进行了属于原制造商控制范围之外的修改，且该修改属于欧盟或国家有关产品安全的相关规定所认定的实质性修改，则应被视为该产品的制造商。将修改者纳入潜在被告范围是对现行《产品责任指令》的又一改进。难题在于确定何时对产品的干预足够重要，以至于"创造"了一个新产品，并在该新产品被发现有缺陷时引发修改者的责任。《产品责任指令》(草案)采用了"实质性修改"的标准，这一标准虽然比较模糊，但赋予法官一定的自由裁量权，而且很难加以改进。虽然草案中这一点并不完全明确，[54]但根据第7条第4款的规定，[55]简单修改产品并将其归还给请求修改人的不应承担责任。首先，修改旨在恢复产品的原始状态，是否构成实质性修改是值得怀疑的。此外，在这种情况下，修改者并未将产品投放市场，因此可以援引第10条第1款a项的免责规定。[56]第7条第4款还必须与第10条第1款g项结合起来理解，根据该条款，如果产品的缺陷与产品中未被修改的部分有关，则修改产品的人不对由该缺陷造成的损害承担责任。

令人惊讶的是，特别是考虑到欧盟为发展循环经济所作的努力，

148

133

《产品责任指令》(草案)并未明确涉及翻新问题。起草者可能将翻新视为一种修改形式，但这难以令人信服。正如欧洲立法研究所在其对反馈意见中所强调的那样，翻新的目标与修改的目标完全不同。[57]与修改类似，翻新的目标也是恢复产品的原始状态，而不是创造一种具有新特征的产品；但修改是在不将产品撤出市场的情况下进行的，而翻新则涉及将产品撤出市场并重新引入。因此，作为目前草案《产品责任指令》第7条第4款之外的翻新者，应当成为具体条款的对象，以便在翻新产品被证明存在缺陷时，使翻新者承担责任。当然，类似于那些对产品进行实质性修改的人，如果他们能证明产品的缺陷与未受翻新影响的部分有关，则应允许他们免除责任。

三、 责任界定

149 与现行《产品责任指令》一样，《产品责任指令》(草案)规定的责任取决于三个要素，这三个要素必须由原告证明其存在(第9条第1款)：产品的缺陷、遭受的损害以及缺陷与损害之间的因果关系。虽然这三个要素都是责任成立的必要条件，但最具决定性的是缺陷，因为它旨在确定经济经营者应承担的风险。这一重要性反映在《产品责任指令》(草案)专门用一个条款来讨论缺陷，但对于如何理解因果关系却没有给出明确的规定(现行《产品责任指令》也是如此)，并且对损害的处理相当随意。[58]然而，仅定义缺陷的概念还不足以明确经济经营者必须承担的风险，抗辩在这方面也起着重要作用。

(一) 缺陷

现行《产品责任指令》对缺陷的定义是极其模糊的。正如简·斯特普(Jane Stapleton)所说的，[59]这一定义是循环论证的。说一个产品必须提供人们有权预期的安全性，相当于用另一个问题(什么是缺陷？)来回答一个问题，因为人们想知道的正是：什么是可以合法预期的安全性？然而，更精确地定义缺陷是很困难的。一个适用于所有类型产品和所有类型缺陷的定义，在任何情况下都必然是开放性的。因此，在《产品责任指令》(草案)中保留与现行《产品责任指令》相同的基本缺陷测试(即合法预期)是明智的选择。更改为另一种测试标准不会使缺陷的内容更加清晰，反而会引发关于"新""旧"产品责任之间是否存在一致性的无休止讨论。

《产品责任指令》(草案)第6条第1款规定：当产品不能提供公众有权预期的安全性时，该产品应被视为存在缺陷。乍看之下，人们可能会怀疑这一检验标准是否与现行《产品责任指令》中的标准相同，因为后者的英文版本为"the safety which a person [and not the public at large] is entitled to expect"。然而，长期以来，人们一直认为缺陷的检验标准是客观的，不取决于特定个人或用户的预期。新的措辞旨在反映这一点，正如鉴于条款第22条所确认的："对缺陷的评估应进行客观分析，而不是指任何特定的人有权预期的安全性。"

现行《产品责任指令》和《产品责任指令》(草案)对缺陷定义的主要区别在于评估合法预期时列出的(非排他性的)要素。现行《产品责任指令》仅列出三个这样的要素，《产品责任指令》(草案)中有八个。[60]其中一些新增要素显然是为了反映该文本对软件的适用性。要素3是"部署后继续学习的任何能力对产品的影响"，其明确提到了(也是草案中唯一提到)人工智能。[61]正如鉴于条款第23条指出，这一要素为制造商承担控制自学算法以避免算法作出危险行为这一义务提供了依据。[62]要素4是其他产品对该产品的影响，这些产品可以合理地预期与该产品一起使用。这不仅涵盖了产品的互联，[63]还在其他领域(如药品)中具有相关性。要素6是产品安全要求，包括与安全相关的网络安全规则。对安全要求的规定在产品安全和产品责任之间建立了明确的联系，同时提到网络安全再次强调了起草者对数字产品的关注。

要素5是指产品投放市场或投入使用的时间，或者如果制造商在此之后仍对产品拥有控制，则是产品脱离制造商控制的时间。第4条第5

款将"制造商控制"这一隐晦的概念定义为"产品制造商授权第三方集成、相互连接或提供包括软件更新或升级的组件，或修改产品"。因此，它主要指的是涉及软件和数字内容产品的更新和升级。在现行《产品责任指令》法律体系中，产品的投放市场是一个非常重要的时刻[正如伯恩哈德·科赫(Bernhard Koch)所说的"神奇的时刻"]，因为它决定了评估安全预期和能够发现缺陷(所谓的开发风险抗辩[64])的时间，以及10年"最长时效"期限的起点。[65]然而，数字产品可能会随着时间的推移而不断发展，僵化和单一的"投放"概念已不再适用。安全预期不能被"锁定"在产品首次投放市场的那一刻，而忽略制造商预期和控制下的产品的演变。《产品责任指令》(草案)中关于"制造商控制"的定义不适用于以下情况：产品在未经制造商或受制造商授权的人员提供新信息，或未经制造商授权进行修改的情况下发生演变(这可能涉及制造商或第三方的干预)。因此，从《产品责任指令》(草案)的意义上讲，随着时间的推移，一个自我学习的产品因处理新数据而演变，但不存在制造商或第三方的新输入或任何修改——这一情形并不属于制造商的控制范围。

　　另一个没有被要素5的措辞直接涉及的问题是制造商是否有更新义务。然而，第7条第2款提到了关于责任免除的规定，指出制造商有义务提供"维持安全所必需的"更新或升级。[66]因此，更新义务的存在是不容置疑的，但随之而来的问题是这一义务持续多久。答案必须根据具体情况来决定，并取决于对该产品的"合法预期"。此外，这也是产品提供合同可能会产生影响的一个方面。难点之一在于区分生产商合理界定其更新或升级产品义务与构成禁止的排除条款的滥用界定之间的界限。[67]

　　用来评估缺陷的要素7是"任何监管机构或第7条所指的经济经营者在产品安全方面的干预"。该条款中"干预"的含义并不明确，但鉴于条款第24条提供了产品召回的例子，产品召回既可以由监管机构下令进行，也可以由生产商或其他经济经营者自发进行。虽然产品召回是评估或证明缺陷时可以考虑的一个因素，但我们应谨慎适用，不能将产品召回视为缺陷的直接证明。[68]否则，有权下令产品召回的监管机构将会取代法院决定产品是否存在缺陷的权力，同时会降低生产商自愿召回产品的积极性。

还有一个可以考虑的要素 8 是"产品预期最终用户的特定预期"。这可能是指波士顿科学公司案的判决，其中欧洲法院裁定，关于植入式心律转复除颤器，"鉴于其功能和使用此类设备的病人的特别脆弱情况，这些病人有权预期的设备安全要求特别高"。[69]因此，要素 8 表明，对于特定类别用户(尤其是脆弱群体)使用的产品，相关的安全标准不仅是"公众普遍"的安全预期和需求，而应是更高的标准。[70]然而，该标准不应只是特定公众的"预期"，因为这些公众可能没有合理的预期，例如由于认知缺陷(如儿童可能的情况)。因此，在确定标准时，更为可取的是提及特定人群的安全需求，而不是他们可能不存在或有缺陷的特定期望。

《产品责任指令》(草案)并未对成本/效益分析在评估缺陷中的相关性表明明确立场。这应被解释为一种谨慎的态度，而不是对这种方法的否定。如前所述，草案强调合法预期测试的客观性，往往需要进行成本与效益的分析。[71]因此，很难理解如何在欧盟产品责任背景下能够禁止风险/利益测试。然而，合法预期并不只是成本/收益分析，许多情况下无需进行此类分析即可确定产品存在缺陷。一个很好的例子是，当原告证明损害是由产品在正常使用或一般情况下的明显故障造成的，此时《产品责任指令》(草案)正确地建立了产品存在缺陷的推定(第 9 条第 1款 c 项)。[72]

(二) 抗辩

《产品责任指令》(草案)并未在条款中明确涉及抗辩，而是以第 10条责任豁免、第 13 条责任免除或限制以及第 14 条时效期限来处理相关问题。所有这些条款共同界定了经济经营者必须承担的风险，因此可以一并考虑。

虽然措辞有所不同，但《产品责任指令》(草案)第 13 条保留了现行《产品责任指令》的解决方案，即指令规定的责任不能被限制或排除。[73]同样，现行《产品责任指令》第 7 条中提到的所有免责条款也被纳入了《产品责任指令》(草案)第 10 条，其中一些条款仍可适用，但其他一些条款和时效期限则需要进一步讨论。

154

1. 责任豁免

第 10 条第 1 款 d 项规定，如果经济经营者能证明"产品的缺陷是由于履行公共机构颁布的强制性规定所致"，则不承担责任。这一免责理由是无可争议的，但其措辞可能过于严格。在有些情况下，公共机构不是通过法律法规，而是通过个别决定对特定产品强加某些特征。例如，在药品领域，公共机构可能强制规定药品说明书上的特定措辞。[74]因此，更合理的表述是"公共机构的法规和决定"。

第 7 条第 1 款 e 项保留了著名的"开发风险抗辩"，[75]规定如果制造商能够证明"在产品投放市场、投入使用或在产品受制造商控制期间的科学和技术知识的客观状态不足以发现缺陷"，则不承担责任。从目前情况来看，这一抗辩仅具有象征性作用，因为在欧盟范围内，似乎极少有法院接受这一抗辩。[76]此外，随着人工智能的发展以及某些产品在投放市场时可能表现出完全不可预测的行为，这使得保留这一抗辩的必要性受到质疑。当不可预测性成为产品的固有特征时，制造商应承担与这种不可预测性相关的风险，这是产品的典型风险。然而，在现行《产品责任指令》通过之前，开发风险抗辩曾引起激烈的争论，欧盟委员会可能认为，无论其实际意义如何，保留开发风险抗辩都是最安全的政治选择。但其适用范围和实质内容都是可以讨论的。

第一个问题是开发风险抗辩是否应适用于制造缺陷，而不是设计缺陷和警告不足。这一抗辩背后的逻辑是，生产商(和其他经济经营者)不应为它们在将产品投放市场时未知的风险承担责任。但是，按照现行《产品责任指令》和《产品责任指令》(草案)的措辞，如果缺陷是无法发现的，即使生产商知道缺陷存在的可能性，也可以免责。例如，如果

155

制造商知道由于现有生产设备的限制，每生产 1 万个瓶子就有 1 个瓶子存在无法发现的缺陷，有可能导致瓶子爆炸伤人，那么制造商理论上就可以援引该抗辩。在实践中，欧洲各地法院对这种情况下的辩护是否适用，即在理论上已知但实际上无法发现的制造缺陷，持不同观点。通过提及无法发现的缺陷(而非未知风险)，草案可能希望将制造缺陷纳入抗辩范围。然而，即使只是在鉴于条款中对此问题有更明确的立场，也将是受欢迎的。

根据《产品责任指令》(草案)中开发风险抗辩的措辞，只有制造商可以适用这一抗辩，而其他可能也要对产品缺陷负责的经济经营者，如进口商或履行服务提供商，则不能适用。这一限制背后的逻辑并不清楚，难以理解为什么其他经济经营者应承担制造商不必承担的风险。

就抗辩的实质内容而言，《产品责任指令》(草案)试图通过参考产品投放市场时的科学和技术知识的客观状况来阐明法律。然而，如前所述，与 1985 年相比，[77]信息的可用性和可访问性发生了巨大变化，这只是对现行《产品责任指令》的一个微小的改进。今天的问题可能更多地在于确定什么确切构成"科学和技术知识"。当风险的存在变得足够可能或可信时，才会成为"科学和技术知识"的一部分吗? 这个问题肯定会在药品和人工智能领域出现。理想情况下，《产品责任指令》(草案)应尝试明确规定开发风险抗辩，但欧盟委员会不太可能愿意涉足这种棘手的领域。

评估科学和技术知识状况的时间节点也是一个问题。现行《产品责任指令》采用产品投放市场，但这并不适用于有可能随时间演变的产品。因此，《产品责任指令》(草案)提到了"产品投放市场、投入使用或在产品受制造商控制期间的时间"，但这存在歧义，因为这可能暗示法院可以在这三个时间点之间作出选择，而实际上不应如此。[78]相反，评估的时间点应当是制造商失去对产品控制的时刻(将产品投放市场、投入使用或停止更新)，或者如果制造商在损害行为发生时仍然控制产

156

品，则是发生损害行为的时刻。正如欧洲法律研究所在其草案反馈意见中正确指出的那样，[79]建议在文本中加入一个"神奇时刻"的定义，即生产商将产品投放市场或以其他方式失去对产品控制的时刻。

第10条第1款c项也涉及"神奇时刻"和对产品的长期控制问题，根据该条款，如果经济经营者证明导致损害的缺陷在产品投放市场、投入使用或(对分销商而言)投放市场时不存在，或者该缺陷是在投放市场之后才产生的，则不应承担责任。该条款沿袭了现行《产品责任指令》第7条b项的实质内容。这一规则是有充分根据的，但当经济经营者(通常是制造商)在产品投放市场后仍保留对产品的控制时，例如通过更新或升级，这一规则就会变得有问题。因此，《产品责任指令》(草案)第10条第2款规定，作为对第10条第1款c项的例外，如果产品的缺陷是由以下任何因素造成的，并且在制造商的控制范围内，经济经营者不得免除责任：(1)相关服务；(2)软件，包括软件更新或升级；(3)维持安全所必需的软件更新或升级的缺乏。这一免责的例外值得肯定。该条款还表明了经营者提供维护产品安全所必需的更新或升级的义务。[80]

157   **2. 时效期限**

不出所料，《产品责任指令》(草案)第14条保留了两个时效期限：一个是3年的"正常"时效期限，从受损害人知道或应当知道损害、缺陷，以及根据第7条可以追究损害赔偿责任的相关经济经营者的身份之日起开始计算；另一个是10年的"最长"保护期，从实际造成损害的缺陷产品投放市场、投入使用或根据第7条第4款的实质性修改之日起计算。[81]

与现行《产品责任指令》相同，3年时效期限(第14条第1款)在草案中未作修改。不论是现行《产品责任指令》和《产品责任指令》(草案)都没有提到因果关系是时效期限开始计算的必要要素之一。然而，缺陷与损害之间的因果关系显然是产品责任的一个条件(第9条第1款)，如果原告没有合理的理由相信产品不仅存在缺陷，而且还造成了其损害(在某些情况下，特别是涉及药品时，这一点可能不会立即显现)，则让时效期限开始计算是不公平的。

10 年的最长保护期(第 14 条第 2 款)也是从现行《产品责任指令》中沿袭下来的，至少引发了两个问题。第一个问题涉及在 10 年期限内无法发现的具有长期负面影响的产品。在 Howald Moor 案的判决中，欧洲人权法院认为，如果从科学层面上，某人在有可能知道自己患有某种疾病之前，10 年的时效期限就已经到期，导致其无法提出赔偿请求，违反了《欧洲人权公约》第 6 条第 1 款规定的公平审判权。[82]虽然判决涉及的是一个瑞士案件，但毫无疑问，现行《产品责任指令》第 11 条 10 年最长保护期的适用也可能导致类似的违规。对于"因人身伤害的潜伏期"导致受害者无法在 10 年内提起诉讼的情况，《产品责任指令》(草案)试图通过将最长保护期延长至 15 年(第 14 条第 3 款)来解决这一问题。然而，这一解决方案难以令人满意，正如一些石棉或 DES 案例所示，人身伤害的潜伏期可能超过 10 年。为了避免欧盟法律与《欧洲人权公约》之间的任何矛盾，也为了受害者的合法利益，最好的解决方案可能是彻底取消人身伤害案件中最长保护期限。这当然会增加经济经营者的负担，但许多成员国在人身伤害案件中拒绝、废除或延长最长保护期的例子表明，这是一个可承受的负担，并可以通过保险加以解决。

第二个问题是，《产品责任指令》(草案)第 14 条第 2 款规定的"最长保护期"并没有考虑制造商在产品投放市场或投入使用后仍保留对产品控制的可能性。换句话说，按照当前文本，后续的更新或升级不会影响最长保护期的起算点。这意味着，如果产品在投放市场 4 年后因更新而出现缺陷，原告只能在缺陷"产生"后的 6 年内提出赔偿请求，而不是通常的 10 年时间。这显然难以令人满意，因此有学者建议，如同评估开发风险抗辩一样，[83]对于那些投放市场由于制造商的干预或缺乏干预而在产品投放市场或投入使用后才出现缺陷的情形，最长保护期的起算点应进行调整。[84]

158

四、 程序性问题

《产品责任指令》(草案)相较于现行指令的一个重大创新是关于程序性问题。鉴于各成员国程序制度之间的巨大差异,这样的举措意味着踏入了危险的领域,但这种尝试应予以肯定。实质性规则和程序性规则之间的区别有时更多是程度问题而不是性质问题,一些程序性手段可以来避免诉诸更严格的实质性规则。这显然是《产品责任指令》(草案)所作出的选择,并且通过披露规则(见下文"披露")和举证责任规则(见下文"举证责任")予以说明。[85]

(一) 披露

《产品责任指令》(草案)第 8 条参照《知识产权执法指令》制定了披露程序。[86]其第 1 款规定:"成员国应确保国家法院有权在受害者(原告)提出的赔偿请求,在其提出足以支持赔偿请求合理性的事实和证据后,要求被告披露其所掌握的相关证据。"以下三段具体规定,证据的披露应仅限于支持损害赔偿请求所需的必要和比例的范围内,如有必要,法院应采取措施保护商业秘密的保密性。

这一披露程序是为了解决制造商和原告之间经常存在的信息不对称问题,特别是在产品缺陷问题上。制造商通常比使用产品或因该产品受到损害的人掌握更多的信息。由于缺乏有关产品的信息,原告往往很难证明产品是否存在缺陷,尤其是当这种缺陷源于产品的设计时。如今,许多产品(如药品)都存在这种情况,而随着数字产品(包括人工智能软件)数量的增加,未来这种情况将会更加严重。这些产品的内部运行几乎无法从"外部"解读。原告和法院当然可以得到专家的帮助来评估导致损害的产品的特性,但专家也需要相关信息来进行评估,而披露程序正是为了让他们获取这些信息。

虽然披露程序对被告来说显得相当具有侵入性,尤其是在不习惯这

种程序的国家，但它不需要像有时在美国那样具有侵入性。程序的具体
内容由成员国自行决定，这在指令中是恰当的，同时允许成员国设计与
本国程序传统相兼容的机制。

当然，这些机制可能不会实质上等同，因此原告在所有成员国获取
信息的途径可能不同。请求的"合理性"这一概念触发了请求披露信息
的权利，这在不同国家，甚至同一国家的不同法院可能有不同的解释。
欧盟委员会和欧洲法院可能都无法完全解决这一问题，但这是一个普遍
存在的问题。欧盟制定的实质性规则的有效性在某种程度上总是依赖于
各国的程序规则，以及欧盟几乎无法控制的许多其他因素(如诉讼倾
向)。诸如"合理性"这样的开放式概念在法律中也随处可见，例如评估
缺陷所基于的合法预期。

《产品责任指令》(草案)所创建的披露程序，或者更确切地说，成员
国将必须创建的程序，是一个有趣的机制，其影响当然需要进行评估。
如果要克服或绕过制造商和原告之间的信息不对称，替代方法是至少对
缺陷性进行举证责任倒置，这也是一些消费者或受害者代表长期以来所
呼吁的。创建披露程序而不是对产品缺陷进行举证责任倒置，可能反映
了委员会希望在经济经营者和受害者之间找到中间立场的愿望。然而，
为了确保前者能够参与其中，披露程序还辅以严格的"反向推论"机
制，即如果被告未能根据该程序履行披露其掌握的相关证据的义务，则
应推定产品存在缺陷(第9条第2款a项)。

现有文本表明，披露程序应当仅在原告提出损害赔偿请求后才可适
用。然而，潜在原告往往在提出损害赔偿请求之前就需要相应的信息，
以确定他们的案件是否有足够的理由，以及他们是否有机会说服法院使
责任条件得到满足。正如欧洲法律研究所建议的那样，拟议的机制应扩
展到初步诉讼程序，以便在审前阶段获取证据。[87]

（二）举证责任

与现行《产品责任指令》(第4条)一样，《产品责任指令》(草案)明
确规定原告需证明产品的缺陷、所遭受的损害以及缺陷与损害之间的因

161

143

果关系(第9条第1款)。然而，与现行指令不同的是，草案规定了几种举证责任倒置的情况。草案通过建立可反驳推定(第9条第5款)来推定产品的缺陷或产品缺陷与损害之间存在因果关系。

第9条第2款在以下三种假设情况下倒置了证明产品缺陷的举证责任：(1)被告未能根据第8条第1款的规定履行披露其掌握的相关证据的义务；(2)原告证明产品不符合欧盟法律或国家法律规定的旨在防范所发生损害风险的强制性安全要求；(3)原告证明损害是由产品在正常使用过程中或在一般情况下的明显故障造成的。第一种假设已在前文被提及，其目的是确保原告知情权的有效性。[88]第二种假设在产品安全法和产品责任法之间建立了联系，而这种联系在《产品责任指令》(草案)中并未得到很大的发展。[89]第三种假设是最受欢迎的，体现了许多司法管辖区适用的"事实自证"规则。

第9条第3款在已确定产品有缺陷且所造成的损害通常与所涉缺陷相符的情况下，倒置了证明产品缺陷与损害之间因果关系的举证责任。一些国家的法院已经在产品责任案件中应用了这种推定，例如在涉及药品的案件中，原告的病理变化是接触某种药物的典型后遗症。

第9条第4款规定了另一种可反驳的推定，但性质不同："如果国家法院认为原告由于技术或科学的复杂性面临过度困难，以证明产品的缺陷或缺陷与损害之间的因果关系，或两者兼有，则原告基于充分的相关证据证明产品造成了损害，并且产品可能存在缺陷或其缺陷可能是损害的原因，或两者兼有，应推定产品存在缺陷，或其缺陷与损害之间存在因果关系，或两者均应被推定。"这一推定可能是受赛诺菲(Sanofi)案的启发，[90]体现了证明标准的降低。其理念是在特定条件下，当证明其存在可能性时，应推定缺陷和/或因果关系。

该机制显然基于这样的假设，证明一个事实可能发生不足以证明该事实。然而，这取决于在相关国家法律体系中适用的证明标准。在事实必须以概率平衡为基础的法律体系中，如果证明其存在的可能性大于不存在的可能性，就被视为已证明事实，那么说如果证明其存在可能性则推定一个事实存在并没有多大意义。在民事案件中没有官方证明标准的国家，法院可能会隐含地采用"可能性"标准，在这种情况下，这种推定也是没有意义的。情况更加复杂的是，"充分相关的证据"也可以理解为指一个证明标准，基于此必须证明缺陷或因果关系的可能性。因此，第9条第4款规定的机制在各成员国中如何转化和实施存在问题。

在证明因果关系或缺陷时的"过度困难"要求也有待讨论。从原告的视角来看，尚不清楚这一要求是应该客观评估还是主观评估。[91]另一个问题与原告必须证明产品对造成损害的要求有关。在涉及可能影响人体功能的产品(如食品或药品)的案件中，原告面临的第一个也是最困难的挑战往往是证明该产品在损害发生中发挥了作用，即促成了损害的发生。对于许多药品而言，所使用的产品是否能够造成原告所遭受的损害，在科学上存在不确定性。例如，在赛诺菲案中，问题是乙型肝炎疫苗是否会导致多发性硬化症等脱髓鞘疾病，这一点在科学上从未得到证实，但一些法国法院愿意根据非常宽松的推定政策接受这一点。[92]如果《产品责任指令》(草案)第9条第4款中的推定仅适用于原告首先根据政策的举证和证明规则证明产品致损的情况下，那么在类似赛诺菲案这样的案件中，这一推定对原告没有任何帮助，因为科学上的不确定性将无法证明该药品会导致原告所遭受的那种副作用。然而，第9条第4款正是为了减轻此类案件中原告的举证责任而起草的。因此，该条款将会是一个有问题的条款。如果保留该条款，就必须修改其措辞。

五、结　论

《产品责任指令》(草案)是一部非常有趣的立法。与任何草案一样，它仍存在需改进和完善之处，但它已经非常复杂，并且是适应数字化以及更广泛的新经济和社会环境的令人信服的尝试。同日公布的《人工智能责任指令》(草案)则与之形成鲜明的对比，[93]但说服力要差得

163

多。《产品责任指令》(草案)看起来几乎即将通过立法,《人工智能责任指令》提案还有很多方面仍需完善。

最后需要强调的是,如果《产品责任指令》(草案)获得通过,它将对欧盟其他新立法产生影响,这些新立法也将会对产品责任产生影响。其中之一是《关于保护消费者集体利益的代表人诉讼指令》(《集体赔偿指令》),[94] 目前该指令正在几个成员国中转化实施。[95]根据《集体赔偿指令》第 2 条第 1 款的规定,现行《产品责任指令》可以是对商家提起集体诉讼的工具之一,而《产品责任指令》(草案)第 5 条第 2 款 b 项明确与该指令建立了联系。[96]《产品责任指令》(草案)将集体赔偿与更广泛的产品责任适用范围结合起来,可能会促使欧洲产品责任的显著发展。这有利于解决现行《产品责任指令》可能存在的执行不足的问题,[97]也有利于促进建立欧盟产品责任案例的数据库。[98]

164

注释

1. Proposal for a Directive of the European Parliament and of the Council on liability for defective products, 28 September 2022, COM (2022)495 final.

2. Council Directive 85/374/EEC of 25 July 1985 on the approximation of the laws, regulations and administrative provisions of the Member States concerning liability for defective products.

3. 在讨论和通过现行《产品责任指令》时,我们不可能引用所有已发表的法律文献。但有一部极具推动性的书籍值得提及,即由 Stapleton 撰写的 Product Liability(1994)。

4. "考虑到所有情况,如果产品没有提供人们应当预期的安全保障,那么该产品就是有缺陷的。"

5. 更准确地说,消费者预期的概念在 section 402A of the Restatement Second (Torts), published in 1965 中有被提及。Section 402A 主张,在产品"对用户或消费者构成不合理危险的缺陷条件"的情况下,需承担严格责任。comment g 指出,当一种产品处于"终端消费者无法预料"的情况下时,产品具有不合理的危险。

6. 最初美国也正式确定了制造缺陷、设计缺陷和警告缺位之间的区别,但因创建得太晚而无法反映在当前的《产品责任指令》中。

7. 参见 Second Report from the Commission on the Application of Directive 85/374 on Liability for Defective Products，COM (2000)0893 final。

8. Twigg-Flesner (ed.)，Guiding Principles for Updating the Product Liability Directive for the Digital Age，ELI Innovation Paper (2021) available at https：// europeanlawinstitute. eu/fileadmin/user _ upload/p _ eli/Publications/ELI _ Guiding _ Principles_for_Updating_the_PLD_for_the_Digital_Age.pdf (last accessed 10 February 2023)；ELI，Response of the European Law Institute to European Commission's Public Consultation on Civil Liability Adapting Liability Rules to the Digital Age and Artificial Intelligence (2022) available at https：//europeanlawinstitute.eu/fileadmin/user_upload/p _eli/Publications/Public_Consultation_on_Civil_Liability.pdf (last accessed 10 February 2023)；ELI Draft of a Revised Product Liability Directive(2022) available at https：// www.europeanlawinstitute.eu/fileadmin/user_upload/p_eli/Publications/ELI_Draft_of_a_ Revised_Product_Liability_Directive.pdf (last accessed 10 February 2023)(ELI Draft).

9. Regulation (EU) 2016/679 of the European Parliament and of the Council of 27 April 2016 on the protection of natural persons with regard to the processing of personal data and on the free movement of such data，and repealing Directive 95/46/EC (General Data Protection Regulation).

10. Wagner，Liability Rules for the Digital Age—Aiming for the Brussels Effect (2022) 13(3) JETL 191.

11. 不同的报告可以参见：https：//single-market-economy.ec.europa.eu/single-market/goods/free-movement-sectors/liability-defective-products _ en (last accessed 10 February 2023)。

12. Gesetz über den Verkehr mit Arzneimitteln (Arzneimittelgesetz—AMG)，24 August 1976.

13. 参见如 Dewees / Duff / Trebilock，Exploring the Domain of Accident Law (1996).

14. C-52/00 Commission v France ECLI：EU：C：2002：252；C-154/00 Commission v Greece ECLI：EU：C：2002：254；C-183/00 González Sánchez ECLI：EU：C：2002：255.

15. "生产商应当对产品缺陷造成的损害承担责任。"

16. 《产品责任指令》修订版提案第 1 条规定："本指令规定了经济经营者对自然人因缺陷产品而受损的责任的共同规则。"

17. 关于《产品责任指令》的不同语言版本之间的细微差别，参见 Wagner，Liability Rules for the Digital Age—Aiming for the Brussels Effect(2022) 13(3) JETL 191(200)。

18. 参见如 Borghetti, La Responsabilité du fait des produits. Étude de droit comparé (2004) § 494；Cattaneo, Il danno cagionato da informazioni incorporate in un prodotto, in：Scritti in onore di Rodolfo Sacco (1994) vol. II, 155；Fagnart, La

directive du 25 juillet 1985 sur la responsabilité du fait des produits défectueux, Cah. dr. eur., 1987, 3, §31, who relies on the travaux préparatoires of the PL-D; Kullmann, Produkthaftungsgesetz. Kommentar (2nd ed., 1997) 70; Lucas, La responsabilité civile du fait des "choses immatérielles", in: Études offertes à Pierre Catala. Le droit privé français à la fin du XXe siècle(2001) 817; Triaille, L'application de la directive communautaire du 25 juillet 1985 (responsabilité du fait des produits) au domaine du logiciel, RGAR 1990, ñ 11617. For a different view, see e.g. Calvão da Silva, Responsabilidade civil do produtor (1999) §107; Schlegelmilch, Die Haftpflichtprozeß(23rd ed., 2001) §323; Stapleton, Software, Information and the Concept of Product(1989) 9 Tel Aviv U Stud L 147. For a thorough discussion of the subject, leaving the answer open, see Whittaker, European Product Liability and Intellectual Products (1989) 105 LQR 125。

19. COM (1999) 396 final, 28 July 1999, 31.

20. Act of 25 February 1991, MB 22 March 1991, Art. 2.

21. Parliamentary response given by the Commission on 15 November 1988, OJ C 114, 8 May 1989.

22. Regulation (EU) 2017/745 of the European Parliament and of the Council of 5 April 2017 on medical devices, amending Directive 2001/83/EC, Regulation (EC) No 178/2002 and Regulation (EC) No 1223/2009 and repealing Council Directives 90/385/EEC and 93/42/EEC, Article 2(1).

23. Recital 2 of the current PL-D.

24. 参见如 Wagner, Software as a Product in: Lohsse/Schulze/Staudenmayer (eds.), Smart Products (2022) 157(177)。

25. 《产品责任指令》第4条第2款明确将数字制造文件定义为"一个数字版本或一个动产的数字模板",这可能是没有必要的。

26. 关于此问题,参见 Borges, Liability for self-learning smart products, in: Lohsse/Schulze/Staudenmayer (eds.), Smart Products (2022) 181。

27. 但是,如果缺陷软件没有被投放市场,那么其制造商或该软件对于该缺陷造成的损害应当免责。参见下文 II.3.a。

28. Directive (EU) 2019/771 of the European Parliament and of the Council of 20 May 2019 on certain aspects concerning contracts for the sale of goods, amending Regulation(EU) 2017/2394 and Directive 2009/22/EC, and repealing Directive 1999/44/EC.

29. C-65/20 Krone ECLI：EU：C：2021：471.

30. 然而,其结果是草案所涵盖的产品类别比组件的类别更窄,而这在今天并非如此。

31. ELI, Feedback of the European Law Institute on the European Commission's

Proposal for a Revised Product Liability Directive (2022) available at https：// europeanlawinstitute.eu/fileadmin/user_upload/p_eli/Publications/ELI_Feedback_on_the_ EC_P roposal_for_a_Revised_Product_Liability_Directive.pdf (last accessed 10 February 2023) 11.

32. In the terms of Directive (EU) 2019/770 of the European Parliament and of the Council of 20 May 2019 on certain aspects concerning contracts for the supply of digital content and digital services.

33. C-65/20 Krone ECLI：EU：C：2021：471.

34. 然而，在大多数情况下，根据《产品责任指令》(草案)，可能并没有可以得到赔偿的损害；参见下文 II.2。

35. ELI Feedback, 12.

36. 参见 C-203/99 Veedfald ECLI：EU：C：2001：258。

37. "本条不应影响成员国有关非物质损害的规定。"

38. 根据《产品责任指令》(草案)，只有自然人可以根据财产要求赔偿，参见下文 II。

39. Wagner, Liability Rules for the Digital Age—Aiming for the Brussels Effect (2022) 13(3) JETL 191(209).

40. 参见上文第 14 条注释所引用的案例。

41. Unlike in the ELI Draft (Art. 6(1)(d)).

42. 在某些情况下，《通用数据保护条例》第 82 条将涵盖数据泄漏，但不包括仅仅存储在受害者的设备上且没有数据控制器或数据处理器干预的数据。

43. C-285/08 Moteurs Leroy Somer ECLI：EU：C：2009：351.

44. 参见 Article 14 of the ELI Draft。

45. 参见 C-402/03 Skov ECLI：EU：C：2006：6。

46. 这一点在草案中没有明确提出，而是第 10 条第 1 款 a 项和第 4 条第 9 至 10 款相结合的结果。根据前者，如果制造商证明其没有将产品投放市场或投入使用，则制造商不承担责任；后者将"在市场上提供"和"投入使用"定义为在商业活动过程中必须完成的事情，无论是有偿还是无偿。因此，如果制造商在商业活动过程中没有将产品投放市场或投入使用，则可以依据第 10 条第 1 款免除责任。

47. C-264/21 Philips ECLI：EU：C：2022：536.

48. C-203/99 Veedfald ECLI：EU：C：2001：258.

49. 这一段与前一段不完全一致，因为根据第 4 条第 13 款，进口商必须在欧盟内设立，这意味着在草案的基础上，不可能有一个未在欧盟内设立的进口商。

50. Regulation(EU) 2019/1020 of the European Parliament and of the Council of 20 June 2019 on market surveillance and compliance of products and amending Directive

149

2004/42/EC and Regulations(EC) No 765/2008 and(EU) No 305/2011.

51. 分销商的赔偿责任还受制于进一步的双重条件，即：(1) 原告要求分销商指明经济经营者或向分销商提供产品的人；(2) 分销商未能在收到请求后的一个月内确定经济经营者或向分销商提供产品的人。

52. 第二个条件取自 Article 6(3) of Regulation(EU) 2022/2065 of the European Parliament and of the Council of 19 October 2022 on a Single Market For Digital Services and amending Directive 2000/31/EC(Digital Services Act or DSA)，to which the draft PL-D explicitly refers。

53. ELI Feedback，18.

54. ELI Feedback，19.

55. 这也是鉴于条款第 29 条的立场。

56. 如制造商证明该产品没有上市或投入使用，则不承担任何责任。参见上文第 46 条注释。

57. ELI Feedback，19.

58. 参见上文 II.2。

59. Stapleton, Product Liability(1994) 234："The core theoretical problem with the definition, however, is that it is circular. This is because what a person is entitled to expect is the very question a definition of defect should be answering." See also Whittaker, The EEC Directive on Product Liability(1986) 5 Yearbook of European Law 233(242).

60. 但不幸的是，与欧洲法律研究所草案第 7 条第 1 款不同，《产品责任指令》(草案)没有提及产品根据其设计应提供的安全性，因为比较实际产品与其预期设计是具有可操作性且最常见的评估制造缺陷的方法。

61. 然而，Wagner, Produkthaftung für autonome Systeme, (2017) AcP 217, 707；Borghetti, How can Artificial Intelligence be Defective?, in：Lohsse/Schulze/ Staudenmayer(eds.), Liability for Artificial Intelligence and the Internet of Things(2019) 63。 并不能解决与评估人工智能缺陷相关的所有问题。

62. 鉴于条款第 23 条的第 2 句规定："产品在投放市场后的学习能力对其安全性的影响也应该被考虑在内，以反映产品的软件和底层算法应当被设计为防止缺陷产品行为的合法预期。"

63. 这正如鉴于条款第 23 条所明确的一样。

64. 详参见下文 III.2.a。

65. 详参见下文 III.2.b。

66. 参见下文 III.2.a。 有关这一义务的更多理由，参见 Wagner, Liability Rules for the Digital Age—Aiming for the Brussels Effect(2022) 13(3) JETL 191(208)。

67. 《产品责任指令》(草案)第 13 条规定："成员国应确保经济经营者根据本指令对受害者承担的责任不受合同条款或国家法律的限制或排除。"

68. 鉴于条款第 24 条证实了在《产品责任指令》第 6 条提到的干预措施本身不应该成为产生缺陷的假设。

69. C-503/13 and C-504/13, Boston Scientific Medizintechnik ECLI：EU：C：2015：148 para 39.

70. ELI Feedback at art. 6.

71. Wagner, Wagner, Liability Rules for the Digital Age—Aiming for the Brussels Effect(2022) 13(3) JETL 191(205).

72. 参见下文 IV.2。

73. 然而，如前所述，这更像是仅仅说明《产品责任指令》(草案)的规定具有强制性(ELI Response, 24)。

74. 参见 the French case of Cass. 1re civ., 27 November 2019, n° 18-16537。

75. 但该草案取消了成员国搁置发展风险抗辩的可能性。因此，尚未实施抗辩或将其排除在某些产品之外的国家必须修改其立法。在这方面限制成员国自由的原因并不明显。

76. 然而，最近可参见 in France, Cass. 1re civ., 5 mai 2021, n° 19-25102。

77. ELI Feedback, 22.

78. ELI Feedback, 22.

79. ELI Feedback, 22.

80. 详参见 III.1。

81. 与现行《产品责任指令》一样，《产品责任指令》(草案)规定，受害者的权利在 10 年后"到期"，这表明，严格来说 10 年期限不是时效期(尽管第 14 条已经明确)。这一点受到了批评。社会呼吁避免使用"到期"语言，因为这种语言很难与成员国的时效期运作方式相结合。参见 ELI Response, 25。

82. Howald Moor and Others v Switzerland, App nos 52067/10 and 41072/11 (ECtHR 11 March 2014).

83. 参见上文 III.2.a。

84. 灵感来源于 Article 17(2) of the ELI Draft。

85. 关于举证责任的规则属于实体法还是程序法的问题可以讨论。第二种选择似乎更有说服力，尤其是在涉及举证标准时，如《产品责任指令》(草案)第 9 条第 4 款。

86. Directive 2004/48/EC of the European Parliament and of the Council of 29 April 2004 on the enforcement of intellectual property rights, Article 6.

87. ELI Feedback, 19.

88. 参见上文 IV.1。

89. 另见第 6 条第 1 款 f 项，参见上文 III.1。 The ELI Draft, on the other hand, devotes a full chapter to that issue(Chapter III：Liability for non-compliance with obligations under product safety and market surveillance law).

90. C-621/15 Sanofi ECLI：EU：C：2017：484.

91. ELI Feedback，20.

92. 详参见 Borghetti, Causation in Hepatitis B Vaccination Litigation in France：Breaking Through Scientific Uncertainty?，(2016) 91Chicago-Kent LR 543。

93. COM(2022) 496 final，28 September 2022.

94. Directive(EU) 2020/1828 of the European Parliament and of the Council of 25 November 2020 on representative actions for the protection of the collective interests of consumers and repealing Directive 2009/22/EC.

95. 《关于保护消费者集体利益的代表人诉讼指令》(《集体赔偿指令》)的转化实施原定于 2022 年 12 月 25 日前进行，但大多数成员国尚未在这一最后期限前完成。

96. "成员国应确保受害者能够提出赔偿要求……也可由：……根据欧盟或国家法律代表一个或多个受害者。"

97. 参见上文 I。

98. 《产品责任指令》(草案)第 15 条："(1)成员国应以易于获取的电子格式公布本国上诉法院或最高法院就根据本指令启动的诉讼程序做出的任何终审判决。公布应符合国家法律。(2)欧盟委员会可建立并维护一个易于访问且公开的数据库，其中包含第 1 款提及的判决。"

第五章 根据拟议法确定人工智能系统经营者的责任

乔治·博尔赫斯[*]

一、 引言：人工智能系统责任概念的对比 165

当前人工智能技术的飞速发展引发了人们对未来人工智能技术的巨大预期，特别是因为其在经济发展方面的巨大潜力。[1]然而，这样快速的进步也需要一个适当的法律框架。使用人工智能系统会对第三方的合法利益造成或可能带来特定的危险，[2]例如自动驾驶汽车的案例。特斯拉(Tesla)汽车在自动驾驶模式下未能识别卡车，导致其驾驶员死亡的事故；[3]优步(Uber)汽车未能识别行人并致人死亡的事故，[4]均引起了全世界的关注。因此，有关人工智能法律框架的讨论主要集中在人工智能系 166

---

* 乔治·博尔赫斯(Georg Borges)系萨尔大学民法、法律信息学、德语、国际商法和法律理论的法学教授。

统造成损害的民事责任上。[5]

尤其是欧洲议会在 2017 年[6]和 2020 年[7]的决议以及欧盟委员会(在其 2018 年的人工智能战略中已经强调了法律框架的重要性)推动了欧洲的法律政策讨论。[8]2021 年 4 月，欧盟委员会发布了《人工智能法案》(草案)，[9]该草案自发布以来一直备受关注，但与其全面的主题相比，该草案并未包括任何责任条款，[10]因为欧盟委员会有意将后者保留给后续的立法。2022 年 9 月 28 日，欧盟委员会公布了关于《人工智能责任指令》[11]和修订后的《产品责任指令》[12]的立法提案，这两项提案都具体涉及了责任问题。

关于人工智能责任的讨论表明，在未来法律框架下，特别需要澄清两个基本问题，这两个提案对此有着截然不同的回答。第一个问题是，人工智能系统的责任是否应限于传统侵权法中过错责任的法律概念，还是应引入有关严格责任的新规定。在此方面，例如欧盟委员会成立的"新技术责任、新技术形成"专家组在其最终报告[13]中建议，在某些情况下引入特殊的严格责任条款；而欧盟议会在其 2020 年 10 月的决议[14]中也提到了某些情况下适用特殊的严格责任条款，明显受到了该报告[15]的启发。相比之下，欧盟委员会目前的提案侧重于过错责任的概念，避免引入新的严格责任制度。[16]

第二个问题是，具体来说哪一方——制造商、经营者或用户，即启动或控制人工智能系统的人——应成为任何此类特定责任制度的对象，特别是严格责任制度。关于人工智能系统的具体责任，尤其是监管人工智能系统的责任，同样存在这个问题。

在这里，显现出有趣的差异：专家组[17]和欧洲议会[18]建议对人工智能系统的经营者实行严格责任制度，而欧盟委员会[19]则采取了明显不同的做法。一方面，关于经营者，欧盟委员会避免引入新的严格责任规则，对于经营者在过错责任下的相关义务，参考了《人工智能法案》，但该法案极大地限制了经营者的义务。另一方面，关于人工智能系统的制造商，新的《产品责任指令》(草案)明确规定了更严格的产品责任规则。[20]总体而言，欧盟委员会的概念倾向于减轻经营者的责任，适度增加制造商的责任。

下文将讨论以下问题：首先，本章将讨论由于人工智能系统的特殊性在民事责任方面产生的空白(见下文"人工智能系统现有责任制度的空白")。其次，在此基础上，本章将以人工智能系统经营者的责任为重点，研究这些空白是否可以根据现有法律或由欧盟委员会提议的《人工智能系统责任指令》进行弥补，还是需要采用其他手段，如引入人工智能系统严格责任的特定制度(见下文"确保对人工智能系统造成的损害进行赔偿")。最后，本章将讨论任何此类责任制度是否应更侧重于经营者或制造商(或两者)(见下文"责任主体是经营者还是制造商")。

168

二、 人工智能系统现有责任制度的空白

(一) 人工智能系统的特点

在当前的讨论中，"人工智能系统"这一术语已经被广泛接受，尤其是《人工智能法案》(草案)也采纳了这一术语。《人工智能法案》(草案)第3条第1款定义了"人工智能系统"一词。关于这一定义，欧盟委员会2021年4月的最初草案规定，"人工智能系统"是指依赖于广义人工智能领域的某些技术，并能够进行包括与环境交互等某些操作的软件。然而，在2022年12月通过的草案中，[21]部长理事会进一步调整了该术语的定义，即"人工智能系统"不仅限于软件，还包括机器。在这两份草案中，人工智能系统的决定性因素都是自主性。

"自主性"一词描述了人工智能系统最重要的特征之一，[22]即人类不预先决定系统的行为。[23]在许多情况下，系统的行为(即运行)只是对感知到的情况作出反应。[24]例如，高度自动化的自动驾驶汽车根据交通状况行驶，[25]聊天机器人会根据问题的上下文生成答案。因此，人工智能系统被认为具有"行为"[26]能力。这构成了人工智能系统与传

169

统机器的根本区别，这种自主行为能力导致人类在特定场景中对系统行为的控制降低，并且在理想情况下，所需的控制和监管的必要性也会降低。

人工智能系统的另一个特征，有时也被称为"不透明性"，[27]即在理解其运作方面只提供有限的访问权限。这一特征的一个关键方面是机器学习的所谓"黑箱"效应。[28]机器学习不涉及编程人类算法。相反，模型是根据数据进行修改的，[29]导致最终形成的算法因其复杂性通常无法被完全理解。

（二）对责任法的影响

人工智能系统的这些特点对责任法有重大影响。人工智能设计机器的自主性可能对过错要求具有重大的意义。

合同责任和传统侵权责任都以过错作为承担责任的关键要件。然而，这一标准指的是人的过错。[30]在机器自主运行的情况下，这种机器"行为"不能被视为人的行为，[31]因此不构成过错。从这个角度看，任何情况下都不存在机器的过错。[32]最多是在启动机器或未对其进行充分监管时可能会存在人的过错。[33]因此，用户和经营者监管人工智能系统义务的范围对于系统行为相关的责任至关重要。

在实践中，关键难题在于证明责任的要件，特别是被告的过错以及该过错是否与发生的损害有因果关系。涉及违反监管义务时，这对于经营者和用户的责任尤为重要。

但是，如果经营者和用户合法使用人工智能系统，并且该系统在其自主范围内运行，且在发生故障时没有人能够干预，那么人类过错引发的过错责任也不应被考虑。同样，高度自动驾驶提供了一个直观的例子：如果允许驾驶员让车辆自行控制并脱离交通，那么车辆造成事故，驾驶员不应承担责任。[34]

关于人工智能系统造成损害的责任，严格责任规范最受关注，尤其是因为上述过错责任的空白。然而，大多数欧洲法律体系并没有普遍适用的严格责任的概念。例如，德国法律对汽车、飞机、铁路以及某些设施的经营者规定了严格责任规则。这些规则也同样适用于人工智能系统作为这些机器或设施的组成部分的情况。[35]目前，关于人工智能系统，欧洲法律体系尚未引入一项特殊的严格责任规则，以涵盖所有人工智能系统或至少涉及特殊风险的人工智能系统。

现有规则，特别是关于产品责任法的规则，在应对人工智能系统领域时面临着难题。产品责任法的一个关键结构性问题在于缺陷产品的标准，这是承担责任的一个关键条件。[36]然而，缺陷的概念是指产品的属性，而不是产品的行为。[37]如果机器通过其行为造成损害，例如高度自动化的汽车造成事故，那么问题在于能否从这种有缺陷的行为中推断出产品的缺陷。[38]

在产品责任法中，提到的与过错责任相关的举证责任分配问题，以及根据《产品责任指令》第 4 条，举证责任由原告承担，这也是个问题。机器学习的"黑箱"效应使得产品缺陷难以证明；此外，原告通常无法获得有关人工智能系统的信息。[39]

由此可见，人工智能系统的特征，特别是其自主行为能力，以及预测其具体行为或追溯其原因的有限可能性，导致现有法律在人工智能系统侵权责任方面存在漏洞。

这些特征既适用于作为承担责任前提条件的过错要求，也适用于过错的证明。如果人工智能系统合法自主运行时造成损害，则不适用过错标准。至于任何经营者监管义务的违反，除非违反表现为未能停止系统自主运行，否则证明存在因果关系往往会很困难。

三、　确保对人工智能系统造成的损害进行赔偿

鉴于上述挑战，现在的问题在于如何根据现行法或拟议法填补现有责任的空白，即如何确保在人工智能系统造成损害的情况下受害者能够得到赔偿。

（一）《人工智能责任指令》提案的影响

在当前讨论中，欧盟委员会提出的《人工智能责任指令》提案尤其值得关注。由于篇幅所限，不再详细展开该提案。提案内容非常简短，仅包含九个条款。[40]

提议的指令仅包含两条实质性规则：第一，《人工智能责任指令》第 3 条规定，在损害赔偿诉讼中，法院可以要求潜在被告提供证明人工智能系统符合损害赔偿请求标准所需的信息和文件。第二，《人工智能责任指令》第 4 条规定，关于当事人过错与人工智能系统的运行之间因果关系的举证责任倒置。

1. 证据披露，《人工智能责任指令》第 3 条

在"证据披露"主题下，《人工智能责任指令》第 3 条包含一项创新性条款，与《产品责任指令》(草案)第 8 条(见下文)相对应。[41]根据该条第 1 款，成员国法院有权在原告请求的情况下，要求高风险人工智能系统的经营者或用户披露证据。如果拒绝披露，根据《人工智能责任指令》第 3 条第 5 款规定，若被要求方也是损害赔偿请求的被告，法院可以推定被告违反了相关的注意义务。

在《人工智能责任指令》第 3 条中，欧盟委员会显然希望解决与人工智能系统有关过错责任的一个核心问题，即违反注意义务的举证责任。例如在德国法律中，这一举证责任由原告承担。[42]

从人工智能系统经营者的角度来看，《人工智能责任指令》第 3 条

不会导致实质性的责任风险。然而，该条款带来了一个美国法律[43]中证据披露程序众所周知的问题，即披露信息和文件的义务可能会导致商业秘密的泄露，这可能会使经营者面临被勒索的风险。[44]尽管如此，仍应当肯定委员会的贡献，因为《人工智能责任指令》第 3 条第 2 款和第 4 款规定了对信息权的限制，以防止滥用信息权。

毫无疑问，该规定将使受害者更容易获得证明经营者或用户违反了注意义务所需的信息和证据。尽管欧盟委员会的提案在这方面存在一些弱点和问题，[45]但大体上，它仍是一个有用的机制。

　　然而，该机制的实际效果在多个方面受到限制：它只适用于存在注意义务的情况，也就是说，它并不能消除实质性的责任空白。

　　此外，该机制还存在相当大的成本风险。受害者必须有能力请求获得相关信息，并根据《人工智能责任指令》第3条对获得的信息进行评估。这通常需要聘请技术专家。也就是说，主张《人工智能责任指令》第3条并评估信息需要全面的法律咨询。因此，受害者必须付出相当大的努力，且只有在案件胜诉时才能得到补偿。

　　2. 违反注意义务的因果关系的推定,《人工智能责任指令》第4条

　　《人工智能责任指令》第4条第1款涉及发生损害时注意义务违反因果关系的可反驳推定。《人工智能责任指令》第4条第2至6款对此作了许多修改。该规定极其复杂。

　　第1款推定是关于被告过错与生成的输出之间的因果关系，或被告过错与系统缺陷而非人工智能生成之间的因果关系。该规则具体指人工智能系统致害的情况，以及个人行为过错与人工智能系统生成或未生成输出之间因果关系存在争议的情形。根据第1款，该推定有三个叠加条件：必须证明被告违反了其注意义务，或者由法院推定(第3条第5款a项)；根据具体情况，过错与输出之间的因果关系被"推定"(b项)；必须证明人工智能系统的输出结果与损害之间存在因果关系(c项)。

　　篇幅有限，第2至6款不在此详细讨论。值得注意的是，在高风险人工智能系统方面，第2款和第3款限制了第1款中对高风险人工智能系统的推定。根据第2款，第1款的推定仅适用于对高风险人工智能系统提供商提出的请求，如果原告证明提供商未履行《人工智能法案》第2款a至e项规定的义务。通常，原告只能通过根据《人工智能责任指令》第3条获取的披露文件来提供这种证明。根据《人工智能责任指令》第4条第3款，相应的限制也适用于高风险人工智能系统的用户。在这种情况下，原告必须证明被告违反了《人工智能法案》(草案)第29条规定的使用说明或者使用了与《人工智能法案》(草案)第29条第3款下的义务相悖的输入数据，从而与人工智能系统的预期用途相矛盾。

174

通过这些限制，欧盟委员会希望将《人工智能责任指令》第4条的推定与《人工智能法案》中的概念紧密联系起来。至少在证据层面上，这种联系能够将责任限定在违反《人工智能法案》规定的义务上。

这一复杂推定条款的相关性和重要性只有在详细分析的基础上才能显现出来，而且可能在很大程度上还取决于欧盟各国的国内法。从德国法律的角度来看，与之前的法律状况相比，第1款的推定对受害者带来的改善不大。如果符合第1款a至c项的条件，即"可以推定"因果关系，那么过错与输出之间的因果关系，就应该存在所谓的"初步证据"(表面证据)。

虽然这种"初步证据"(表面证据)并不会在严格意义上导致举证责任的倒置，[46]但确实需要对其基础进行反驳。[47]在实践中，这使得这种"初步证据"(表面证据)往往具有类似于举证责任倒置的意义。因此，从德国法的角度来看，问题在于《人工智能责任指令》第3条及其诸多限制，是否实际上会限制"初步证据"(表面证据)原则的适用。

3. 中期结果

根据现有的侵权法，《人工智能责任指令》(草案)第3条和第4条在程序执行索赔方面为受害者提供了改进。这些改进路径正好解决了人工智能系统的特殊性以及现行法律中的一些附属空白。同时，委员会通过《人工智能法案》(草案)协调相关规则。这使得《人工智能法案》在侵权责任方面具有相当重要的意义。

然而，《人工智能责任指令》提案并没有规定任何实质性的责任规则，特别是没有引入新的严格责任制度。由于该提案明确限于最低限度的统一，[48]因此在这方面参照了成员国的法律。[49]所以，当人工智能系统在其自主范围内合法使用时，由于过错造成损害的实质性责任空白尚未得到填补。

在此背景下，同时提出的《产品责任指令》(草案)尤其值得关注。欧盟委员会显然将这两项立法视为应对新技术(尤其是人工智能)对责任法构成的整体方案。在人工智能系统出现故障的情况下，新《产品责任

指令》[50]通过转移产品缺陷的举证责任，为人工智能系统提供了更为严
格的产品责任法。[51]对于受害者而言，这将大大减轻其在产品责任领域
的责任负担。而《人工智能责任指令》草案则没有对过错的举证责任进
行类似的倒置。根据《人工智能责任指令》(草案)第 3 条第 5 款，如果被
告未履行《人工智能责任指令》第 3 条第 1 款规定的披露信息或文件的
义务，则可以援引过错推定。

因此，在未来，更严格的产品责任法可能会在补偿人工智能系统造
成的损害方面变得更加重要。

(二)人工智能系统经营者和用户的监管义务

在人工智能系统造成损害的情况下，如果相关人工智能系统的经营
者或用户因违反监管义务而被追究责任，那么即使人工智能系统致害中
因缺失过错要件产生的责任空白，将不会影响到对受害人的赔偿救济。

违反监管义务的责任是成员国一般侵权法中的一部分。例如，在德
国法律中，机器的监管义务构成所谓的"交易安全义务"(Verkehrspflichten)
或"侵权法中的注意义务"(Verkehrssicherungspflichten)[52]的一个既定类
别，根据一般侵权法规则，特别是《德国民法典》第 823 条第 1 款，[53]
可以引发责任。

一方面，这种监管义务可以源于具体的法律要求，如《人工智能法
案》。另一方面，法学家也可以基于《德国民法典》第 823 条第 1 款，通
过平衡不同的利益，独立地发展这些义务。

例如，根据判例法，制造危险的人必须采取合理的预防措施，以避
免或尽量减少这种危险。[54]操作一台可能损害第三方合法利益的机器无
疑被视为这种意义上的危险源。[55]因此，原则上，操作或使用人工智能
系统的人无疑有义务将操作带给第三方的风险降至最低。[56]

通过制定广泛的监管义务，可以显著减少甚至实际避免人工智能系
统造成的损害责任空白。众所周知，德国的法律实践中如果受害者需要
得到相应的保护，那么司法机构往往会将注意义务的标准以及旨在预防
危险的相应"侵权法中的注意义务"的范围定得很高，否则受害者将无

法得到赔偿。在某些情况下，这种效果使过错责任接近于严格责任，这一判断可能是正确的。

然而，另一个问题是，寄希望于判例法来制定宽泛的监管义务的做法，是否构成一种填补责任空白的合理策略。在这方面，仍然存在疑问。应当承认，如果要承担此类责任，在某些情况下，经营者或用户的公共或私人责任保险将提供保险覆盖，从而在义务非常广泛的情况下，通过变相的强制保险形成一种事实上的严格责任。

但关键问题在于，正如通常基于判例法制定责任规则的情况一样，这带来了相当大的法律不确定性。这种法律上的不确定性源于最高法院必须为每一类案件制定判例法，而这通常需要数年时间。由于技术发展的强大动力，判例法系统性地滞后于人工智能系统的技术发展，因此法律确定性不可能轻易得到确立。关于监管人工智能系统要求的法律确定性对于这些系统的接受度可能具有相当重要的意义。

监管义务的一个广泛的结构性问题是，它们往往会削弱使用人工智能系统的优势。毕竟，人工智能系统的自主运行会导致传统侵权法中的责任空白，而自主运行这一特点恰恰使得使用人工智能系统显得有价值，因为它可以替代人类活动。如果监管义务增加了必要的人类活动，人工智能系统的效益就会减少。

在这种背景下，非常有趣的是，欧盟委员会在其《人工智能法案》(草案)中严格限制了人工智能系统经营者和用户的监管义务。草案第 29 条规定的义务基本限于遵守使用说明(第 1 款)和输入数据(第 3 款)。第 29 条第 4 款也规定了监管人工智能系统的义务，但再次将其与使用说明联系起来。[57]进一步的监管义务只有在用户有理由相信按照使用说明使用人工智能系统会导致重大风险(第 2 款)或发现系统存在严重故障(第 3 款)时才适用。《人工智能法案》第 29 条没有规定进一步的监管义务。特别是，《人工智能法案》没有规定经营者或用户的一般监管义务。

这种限制监管义务的做法具有一个显著的优势，即提供法律的确定性，而且至少在《人工智能法案》规定的制裁措施方面，这是正确的方向。《人工智能法案》是否打算排除制定能够产生民事责任的更宽泛的监管义务，仍然是一个未决的问题。然而，作为阶段性结论需要指出的是，《人工智能法案》并没有通过制定全面的监管义务来填补责任空白。

（三）保护性规范与经营者责任的相关性

人工智能系统经营者或用户的责任也可以根据《德国民法典》第823条第2款规定的所谓"保护性规范"(Schutzgesetz)产生。该责任的规定对于人工智能系统可能特别重要，因为与《德国民法典》第823条第1款一般条款下的责任不同，它还包括纯粹经济损失。[58]

此类"保护性规范"存在于各个法律领域，适用于机器的经营者或用户，也可能经常适用于人工智能系统。然而，目前还没有专门针对人工智能系统的"保护性规范"。因此，《人工智能法案》是否包含根据《德国民法典》第823条第2款可以被视为适用于人工智能系统经营者或用户的保护性规范的标准，这是一个值得关注的问题。事实上，一些学者认为《人工智能法案》构成一种"保护性规范"。[59]

一般来说，将《人工智能法案》整体界定为保护性规范是不准确的。相反，每个案例都必须参考具体的规范。因此，一些学者正确地引用了《人工智能法案》中的个别规范，例如其第9条[60]中确保持续、定期更新风险管理的义务，或在第10条第3款[61]规定的根据有代表性的完整数据集开发高风险人工智能系统的义务。

然而，这些规范针对的是人工智能系统的提供商，而不是其经营者或用户，在《人工智能法案》中均被称为"用户"。对于这些人来说，可以被视为"保护性规范"的最重要的规范是《人工智能法案》(草案)第29条，该条款规定了用户的义务。

根据判例法的既定标准，保护性规范的前提是其至少在目的和内容上，旨在保护个人或者特定群体的法律利益免受侵犯。[62]因此，构成"保护性规范"的问题并不在于该规范事实上是否具有促进此种保护的效果，而在于该规范是否旨在提供这种保护。[63]该规范不必专门追求这

179

一目的，但至少应该包含对个人的保护。[64]

用户在《人工智能法案》(草案)第 29 条下对高风险人工智能系统的义务是否具有"保护性规范"的性质并不容易回答。可以从该法的整体背景中推断出该规定对个人、实质和模式上的保护范围有充分的限制。[65]问题的关键在于，法律是否打算在违反《人工智能法案》草案第 29 条义务时，因过错而授予任何财产损失的赔偿请求权。[66]

不可否认，有必要保护那些因使用人工智能系统而受到影响的人。然而，就整个系统而言，是否可以接受这种责任后果是非常值得怀疑的。[67]鉴于经济损失领域可能的法律后果种类繁多，保险公司几乎不可能为责任风险承保。《人工智能法案》(草案)显然并不打算以牺牲人工智能系统用户的利益为代价让其承担责任风险，而是在第 29 条对人工智能系统用户的责任作了严格限制。最后，需要考虑的是，具有类似风险潜力却缺乏人工智能属性的系统，不被认为是人工智能系统，因此也不被认为是高风险的人工智能系统，也不需要承担纯粹经济损失的责任。造成纯粹经济损失不能被认为是使用人工智能的特殊特征，因此没有理由让人工智能系统的使用与其他软件和其他机器不同，承担纯粹经济损失的责任。因此，这一目的也不应被认可。因此，《人工智能法案》(草案)第 29 条不构成《德国民法典》第 823 条第 2 款意义上的保护性规范。[68]

关于人工智能系统在其自主领域内造成损害时由于缺乏过错而产生的责任空白，重要的是，根据《德国民法典》第 823 条第 2 款规定的责任始终以过错为前提，即使相应的保护性规范根本不包含任何过错要求。[69]

因此，根据《德国民法典》第 823 条第 2 款违反保护性规范的责任并不能填补这一具体的责任空白。

(四) 经营者的归责方式

另一种填补现有自主人工智能系统责任制度空白的解决方案可能是让人工智能系统本身承担责任，或将机器的行为归责于人类。

欧盟议会在 2017 年的决议中指出，可以将机器本身定位为责任的承担者，即认可机器在法律实体意义上的地位，抑或将其视为"电子人"(electronic person)。[70] 然而，"电子人格"的想法遭到了强烈的反对，[71] 并且在目前的法律政策讨论中并未占据一席之地。

因此，关于经营者的责任，将配备人工智能的机器行为归责于某人的可能性具有重要意义。因此，法律学者们沿着替代责任的路径来讨论各种归责模式也就不足为奇了。[72] 不同法律体系所确定的解决方案存在分歧。以德国为例，不同于《德国民法典》第 278 条规定债务人应当为其"履行辅助人"(Erfüllungsgehilfe)造成的损害承担合同责任，德国侵权法并未在归责的基础上规定任何此类责任条款。

因此，一些学者主张将《德国民法典》第 278 条类推适用于人工智能系统。[73] 另一些学者则反对这种类推，至少在侵权法领域。[74] 这种归责会导致机器经营者对其使用的机器承担严格责任(广义上)，因为责任发生并不需要经营者的过错，[75] 这在侵权法的背景下显得不合适。另一个主要问题是法律的不确定性，因为尚不清楚这种类推应适用于哪类人工智能系统。[76] 此外，严格责任通常会有一些限制，但这里没有这样的限制。学者们对是否可以通过类推引入严格责任条款，或者是否需要立法者的行为也存在争议。[77]

重点在于，将行为归责于人类根本无法解决关键问题：《德国民法典》第 278 条规定的责任以履行辅助人的过错行为为前提。[78] 因此，当务之急是明确人工智能系统是否可被视为有过错。迄今为止，学者们在很大程度上否认这一点。[79]

随后的问题涉及适用于人工智能系统的注意义务标准。[80] 简单地将适用于人类的注意义务标准应用于人工智能系统并不合理，因为人工智能系统与人类的行为方式有着本质上的区别。[81] 为了制定针对人工智能系统违反注意义务的适当责任规定，首先，法律理论和实践领域的学者需要制定具体的注意义务标准。基于现有模型，很可能需要参考侵权法中关于机器过错及其运行的最新技术标准。这一概念可以容易地移转并应用于机器行为。然而，在实践中实施这一概念会产生相当大的问题，因为法院必须在每个案件中单独确定技术的最新标准，从而导致相当大的法律不确定性。

最后，无论是依据现行法还是拟议法，都需要质疑在这种责任概念中经营者是否为合适的责任对象。实质上，将《德国民法典》第 278 条类推适用于人工智能系统，确立了人工智能系统过错行为的严格责任。然而，由于决定人工智能系统行为的主要是制造商而不是经营者，因此制造商可能才是适当的严格责任对象（见下文"责任主体是经营者还是制造商"）。

(五) 制造商的严格责任

根据拟议法，法律责任的空白可以通过规定制造商的严格责任来填补。学者们建议对各种人工智能系统引入不同程度的严格责任，例如高度自动化车辆、[82]高风险人工智能系统[83]或通用人工智能系统。[84]

如前所述，欧盟委员会在其《人工智能责任指令》提案中并未规定任何此类责任。因此，新《产品责任指令》(草案)是否适合填补责任空白是非常值得关注的。

修订后的《产品责任指令》(草案)旨在明确包含软件及其更新，并将全面适用于人工智能系统。[85]实质上，产品缺陷的概念保持不变。不过，通过明确提及人工智能系统的行为能力，可以将其行为纳入产品责任法体系。新《产品责任指令》中最重要的实质性变化可能是第 9 条第 2 款 c 项中关于产品缺陷存在的推定。[86]根据这一规定，如果产品在正常使用过程中出现故障，则推定其存在缺陷。

根据这一标准，委员会确认了上述行为与故障之间的联系：人工智能系统的行为不应等同于一种属性。[87]然而，作为一种属性被认为的是系统产生某种行为的能力。如果一个系统不具备在这方面合理预期的能力，它就是有缺陷的。最重要的是，这一推定使受害者能够证明缺陷的存在，并承担举证责任。根据第 9 条第 2 款 c 项的概念，受害者对系统的损害性故障承担举证责任，而制造商则必须证明故障不是由产品缺陷造成的。这种举证责任的分配是恰当的，因为通常情况下，受害者比制造商更了解有损害情况。然而，受害者很难确定制造商是否应当预见损害性故障。在这方面，制造商拥有更好的判断可能性，因此要求它们承担证明系统满足合理安全预期的责任是正确的。这种安全预期包括制造商能够发现人工智能系统中可能造成损害的任何终端故障，特别是在人工智能系统投入使用之前对其进行相应测试。

对于高风险人工智能系统，制造商可以轻易地证明这些测试的存在，因为它们本来就有义务进行并记录这些测试。[88]因此，新《产品责任指令》的概念非常适合根据技术状态来执行因人工智能系统造成的损害赔偿责任。

前面提到的关于人工智能系统的一般侵权法所显示的责任空白在此得以填补。传统的基于过错的责任无法证明任何更为广泛的责任，因为它以过错行为为前提。产品责任法的上述弱点在此也得以消除。

然而，所谓的开发风险仍由受害者承担。这主要是指产品(人工智能系统)造成的损害，该产品不被视为有缺陷，因为产品在投放市场时，制造商基于安全合理的期待所能采取的安全保障措施在产品投放市场时已被落实。对于人工智能之类的新技术，尤其考虑到科技进步的高速发展，这一领域可能具有一定的实际意义。

（六）严格责任

在 2020 年 10 月的决议中，欧洲议会提议对高风险人工智能系统的经营者追究严格责任。归根结底，这种严格责任是基于清单所列明的内容而制定的，即该责任只适用于欧盟委员会更新的附件中所列的人工智能系统。[89]

欧盟委员会在其《人工智能责任指令》的提案中并未提及这一点。这可能是因为目前尚不清楚哪些人工智能系统需要包括在清单中。法律委员会的草案中包含一份简短的清单，但并未令人信服。专家组在最后报告中也没有提到任何具体案例。

根据德国《道路交通法》第 7 条的规定，以严格因果责任形式的严格责任适用于机动车辆的所有者，它在确保受害者获得赔偿方面具有相当大的优势：它不仅确保受害者在人类没有过错的情形下也能获得赔偿，而且避免了诉讼风险，因为证明责任要件的要求比其他形式的责任要低得多。[90]它还激励责任方自主有效避免损害，[91]因此后者有动力投入避免损害的资金，以达到避免损害的预期价值。

然而，这一假设的前提之一是，责任可被视为活动的成本；因此，责任风险应对责任主体有所限制，而不是成为可能破坏其经济基础的风险。这至少适用于责任不是为了抑制活动，而是为了实际达到高效的活动水平的情况。

综合这些因素得出的结论是，为避免遏制活动的效应，责任方所承担的严格责任应当是可投保的。因此，通常情况下，严格责任规范会与财产责任限制相结合，从而促进可保性。

目前，就高风险人工智能系统的严格责任，其可保性是否能够得到保证似乎还不太明朗。在高度自动驾驶车辆的情况下，目前有望实现可保性，因为车主的汽车保险继续适用于目前投入使用的第3级和第4级车辆。[92]但在其他情况下，可保性似乎仍是一个悬而未决的问题。

理想的情况是，应在欧洲层面引入严格责任规范，因为全欧洲统一的责任规则将有助于提供足够大的保险市场，从而有利于责任的可保性。

四、 责任主体是经营者还是制造商

关于为人工智能系统引入严格责任，还有一个问题是确定正确的责任主体，即赔偿责任应与哪个角色相关联。传统上，应考虑制造商或经营者的角色。在德国法律中，关于因果责任的规定通常针对机器或系统的经营者；制造商仅在药品责任情形中才承担责任。[93]专家组[94]和欧洲议会[95]建议设立更多的角色，并将所谓的后端经营者也包括在内。后端经营者被定义为通过持续输入来主要控制人工智能系统的人。这一角色指向人工智能系统的制造商，[96]因为制造商在该系统投放市场后，特别是通过更新或其他类似的影响，对系统功能仍有很大的控制权。

欧盟委员会在两项提案中都没有采纳这一建议。相反，基于《人工智能法案》第 28 条所采用的模型，《产品责任指令》第 7 条第 4 款引入了一项规定，如果用户改变系统的用途或在指定的应用范围之外使用系统，则用户应根据产品责任法承担责任。这些新提议显然是基于严格责任的基本理念。与过错责任一样，严格责任应适用于最有能力控制风险的一方。[97]

控制风险有两种方法，现有的严格责任规范也可以从中得出：当风险源于产品的特定特征时，通常制造商有更好的能力控制风险。[98]然而，风险也可能源于使用机器和设备。例如，驾驶员在道路交通中驾驶机动车辆的特定驾驶风格会带来风险，而车辆的制造商无法控制驾驶员的驾驶风格，只能通过经营者的选择和监督驾驶员来实现风险的控制。

就人工智能系统而言，经营者施加影响的可能性会大大降低，因为人工智能系统的自主性消除了直接控制系统的可能性。同样，高度自动化的车辆也提供了一个很好的例子：如果车辆是自动驾驶的，那么作为乘客的人类驾驶员就不能再通过操纵车辆来控制风险。然而，高度自动驾驶汽车的经营者仍可继续选择运行区域。[99]仍以高度自动驾驶汽车为例，是在大城市的城市交通中使用汽车，还是在偏僻地区的乡村公路上使用汽车，其潜在风险存在很大差异。

有趣的是，在某些情况下，制造商也可能在风险控制领域中具有很大的影响力。例如，第 4 级高度自动化车辆的运行被限制在特定的运行区域，即所谓的运行设计域(ODD)。[100]在这种情况下，除了启动系统之外，运营者或用户的风险控制潜力可能很低，而制造商的控制则在很大程度上占主导地位。

在其他情况下，如果风险主要是根据人工智能系统的使用地点和目的来决定的，那么情况就不同了。这一论据支持在不同场景下应为人工智能系统差异化引入严格责任，并根据具体的案件类型决定严格责任是

187

188

否有意义，以及谁应成为这种责任的主体。

在某些情况下，同时将经营者和制造商都作为责任主体是有意义的。例如，关于高度自动驾驶车辆，一些学者建议，高度自动驾驶车辆制造商对于因果关系的举证责任应补充现有的经营者责任，以有效激励制造商生产尽可能安全的车辆。[101] 在此背景下，特别值得注意的是，德国制造商梅赛德斯—奔驰公司宣布，它们对其 3 级自动驾驶汽车在自动驾驶模式下发生的事故承担责任。[102] 尽管这更可能是一种营销措施，而不是自愿接受严格责任，但它确实证实了公众舆论的一个大趋势，即高度自动驾驶汽车的制造商应对其造成的事故承担责任。德国 IT 行业协会 Bitkom 在 2019 年进行的一项调查显示，绝大多数受访者表示了他们的期望，即发生在自动驾驶模式下的事故不应由车主负责，而应由高度自动化车辆的制造商负责，这一调查已经指向了这一方向。[103]

五、 总结与展望

人工智能系统的特征给责任法带来了挑战。由于人工智能系统能够自主运行，基于过错责任的制度就会出现漏洞，因为当人工智能系统被允许自主运行并因此造成损害时，人类过错就会被排除在外。

由于机器学习产生的"黑箱"效应，确定证明责任的必要标准变得更加困难，在某些情况下几乎不可能。不仅如此，证明人类过错(例如在人工智能系统的构建或监管过程中)导致了自主系统的加害行为也很困难或几乎不可能。通常情况下，由于受害者对人工智能系统经营者或制造商所采取的相应措施缺乏了解，往往很难证明其中一方存在过错。

欧盟委员会提出的《人工智能责任指令》规定了一些措施，以解决一般的举证困难，并有助于证明人类过错与人工智能系统的加害行为之间的因果关系。然而，该提案并未填补关于人工智能系统自主行为的关键实质性责任空白。

　　新的《产品责任指令》提案又更进一步，它规定在人工智能系统出现故障的情况下，对于缺陷的存在适用举证责任倒置。这些规定减少了现行法律下的责任空白，因此更有利于受害者。然而，即便如此，仍存在一个关于所谓开发风险方面的责任空白，对人工智能系统而言，这种风险具有相当重要的意义。

　　因此，委员会关于《人工智能责任指令》和新的《产品责任指令》(草案)仍未解决人工智能系统责任的重要方面。为了确保对受害者的赔偿，对于那些给第三方合法利益带来较高风险的人工智能系统，引入严格因果关系责任形式的严格责任条款似乎是很有必要的。然而，对于哪些具体的人工智能系统应受这种因果责任的约束，仍有进一步澄清之必要。

190

　　最后但同样重要的是，如何确定人工智能系统经营者和制造商之间的责任关系，即如何分配因果关系的风险和监管义务的范围，仍然是一个悬而未决的问题。基于欧盟委员会对这两项指令的提案，似乎有一个有趣的趋势变化正在出现。

　　欧盟委员会并未引入欧洲议会提议的经营者的严格责任。相反，通过提高产品责任的有效性，委员会将制造商置于责任的中心。委员会的监管提案没有增加经营者的监管义务，而是通过将《人工智能责任指令》第4条中的举证责任倒置，限制在《人工智能法案》规定的相当有限的义务范围内，来减少经营者的监管义务。

　　这表明对责任问题仍需要进一步讨论，特别是在如何分配经营者和人工智能系统制造商的责任和义务这一问题上。

注释

1. European Commission, Communication from the Commission to the European Parliament, the European Council, the Council, the European Economic and Social Committee and the Committee of the Regions—Artificial Intelligence for Europe (hereinafter: COM, AI for Europe), COM(2018) 237 final, p.1 f.; European Commis-

sion, Report from the Commission to the European Parliament, the Council and the European Economic and Social Committee—Report on the safety and liability implications of Artificial Intelligence, the Internet of Things and robotics(hereinafter: COM, Report AI), COM(2020) 64 final, I.3.; European Commission, Communication from the Commission to the European Parliament, the Council, the European Economic and Social Committee and the Committee of the Regions—Fostering a European approach to Artificial Intelligence, COM(2021) 205 final, 2; Weingart, Vertragliche und außervertragliche Haftung für den Einsatz von Softwareagenten, 2022, p.27 ff.

2. COM, Report AI, (n. 2), I.3.; European Commission, White Paper On Artifical Intelligence—A European approach to excellence and trust, COM(2020) 65 final, p.1; Borges, CR 2022, 553.

3. 参见 the report by the National Highway Traffic Safety Administration(NHTSA) dated 19 January 2019: "ODI Resume—Automatic vehicle control systems", (https://static.nht sa.gov/odi/inv/2016/INCLA-PE16007-7876.PDF), accessed 13 March 2023。

4. National Transportation Safety Board, Highway Accident Report—Collision Between Vehicle Controlled by Developmental Automated Driving System and Pedestrian, NTSB/HAR-19/03, 2019, 〈https://www.ntsb.gov/investigations/accidentreports/re ports/har1903.pdf〉, accessed 13 March 2023.

5. 参见 Borges, CR 2016, 272 ff.; Borges, in: Borges/Sorge(eds.), Law and Technology in a Global Digital Society(hereinafter: Law and Technology), 2022, p.51 ff.; Grützmacher, CR 2021, 433, 434 ff.; Oechsler, NJW 2022, 2713, 2174 ff.; Sommer, Haftung für autonome Systeme, 2020, p.50 ff.; Thöne, Autonome Systeme und deliktische Haftung, 2020, p.157 ff.; Wagner, AcP 217(2017), 707, 708 ff., 728—733, 735。

6. European Parliament resolution of 16 February 2017 with recommendations to the Commission on Civil Law Rules on Robotics(hereinafter: EP, Civil Law Rules on Robotics)(2015/2103(INL)).

7. European Parliament resolution of 20 October 2020 with recommendations to the Commission on a civil liability regime for artificial intelligence(hereinafter: EP resolution on civil liability regime for AI)(2020/2014(INL)).

8. COM, AI for Europe(n. 1), 3.3.

9. European Commission, Proposal for a Regulation of the European Parliament and of the Council laying down harmonised rules on Artificial Intelligence(Artificial Intelligence Act) and amending certain Union legislative acts(hereinafter: COM, Draft AI-Act), COM(2021) 206 final.

10. Bomhard/Merkle, Rdi 2021, 276, 277; Borges, CRi 2023, 33; Geminn,

ZD 2021, 354, 359.

11. European Commission, Proposal for a Directive of the European Parliament and of the Council on adapting non-contractual civil liability rules to artificial intelligence(AI Liability Directive)(hereinafter: COM, Draft AIL-D), COM(2022) 496 final.

12. European Commission, Proposal for a Directive of the European Parliament and of the Council on liability for defective products, COM(2022) 495 final.

13. Expert Group on Liability and New Technologies—New Technologies Formation, Liability for Artificial Intelligence and other emerging digital technologies (hereinafter: Expert Group, Liability for AI), 2019, p.39 ff.

14. Cf. EP resolution on civil liability regime for AI(n. 8), Art. 4 para. 1.

15. Borges, CRi 2023, 33.

16. Borges, CRi 2023, 1, 5 f.

17. Expert Group, Liability for AI(n. 14), p.39 ff.

18. Cf. n. 15.

19. COM, Draft AI-Act(n. 10), Recital 2.

20. 参见下文 III.1.c as well as Borges, CRi 2023, 33, 37 ff。

21. Council of the European Union, Proposal for a Regulation of the European Parliament and of the Council laying down harmonised rules on artificial intelligence (Artificial Intelligence Act) and amending certain Union legislative acts—General approach, 2021/0106(COD).

22. Borges, CRi 2023, 1, 2; Steege, SVR 2021, 1, 4; regarding the concept of autonomy see e.g. Reed/Kennedy/Silva, Queen Mary University of London Legal Studies Research Paper No. 243/2016, p.4; Schulz, Verantwortlichkeit bei autonom agierenden Systemen, 2015, p.43.

23. Barfield, Paladyn Vol. 9 No. 1, 2018, 193, 194; Borges, NJW 2018, 977, 978; Dettling/ Krüger, MMR 2019, 211, 212; Thöne, Autonome Systeme und deliktische Haftung, 2020, p.6

24. Ballestrem/Bär/Gausling/Hack/von Oelffen, Künstliche Intelligenz, 2020, p.1; Borges, CR 553, 561; Geminn, ZD 2021, 354, 354 f.; Linke, MMR 2021, 200, 201; Sommer, Haftung für autonome Systeme, 2020, p.37.

25. 关于自动驾驶汽车的不同自动化程度，参见如 Kleinschmidt/Wagner, in: Oppermann/Stender-Vorwachs, Autonomes Fahren, p. 16 ff.; Rosenberger, Die außervertragliche Haftung für automatisierte Fahrzeuge 2022, p.34 ff。

26. COM, AI for Europe(n. 2), p.1; High-Level Expert Group on Artificial Intelligence, A definition of AI: Main capabilities and scientific disciplines, 2019, p.1, 〈https://digital-strategy.ec.europa.eu/en/library/definition-artificial-intelligence-

main-capabilities-and-scientific-disciplines〉, accessed 13 March 2023; Borges, CRi 2023, 1, 2; Borges, CRi 2023, 33, 35; Sommer, Haftung für autonome Systeme, 2020, p.34 f.

27. Burchardi, EuZW 2022, 685, 686; Expert Group, Liability for AI(n. 14), p.33; Steege, NZV 2021, 6, 7.

28. Bathaee, Harvard Journal of Law & Technology Vol. 31 No. 2, 2018, 890, 901—906; High-Level Expert Group on Artificial Intelligence, A definition of AI: Main capabilities and scientific disciplines, 2019, p.5; Thöne, Autonome Systeme und deliktische Haftung, 2020, p. 9; Zech, in: Lohsse/Schulze/Staudenmayer, Liability for Artificial Intelligence and the Internet of Things, pp.187, 190, 192.

29. Bathaee, Harvard Journal of Law & Technology Vol. 31 No. 2, 2018, 890, 899—901; Borges, CRi 2023, 1, 3; Borges, CRi 2023, 33, 34; Baum, in: Leupold/Wiebe/Glossner, IT-Recht, 4th ed. 2021, part 9.1 mn. 14.

30. BGH, Urt v. 12.2.1963—VI ZR 70/62 NJW 1963, 953, 953; OLG Hamm, Urt. v. 15. 9. 2009—9 U 230/08—NJW-RR 2010, 450, 450; Wagner, in: MünchKommBGB, § 823 BGB mn. 66.

31. Borges, NJW 2018, 977, 978; Riehm, RDi 2020, 42, 43; Samuelson, 47 U. Pitt. L. Rev 1985—1986, 1185, 1192 ff.

32. Borges, CRi 2023, 1, 3; Cording, in: Schuster/Grützmacher, IT-Recht, § 276 BGB mn. 18; Hartmann, in: Hartmann, KI & Recht kompakt, 2020, p.102; Heuer-James/Chibanguza/Stücker, BB 2018, 2818, 2829; Horner/Kaulartz, CR 2016, 7.

33. Borges, CRi 2023, 1, 3; Borges, CRi 2023, 33, 34.

34. Borges, CRi 2023, 1, 3; likewise Sedlmaier/Krzic Bogataj, NJW 2022, 2953, 2956.

35. 参见如 § 7 para. 1 Straßenverkehrsgesetz(StVG) [German Road Traffic Act], § 1 para. 1 Haftpflichtgesetz (HaftpflG) [Civil Liability Act] and §§ 45 ff. Luftverkehrsgesetz(LuftVG) [Air Traffic Act]。

36. Borges, ICAIL 2021, 32, 35; Zech, ZfPW 2019, 198, 212 f.; at length regarding defective products in the context of autonomous systems Wagner, AcP 217 (2017), 707, 724 ff.

37. Borges, ICAIL 2021, 32, 35; Borges, DB 2022, 2650, 2654; Wagner, AcP 217(2017), 707, 734.

38. 参见 Borges, ICAIL 2021, 32, 35 f.; Oechsler, in: Staudinger BGB, 2021, § 3 ProdHaftG mn. 125 ff。

39. 参见 Borges, CRi 2023, 33, 35。

40. 详参见 Bomhard/Siglmüller, RDi 2022, 506, 507 ff.; Borges, CRi 2023,

1, 5 ff.; Spindler, CR 2022, 689, 699 ff。

41. 参见 Borges, DB 2022, 2650, 2651。

42. 关于与违反注意义务有关的举证责任, 参见 Bomhard/Siglmüller, RDi 2022, 506, 509; Magnus, in: Dannemann/Schulze(eds.), German Civil Code, § 823 mn. 57—65; Wagner, in: MünchKommBGB, § 823 BGB mn. 89。

43. 关于德国视角下的"审前发现", 参见 Doughan, Deutsche Unternehmen und die US-amerikanische Discovery, 2019, p.102 ff.; Eschenfelder, Beweiserhebung im Ausland und ihre Verwertung im inländischen Zivilprozess, 2002, p.43 f。

44. 参见如 Böhmer, NJW 1990, 3049, 3053; Doughan, Deutsche Unternehmen und die US-amerikanische Discovery, 2019, p.126; Hay, US-Amerikanisches Recht, 7th ed. 2020, p.81; Koyuncu, PharmR 2005, 289, 292 f.; Spies/Schröder, MMR 2008, 275, 277。

45. 关于此主题, 参见 Borges, CRi 2023, 1, 8; particularly critical e. g. Bomhard/Siglmüller, RDi 2022, 506, 508 f. ("erhebliches Streitpotential vorprogrammiert"; "ausufernder Auskunftsanspruch"; "intensiver Eingriff in einen Grundpfeiler des deutschen Zivilprozessrechts"; "deutlich überschießend")。

46. BGH, NJW 1951, 653, 654; Metz, NJW 2008, 2806, 2807; Saenger, in: Saenger ZPO, § 286 ZPO mn. 39.

47. Bacher, in: BeckOK ZPO, § 284 ZPO mn. 98; Neumann, NJW 2023, 332; Saenger, in: Saenger ZPO, § 286 ZPO mn. 40.

48. COM, Draft AIL-Act(n. 10), Recital 14.

49. COM, Draft AIL-Act(n.10), Explanatory Memorandum p.11.

50. For an analysis of the Draft PL-D see Borges, DB 2022, 2650 ff.

51. Borges, CRi 2023, 33, 40 f.

52. On "Verkehrspflichten" in general, see Wagner, in: MünchKommBGB, § 823 mn. 433 ff.

53. Borges, in: Lohsse/Schulze/Staudenmayer(eds.), Smart Products, pp.181, 198; Magnus, in: Dannemann/Schulze(eds.), German Civil Code, § 823 mn. 42 ff.; Spindler, CR 2015, 766, 768.

54. BGH, NJW 1988, 1380, 1381; BGH, NJW 1997, 2517, 2159; BGH, NJW-RR 2002, 525, 526; BGH, NVwZ 2006, 1084, 1085; BGH, NJW 2007, 1683, 1684; BGH, NJW 2013, 48; BGH, NJW 2021, 1090, 1091; OLG Frankfurt a.M., NJW-RR 2022, 1613, 1614.

55. BGH, NJW 2010, 1967, 1967 f.(operation of a technical facility); OLG Hamm, NJWRR 2002, 1459, 1459 f.(operation of a car wash); OLG Hamm, NJW 2010, 2591, 2592(operation of a water slide); OLG Koblenz, NJOZ 2013, 1492, 1493(operation of a play and amusement facility).

56. Leupold/Wiesner, in: Leupold/Wiebe/Glossner, IT-Recht, part 9.6.4 mn. 82; Spindler, CR 2015, 766, 768.

57. Para. 4 S. 1 规定："用户应根据使用说明，监管高风险人工智能系统的运行情况。"

58. Magnus, in: Dannemann/Schulze(eds.), German Civil Code, § 823 mn. 48; Spickhoff, Gesetzesverstoß und Haftung, 1998, p.53 f.; Wagner, in: MünchKommBGB, § 823 BGB mn. 534.

59. Grützmacher, CR 2021, 433, 437 ff.; Roos/Weitz, MMR 2021, 844, 850; Spindler, CR 2021, 361, 362.

60. Grützmacher, CR 2021, 433, 439.

61. Grützmacher, CR 2021, 433, 439 f.; Roos/Weitz, MMR 2021, 844, 850.

62. BGH, NJW 1964, 396, 397; BGH, NJW 2022, 3156, 3157.

63. BGH, NJW 1964, 396, 397; BGH, NJW 2022, 3156, 3157.

64. BGH, NJW 1964, 396, 397; BGH, NJW 2022, 3156, 3157.

65. 关于在违反保护性规范的情况下，物质范围和个人范围之间的区别，参见如 BGH, NJW 2015, 1174; BGH, NJW 2019, 3003, 3005; and regarding the trisection between personal, material and modal scope see Wagner, in: Münch KommBGB, § 823 BGB mn. 590; Spickhoff, Gesetzesverstoß und Haftung, 1998, p.244 ff; more generally Magnus, in: Dannemann/Schulze (eds.), German Civil Code, § 823 mn. 50 ff.

66. Likewise Canaris, Festschrift für Karl Larenz zum 80. Geburtstag, 1983, p.47 f., 58 ff. using the example of criminal statutes.

67. According to Wagner, in: MünchKommBGB, § 823 BGB mn. 534, it must be examined on a case-by-case basis whether liability for pure pecuniary damage is objectively necessary.

68. Likewise, presumably, Grützmacher, CR 2021, 443, 441; yet, supporting the protective norm status concerning, at least, Art. 29 para. 4 Draft AI-Act Roos/ Weitz, MMR 2021, 844, 850.

69. BGH, NJW 2008, 3565, 3567; Hager, in: Staudinger BGB, § 823 G 34; Magnus, in: Dannemann/Schulze (eds.), German Civil Code, § 823 mn. 54; Wagner, in: MünchKommBGB, § 823 BGB mn. 606.

70. EP, Civil Law Rules on Robotics(n. 7), 59. f).

71. Expert Group, Liability for AI(n.14), p.38; Denga, CR 2018, 69, 77; Linke, MMR 2021, 200, 202 f.; Mayinger, Die künstliche Person, 2017, p.166 ff.; Riehm, RDi 2020, 42 ff.; Wagner, in: MünchKommBGB, preliminary remarks to § 823 BGB mn. 111; see also Giuffrida, Fordham Law Review Vol.88 No.2, 2019, 439, 444—447.

72. Diamantis, Vicarious Liability for AI, Iowa Legal Studies Research Paper No 2021—2027, p. 2 ff., 〈https：//papers. ssrn. com/sol3/papers. cfm? abstract _ id = 3850418〉, accessed 13 March 2023; and regarding the corresponding respondeat superior doctrine Lior, Mitchell Hamline Law Review, Vol. 46 Issue 5, p.1096 ff., 〈https：//open. mitchellham line. edu/mhlr/vol46/iss5/2〉, accessed 13 March 2023; Expert Group, Liability for AI(n. 14), 2019, p.24 f.

73. Hacker, RW 2018, 243, 251 f.; Keßler, MMR 2017, 589, 592; Linardatos, Autonome und vernetzte Aktanten im Zivilrecht, 2021, p.264 ff.; Wulf/ Burgenmeister, CR 2015, 404, 407; likewise, already regarding "automats", Wolf, JuS 1989, 899, 901 f.; concerning "EDP Systems" Lieser, JZ 1971, 759, 761.

74. Grapentin, Vertragsschluss und vertragliches Verschulden beim Einsatz von Künstlicher Intelligenz und Softwareagenten, 2018, 130 f.; Grützmacher, CR 2016, 695, 697; Heuer-James/Chibanguza/Stücker, BB 2018, 2818, 2829 f.; Lampe, in: Hoeren/Sieber/Holznagel, Handbuch Multimedia-Recht, part 29.2 mn. 14; presumably also Horner/Kaulartz, CR 2016, 7; Grundmann, in: MünchKommBGB § 278 BGB mn. 46.

75. Borges, in: Borges/Sorge(eds.), Law and Technology(n. 6), p.3, 19.

76. Borges, CR 2022, 553, 556.

77. 反对通过类比的方式引入严格责任，参见 Borges, CR 2022, 553, 556 f.; Kirn/Müller-Hengstenberg, CR 2018, 682, 684; Hacker, RW 2018, 243, 258 f.; Schulze, in: Staudinger BGB, Vorbemerkung zu §§ 823-853 mn. 7。

78. Horner/Kaulartz, CR 2016, 7; Lorenz, in: BeckOK BGB, § 278 BGB mn. 48; Stadler, in: Jauernig BGB, § 278 BGB mn. 13; taking a different view, foregoing the criterion of culpability of the agent [„Erfüllungsgehilfe"] Kupisch, JuS 1983, 817, 821.

79. Klingbeil, JZ 2019, 718, 720; Lampe, in: Hoeren/Sieber/Holznagel, Handbuch Multi-media-Recht, part 29.2 mn. 14; Zech, ZfPW 2019, 198, 211.

80. Borges, CRi 2023, 1, 4; Heuer-James/Chibanguza/Stücker, BB 2018, 2818, 2829 f.

81. Borges, CRi 2023, 1, 4; Wagner, VersR 2020, 717, 728.

82. Borges, CR 2016, 272, 279; Kütük-Markendorf, CR 2017, 349, 354; disapproving Bodungen/Hoffmann, NZVZ 2016, 503, 508; Sosnitza, CR 2016, 764, 772; Steege, SVR 2023, 9, 13.

83. Borges, CR 2022, 553, 560 f.; presumably also Horner/Kaulartz, CR 2016, 7, 13 f.

84. Schirmer, JZ 2016, 660, 665(„Roboter-Gefährdungshaftung"); Spindler,

CR 2015, 766, 775; Zech, Gutachten zum 73. Deutschen Juristentag Hamburg 2020/Bonn 2022, 2020, A 94, A 98 ff.

85. Borges, DB 2022, 2650, 2653; see also Borges, in: Borges/Sorge(eds.), Law and Technology(n. 6), p.51, 62—65.

86. 关于此主题，参见 Borges, DB 2022, 2650, 2653 f.; Kapoor/Klindt, BB 2023, 67, 70 f。

87. 关于产品中的缺陷是否可以从人工智能系统的错误行为中推断出来，参见 Borges, ICAIL 2021, 32, 35 f.; Oechsler, in: Staudinger BGB, 2021, §3 ProdHaftG mn. 125 ff。

88. Cf. the high-risk AI systems testing obligation stemming from Art. 9 para. 5 ff. Draft AI-Act(n. 10).

89. EP resolution on civil liability regime for AI(n. 8), Art. 4 para. 1.

90. Borges, CR 2016, 272, 278; Sommer, Haftung für autonome Systeme, 2020, p.463; see also Borges, in: Borges/Sorge(eds.), Law and Technology(n. 6), pp.51, 56—58.

91. 关于责任法的激励作用，参见 Kötz/Wagner, Deliktsrecht, 14th ed. 2021, chapter 4 mn. 4; Sommer, Haftung für autonome Systeme, 2020, p. 63; Zech, Gutachten zum 73. Deutschen Juristentag Hamburg 2020/Bonn 2022, 2020, A 87 („Funktion der Risikosteuerung")。

92. 关于车辆的自动化程度，参见上文第 26 条注释。

93. Cf. §§84 ff. AMG.

94. Expert Group, Liability for AI(n. 14), p.39, 41 f.

95. EP resolution on civil liability regime for AI(n. 8), Art. 3 lit. f., Art. 4 para. 4 S. 2, Art. 11.

96. Borges, CR 2022, 553, 560; Oechsler, NJW 2022, 2713; Wagner, VersR 2020, 717, 737; Zech, NJW-Beil 2022, 33, 37.

97. Expert Group, Liability for AI(n. 14), p.39; Spindler, CR 2015, 766, 775; Zech, Gutachten zum 73. Deutschen Juristentag Hamburg 2020/Bonn 2022, 2020, A 88. The strict liability thus adresses the best risk avoider, cf. e.g. Bot, Advocate General at the CJEU, Opinion delivered on 21 October 2014, C-503/13, mn. 38. According to an economic approach, the choice of the liability addressee follows the cheapest cost avoider, Burchardi, EuZW 2022, 685, 689; Sosnitza, CR 2016, 764, 772; Weingart, Vertragliche und außervertragliche Haftung für den Einsatz von Softwareagenten, 2022, pp.279, 291.

98. Borges, CR 2016, 272, 279; Zech, Gutachten zum 73. Deutschen Juristentag Hamburg 2020/Bonn 2022, 2020, A 88 f.; wohl auch Wagner, ZEuP 2021, 545, 556.

99. 根据各经营者的具体认知进行区分，参见 Zech, Gutachten zum 73.

Deutschen Juristentag Hamburg 2020/Bonn 2022, 2020, A 89 f。

100. Bodungen, SVR 2022, 1, 2; cf. also the Norm SAE J3016 regarding the definition of an ODD.

101. 参见第 83 条注释。

102. Hope, Mercedes to be Responsible for Crashes Involving Drive Pilot System, 〈https：//www.iotworldtoday.com/transportation-logistics/mercedes-to-be-respon sible-for-crashes-involving-drive-pilot-system〉, accessed 13 March 2023; regarding the Drive Pilot see the information brochure by the Mercedes-Benz AG 〈https：//group. mercedes-benz. com/dokumente/innovation/sonstiges/2019-02-20-vssa-mercedes-benz-drive-pilot-a.pdf〉, accessed 13 March 2023.

103. Cf. the press release by Bitkom eV, 〈https：//www. bitkom. org/Presse/ Presseinformat ion/Wer-haftet-fuer-mein-selbstfahrendes-Auto. html 〉, accessed 13 March 2023.

第三部分
因果关系、过错和举证责任

第六章　人工智能责任：复杂问题

赫伯特·泽奇

在讨论因果关系问题时,《人工智能责任指令》第 4 条是新的欧洲人工智能责任法的一个关键特征。[1]《产品责任指令》第 9 条试图引入类似的(但在细节上不同)关于因果关系证明的规则,作为责任承担的前提条件。[2]本章将解释《人工智能责任指令》第 4 条的机制,比较它与《产品责任指令》第 9 条的内容,最后探讨其他进一步简化因果关系证明的方法。

---

*　赫伯特·泽奇(Herbert Zech)系洪堡大学民法、技术法和人工智能法系主任,魏岑鲍姆网络社会研究所所长。作者在此感谢 Lea Ludmilla Ossmann-Magiera, LL.M.、Mariam Sattorov 和 Melina Braun 的宝贵意见。

183

二、 复杂性、自主性、不透明性

引入《人工智能责任指令》的原因在于在追究人工智能责任方面存在现实困难。根据《人工智能责任指令》规定，人工智能的具体特征，如复杂性、自主性和不透明性(所谓的"黑箱"效应)，可能使得确定责任主体以及成功证明责任索赔的要件变得困难。[3]

然而，复杂性并不是一种新现象。特别是在信息技术领域，传统软件也具有复杂性。此外，自主性可以被视为当前人工智能的一种真正的新特征。从技术角度来看，自主性与机器学习相关，即信息技术系统根据训练数据改变行为的能力。[4]因此，对系统行为的影响从程序员转移到训练者(和数据供应商)。这就意味着风险控制的(部分)转移。虽然传统信息技术也可以实现自动化，但是自主系统更加灵活，因此功能更加强大。自主性还意味着有更多的参与者控制信息技术系统产生的风险。程序员仍然影响系统的行为(尤其是自我学习的能力)，但训练者和数据提供商会作为额外的参与者介入。

不透明性是人工神经网络等某些自主系统中存在的一种现象。学习到的行为不再以逻辑符号形式明确呈现，而只是以隐性方式呈现(就人工神经网络而言，以权重和网络结构的形式)。[5]目前学界大量的研究是关于如何将隐性信息(属性)变为显性(可解释的人工智能)。

《人工智能责任指令》提案的鉴于条款没有提到下一个技术步骤，即网络物理系统(物联网，IoT)。未来信息技术系统的高度互联性可能会使得我们难以单独找出造成特定损害的具体系统(以及该系统的控制者)。[6]然而，必须承认，这种情况比可单独识别的自主性系统使用，在未来的探索中将更为任重而道远。"基础设施人工智能"[7]可以说是一个未来需要解决的问题。

三、《人工智能责任指令》的因果关系概念

《人工智能责任指令》一个重要的方面是，它并不寻求统一一般的责任法。它采取了"一种不触及'过错'或'损害'等基本概念定义的方法，因为这些概念的含义在成员国之间的含义存在相当大的差异"。[8] 因果关系应当被视为那些基本概念之一。

如何确定因果关系是国家法律中的一个重要问题，但研究仍不充分。关于该主题，德国涌现出一批学术研究，但实践和学术界普遍采用反事实(必要条件)的方法。[9]而因果关系的基本认识论(演绎—推理模型、概率论、操纵主义等)是哲学中一个成果颇丰的领域，但似乎对法律思维没有太大影响。

尽管《人工智能责任指令》并不打算统一过错的概念，但"过错"这一术语在鉴于条款第3条中被定义为"过失或故意的损害行为或不作为"。[10]这是有道理的，因为过错是《人工智能责任指令》下因果关系链的起点。因此，可以说过错包含作为或不作为(即人类行为)的要素。然而，它所包含的另一要素(过失或故意)仍然是国家法律的一部分(例如在德国，这是一个激烈争论的话题)。因此，违反义务只是作为过错的一个例子："依据《人工智能法案》或其他欧盟层面的法规，不履行注意义务就能构成这类过错。"[11]在其他地方，提案提到了"错误的作为或不作为"。[12]过失的构成并没有被定义。然而，在因果关系链的起点，过错被理解为一种过失(或故意)的行为(作为或不作为)。

《人工智能责任指令》中因果关系的基本概念是一条以过错为起点的因果关系链，这一链条导致人工智能系统做出某种行为，最终导致损害。过错是指对人工智能系统输入的不当作为或疏忽。人工智能系统生成一个输出(或未生成输出)来响应这个输入。然后，这个输出会导致某种损害(在德国侵权法中，可能会在此插入一个对受保护法律利益的侵

195

185

196　害)。因此，人工智能被视为"中间人"，其作为、疏忽都会造成损害。

作出行为或疏忽的人被简单定义为被告，而被告在《人工智能责任指令》第 2 条第 8 款中被定义为"被提起损害赔偿责任的人"。根据《人工智能责任指令》第 3 条，被告似乎是《人工智能法案》所定义的提供商和用户，以及"准"提供商。有趣的是，虽然数据被纳入《人工智能法案》的规范，但其中并未提及数据提供商。

四、 行为人与人工智能之间的因果联系

因果关系链的第一个环节是可反驳的推定。根据《人工智能责任指令》第 4 条第 1 款的规定，"为了将责任规则适用于损害赔偿请求，国家法院应推定被告的过错与人工智能系统的输出或人工智能系统未能输出之间存在因果关系"。这一推定的必要条件包括：(1)过错；(2)基于案件情况，有合理的可能性，即过错影响了输出；(3)人工智能输出与损害之间的因果关系。

过错必须根据《人工智能责任指令》第 4 条第 1 款 a 项确定。它包括任何不履行注意义务的作为或疏忽。然而，《人工智能责任指令》第 4 条第 2 款规定，在针对高风险人工智能系统提供商损害赔偿案件中，相关义务仅限于《人工智能法案》所列的义务。

可能性意味着"根据案件情况，可以合理地认为过错影响了人工智能系统生成的输出，或导致未能生成输出"。《人工智能责任指令》第 4 条第 1 款 b 项中的这一要求似乎作为一种救济条款，适用于那些过错明显对人工智能系统行为没有产生影响的情况(例如，某些文档义务可能就是这种情况)。

第三项要求涉及因果关系链的第二个环节：根据《人工智能责任指令》第 4 条第 1 款 c 项规定，原告应证明人工智能系统生成的输出(或人工智能系统未能生成输出)导致了损害。

《人工智能责任指令》第 4 条第 7 款强调，该法第 4 条第 1 款中包含的推定是可反驳的。可以说，可反驳性已经包含在"推定"这一术语中(否则它将是一种法律拟制)。《人工智能责任指令》第 4 条第 7 款起到了澄清作用。然而，它并不限制对推定进行反驳的方式。首先，通过证明被告的行为与人工智能的行为之间不存在因果关系，可反驳这一推定。其次，也可以通过证明过错行为确实导致了该行为，但履行相关义务的行为也会导致相同的行为(换言之，合规行为不会改变结果)来反驳推定。这在德国学说中被称为合法的替代行为(rechtmäßiges Alternativverhalten)。

197

五、 人工智能输出与损害之间的因果关系

这引出了因果关系链的第二个环节，而该环节不受推定的限制。相反，如前所述，根据《人工智能责任指令》第 4 条第 1 款 c 项，原告必须证明输出与损害之间的因果关系。

有趣的是，在已经流出的《人工智能责任指令》先前版本中，可能的反驳被表述得似乎暗示推定涵盖整个因果关系链。它提到"有权反驳……(作为或不作为与人工智能输出或未输出之间的)推定(……)，例如通过证明比系统的输出或未能生成输出之外更合理的损害解释"。[13]

六、 产品责任指令

在因果关系推定方面，《产品责任指令》提案中的规则与《人工智能责任指令》中的规则类似，但两者并不完全相同。其基本概念依赖于因果关系链，以制造商行为作为起点，导致人工智能系统缺陷，最终导致损害的发生。

在产品责任法中，制造商的作为或不作为是众所周知的，包括与人

工智能系统相关的构造、制造和使用指导(参见《产品责任指令》第 4 条第 11 款对制造商的定义)。根据该提案,产品包括软件(《产品责任指令》第 4 条第 1 款),因此,经过训练的人工智能系统可被纳入该产品的定义中。尽管从技术角度来看,软件不同于人工智能本身(训练模型),但《产品责任指令》鉴于条款第 12 条明确人工智能系统应被视为《产品责任指令》意义上的软件。这也符合《产品责任指令》的目标,即"软件"(根据示例,指的是一般的信息技术系统)"无论其供应或使用方式如何"(即嵌入式、虚拟的或作为服务形式)都应被包括在内。[14]编程和训练可能是制造过程的一部分。

作为因果关系链中间环节,有缺陷的人工智能可参考《产品责任法》第 9 条对缺陷产品的推定规则。人工智能的缺陷可以理解为生成不被预期的输出或未能生成预期的输出。然而,缺陷还包含过失的因素。没有这个过失因素,有损害的产品仍然不能被认为是缺陷产品(这是将产品责任归类为特殊过错责任而非严格责任的关键论点[15])。另外,这种过失因素应归责于制造商的作为和不作为。缺陷要求只是用来证明过失的一种方式(因此替代了直接证明过失)。然而,这并不改变产品被置于因果关系链中间的事实,从制造商的作为和不作为到缺陷产品再到损害。

因果关系链的前半部分(从制造商到人工智能的因果关系)已经被传统的产品责任法所涵盖。如果确定产品存在缺陷,就会推定产品制造商的作为或不作为与缺陷之间存在因果关系。这个推定是不可反驳的(因此不再是一种推定,而是一种拟制),除了在开发风险的情况下(开发风险的豁免仍然存在,但《产品责任指令》第 10 条第 1 款 e 项对其时间范围进行了修改)。

至关重要的是,《产品责任指令》第 9 条第 3 款涵盖因果关系链的后半部分,该条规定:"当已确定产品存在缺陷,并且造成的损害属于典型的与该缺陷相符的损害,应推定产品的缺陷与损害之间存在因果关系。"尽管这并非专门针对人工智能作为产品的情况,但在涉及人工智能的情况下，它可能尤为重要。因此，需要注意的是，在损害通常与缺陷一致的情况下，为因果关系链后半部分确立因果关系的推定，《产品责任指令》比《人工智能责任指令》走得更远。

《产品责任指令》提案第 9 条第 4 款更适用于人工智能。该条规定了一项可反驳的推定，适用于当原告面临"因技术或科学复杂性，导致证明产品缺陷或产品的缺陷与损害之间的因果关系非常困难，或两者皆有"的情形。在这种情况下，如果"(1)产品促成损害；以及(2)产品可能存在缺陷，或者缺陷很可能是造成损害的原因，或两者皆有"，法律才能推定"产品存在缺陷或产品缺陷与损害之间存在因果关系，或两者兼有"。这个推定涵盖了整个因果关系链。然而，由于该推定要求产品促成了损害，即产品对损害有因果关系，因此其事实上仅限于前半部分。可以说，纯粹的"促成"应被视作较低程度的因果关系。但这个概念似乎很难说明，因此存在问题。

七、建　议

有人可能会问《人工智能责任指令》是否应该效仿《产品责任指令》的做法，以及是否应当将《人工智能责任指令》第 4 条第 1 款的推定扩展至因果关系链的后半部分，来实现两者的一致性。然而，需要强调的是，《产品责任指令》第 9 条第 3 款并非专门针对人工智能的规定，而《产品责任指令》第 9 条第 4 款则专门针对复杂技术，并且只是部分地对因果关系链的后半部分可以适用推定。《人工智能责任指令》是否需要进行如此广泛的推定是一个法律政策的问题。反对这种扩展的理由可能是，《人工智能责任指令》涵盖了《产品责任指令》没有涵盖的用户，能更好地了解人工智能系统的实际行为，因此能够提供相关的证据。

最后一点，可以与现有严格责任制度进行比较，这些制度解决了因果关系的证明问题。在德国法中，这种规则适用于环境损害，并制定了特殊严格责任的制度(基因工程造成的损害也有类似的规则)。[16]《环境责任法》(Umwelthaftungsgesetz)第 6 条规定："因果推定：(1)如果根据个案的具体事实，某一设施可能/能够导致损害的发生，则可以推定该设施造成了损害……(2)如果设施是按照其预定用途(bestimmungsgemäß)运行的，则不适用第 1 款。如果已遵守了具体的操作义务且操作没有发生中断，则视为按照预定用途操作。"

最后，应该注意到，在存在许多可能的因果关系相关者的情况下，这种推定可能会遇到困难。因此，《环境责任法》第 7 条部分取消了这种推定："排除推定：(1)如果多个设施可能造成损害，根据个案的具体事实基础，如果有其他情况可能导致损害，则不适用该推定……(2)如果只有一个设施可能造成损害，根据个案的具体事实基础，如果其他情况可能导致损害，那么不适用该推定。"

这个例子让我们回到未来的物联网场景，在这些场景中可能会发生类似情况。多重因果关系可能造成难以单独确定具体的人工智能系统造成了损害。[17]在这种情况下，即使因果关系推定也可能难以解决问题，第一方保险(索赔人只需证明损害由某种人工智能系统造成的，而不需要指名具体的系统)可能是一种替代方案。[18]如果将来因果关系证明的问题变得更加复杂，这种解决方案可以加以讨论。

注释

1. Proposal for a Directive on adapting non-contractual civil liability rules to artificial intelligence (AI Liability Directive), COM(2022) 496 final.

2. Proposal for a Directive on liability for defective products, COM(2022) 495 final.

3. Proposal for a Directive on adapting non-contractual civil liability rules to artificial intelligence (AI Liability Directive), COM(2022) 496 final, p.1.

4. Kirn/Müller-Hengstenberg, Intelligente (Software-)Agenten: Von der Automatisierung zur Autonomie? Verselbstständigung technischer Systeme, MultiMedia und Recht

(2014) 225, 229; Stiemerling, "Künstliche Intelligenz" -Automatisierung geistiger Arbeit, Big Data und das Internet der Dinge, Computer und Recht(2015) 762, 763 f.

5. Hacker, The European AI Liability Directives-Critique of a Half-Hearted Approach and Lessons for the Future, Social Science Research Network(2022), p.56 f.

6. Spiecker, Zur Zukunft systemischer Digitalisierung-Erste Gedanken zur Haftungsund Verantwortungszuschreibung bei informationstechnischen Systemen, Computer und Recht (2016) 698, 701.

7. McMillan/Varga, A review of the use of artificial intelligence methods in infrastructure systems, Engineering Applications of Artificial Intelligence(2022), p.12.

8. Proposal for a Directive on adapting non-contractual civil liability rules to artificial intelligence(AI Liability Directive), COM(2022) 496 final, p.11; cf. Recital 22 AILD.

9. Kahrs, Kausalität und überholende Kausalität im Zivilrecht, Hamburg(1969), ch. 1; Lukits, Die Kausalität aus Sicht der Rechtswissenschaft, Rechtsphilosophie (2015) 187, 191ff.

10. Recital 3 AILD.

11. Proposal for a Directive on adapting non-contractual civil liability rules to artificial intelligence (AI Liability Directive), COM(2022) 496 final p.13; cf. Recital 23 AILD.

12. Proposal for a Directive on adapting non-contractual civil liability rules to artificial intelligence(AI Liability Directive), COM(2022) 496 final, p.1.

13. Art. 4(4), Art. 5(2) of the leaked version.

14. Proposal for a Directive on liability for defective products, COM(2022) 495 final, p.14; cf. Recital 12 PLD.

15. Zech, Künstliche Intelligenz und Haftungsfragen, Zeitschrift für die gesamte Privatrechtswissenschaft (2019) 198, 213 f.; Spindler, Die Vorschläge der EU-Kommission zu einer neuen Produkthaftung und zur Haftung von Herstellern und Betreibern Künstlicher Intelligenz, Computer und Recht(2022) 689, 698.

16. § 6 Umwelthaftungsgesetz; § 34 Gentechnikgesetz.

17. Spiecker, Zur Zukunft systemischer Digitalisierung, Computer und Recht (2016) 698, 701.

18. Hacker, The European AI Liability Directives-Critique of a Half-Hearted Approach and Lessons for the Future, Social Science Research Network(2022), p.48 f.

第七章　证明责任
——如何应对受害者降低人工智能损害证明责任负担的潜在需求?

尤金尼娅·达科罗尼亚[*]

一、引　言

　　两年前笔者曾在洛约拉大学举办的会议中提出,科幻电影中那些令人拍案称奇的场景:城市内的住宅配备智能家居技术(如辅助日常生活的家庭机器人),居民使用基于传感器的人工智能检查健康状况,自动驾驶汽车(如在城市中巡游的无人驾驶汽车)运送人员、包裹和披萨等,已经或正在成为现实。2018 年,世界第二大汽车制造商丰田公司宣布了一项颇具野心的计划:通过"电子拼盘"(E-Palettes),解决自动驾驶汽

　　* 尤金尼娅·达科罗尼亚(Dr. Eugenia Dacoronia)系雅典国立和卡波迪斯特里安大学法学院民法学教授,欧洲侵权法小组(EGTL)成员,欧盟委员会责任和新技术专家组(NTF)成员。

车的机动性和服务交付问题，实现具备可扩展性与可定制化的"移动即服务"(MaaS)。[1]"电子拼盘"是一个可定制的移动模块，能够像拼积木一样，搭载不同车厢实现不同功能。2020年1月初，丰田公司透露，计划在日本富士山脚下建造一座占地175英亩未来"城市"原型，名为"编织城市"(Woven City)，这是一个由氢燃料电池驱动的全连接系统，目前已开工建造。显然，新技术的发展是颠覆性的，既引人惊叹，又令人担忧。它们会对社会生活带来全方位的影响，由于必须反映社会需求并提供解决方案，法律受到的影响会更加显著。无人驾驶汽车、机器人和人工智能已不再属于想象的范畴，它们在劳动法、保险法，特别是侵权法领域对立法者提出了挑战。在自动驾驶汽车和人工智能应用更为普遍的背景下，道路安全、环境保护(如能源效率、可再生技术和能源的使用)以及民事责任(侵权责任和事故保险)等问题均会受到冲击。就民事责任而言，最突出的矛盾是，当出现问题、造成损害并需要赔偿时，如何为相关主体承担法律责任寻求最佳的立法解决方案。[2]有鉴于此，2017年1月，欧洲议会呼吁欧盟委员会和成员国推动研究计划，促进对人工智能和机器人技术可能带来的长期风险和潜在机遇的研究。此外，欧洲议会还积极鼓励尽快就发展这些技术的后果开展有组织的公共对话。欧洲议会认识到，自动驾驶技术与无人驾驶汽车将对民事责任(侵权责任和事故保险)、道路安全以及与环境保护有关的议题产生影响。关于医疗机器人，欧洲议会呼吁欧盟委员会确保测试程序能够保障新型医疗机器人设备的安全性。总之，欧洲议会认为，机器人造成损害的民事责任是一个关键问题，需要在欧盟层面进行一体化的分析与解决。

随后，欧盟委员会于2018年6月成立责任与新技术专家组，由来自欧盟各国的16名专家组成，负责处理民事责任与新技术问题。该专家组成立后每月在布鲁塞尔召开一次会议，直至2019年5月。NTF报告于2019年11月21日发布，重点关注是否需要特殊的民事责任制度。[3]

根据欧洲议会2020年10月20日的决议以及向欧盟委员会提出的《关于人工智能、机器人和相关技术伦理问题框架建议的报告》，[4]开发

202

203

者、部署者和用户应在其参与人工智能、机器人和相关技术的范围内，根据欧盟和各国的侵权责任规则，对个人和社会造成的任何伤害或损害负责。决定和控制人工智能、机器人和相关技术的开发过程或方式的开发者，以及参与具有操作或管理功能部署的部署者，有义务通过在开发过程中采取适当的措施，以及在部署阶段完全遵守这些措施来避免相关损害的发生。[5]

　　同日，欧洲议会表决通过了一项立法倡议决议，并向欧盟委员会提出了《关于人工智能民事责任制度的立法建议》，[6]该立法建议给出了《关于人工智能系统运行责任条例的建议文本》(以下简称《人工智能责任条例建议文本》)，其主要内容与 NTF 报告的建议完全一致。首先，高风险人工智能系统的经营者应对该人工智能系统驱动的物理或虚拟活动、设备或程序造成的任何伤害或损害承担严格责任(第 4 条第 1 款)。其次，高风险人工智能系统的经营者不得以其已尽职尽责或伤害、损害是由人工智能系统驱动的自主活动、设备或程序造成为由免除责任。如果伤害或损害是由不可抗力造成的，经营者不应承担责任(第 4 条第 3 款)。再次，针对严格责任，规定了物质损害和非物质损害的赔偿金额上限(第 5 条)。最后，对提出民事赔偿请求的时效期限(第 7 条)，以及经营者按照第 5 条规定的具体赔偿限额投保责任保险的义务(第 4 条第 4 款)作出了规定。

　　对于不构成高风险人工智能系统的经营者，《人工智能责任条例建议文本》规定了由人工智能系统驱动的物理或虚拟活动、设备或程序所造成的任何伤害或损害的过错责任(第 8 条第 1 款)。根据《人工智能责任条例建议文本》第 8 条第 2 款的规定，如果经营者能根据以下任一理由证明伤害或损害并非是因其过错导致的，则无需承担责任：

　　(1) 人工智能系统在其不知情的情况下被激活，同时经营者已采取一切合理和必要的措施避免在其控制范围之外启动人工智能系统。

　　(2) 通过执行以下流程而遵守了尽职义务：为相应的任务和技能选择适当的人工智能系统，将人工智能系统正式投入运行，监测各项活动，并通过定期安装所有可用的更新来保持系统运行的可靠性。

经营者不得以伤害或损害是由其人工智能系统驱动的自主活动、设备或过程造成为由逃避责任。如果伤害或损害是由不可抗力造成的，经营者不承担责任。

此外，即使伤害或损害是由第三方通过修改人工智能系统的功能或效果来干扰人工智能系统造成的，如果该第三方无法追踪或没有赔付能力，经营者仍应承担赔偿责任(第 8 条第 3 款)。

欧洲议会和欧盟委员会于 2021 年 4 月 21 日发布《欧洲议会和理事会关于制定人工智能统一规则(〈人工智能法案〉)和修正某些欧盟立法的条例的提案》。该提案旨在确保投放到欧盟市场并使用的人工智能系统是安全的，并尊重现行立法中的基本权利规则和欧盟的价值观。它规定了人工智能经营者必须遵守的注意义务，但没有规定其造成损害的责任规则。因此，欧洲议会和理事会采取相关立法行动的时机已经到来。

2022 年 9 月 28 日，欧盟委员会发布《欧洲议会和理事会关于使非合同性民事责任规则适应人工智能的指令》(《人工智能责任指令》)。[7] 该提案指出，需要制定责任条款，以确保在风险行为造成损害时，实现赔偿的有效性和现实性。《人工智能法案》旨在防止损害，而《人工智能责任指令》则为发生损害时的赔偿提供了安全网。[8]《人工智能责任指令》中关于"人工智能系统""提供商""用户"的定义[9]均参照了《人工智能法案》的相关规定。[10]这两个文本相互补充，应结合起来进行解读。

本章首先分析在人工智能自主的情况下，受害方如何证明过错和因果关系，然后讨论《人工智能责任指令》对这一问题的解决思路，明确该提案与《欧洲议会和理事会关于缺陷产品责任的指令的建议》[11]之间的具体关系。

关于人工智能侵权责任的新规则涵盖了基于任何主体(提供商、开发商、用户)的过失或疏忽而提出的索赔请求，以赔偿国家法律涵盖的所有损害类型(生命、健康、财产、隐私等)，以及对所有受害者(个人、公司、组织等)造成的损害。[12]

二、 证明责任的重要性

大多数司法管辖区的共同规则是，在非合同性民事责任的框架下，原告(亦即受害方)必须证明所有必备要件才能获得损害赔偿，即违法性、被告的过失、损害的持续性和因果关系。这意味着证明责任由原告承担，如果未能履行这一责任，则不予赔偿。但在特殊情况下，立法者考虑到原告的证明难度，实施证明责任倒置规则，要求被告作为更容易获得信息的一方，证明其没有过错，或者证明其行为(作为或不作为)与原告遭受的损害之间不存在因果关系。当损害是由建筑物倒塌造成时，就属于这种情况。

206　　如果立法者出于各种原因认为应当进一步减轻原告的负担，则可以引入严格责任，规定被告即使没有过错，也必须支付损害赔偿，理由仅仅是被告是危险源的经营者。

三、 人工智能的具体特点

如前所述，[13]人工智能的具体特点，包括复杂性、自主性和不透明性("黑箱"效应)，可能会使受害者难以确定责任人、难以证明损害赔偿的所有要件，或证明成本过高。因此，首要问题是人工智能用户如何获得与其他产品的用户相同的保护。对人工智能主要特征的简要分析有助于理解这一问题。[14]

复杂性：人工智能由多个组件组成硬件，各个组件之间的相互作用需要高度的技术复杂性。将这些组件与包括人工智能在内的多个数字组件相结合，使得此类技术更加复杂。[15]

不透明性：相关新兴数字技术的复杂性不断提升，用户难以理解可能对自己或他人造成伤害的过程。[16]

开放性：这种新兴数字技术的研发具有持续性，其本质取决于后续投入，更新或升级的频率往往决定了其应用前景。它们通常需要与其他系统或数据源实现交互才能正常运行。[17]

不断提高的自主性：这种新兴技术执行任务时，人类的控制与监督越来越少，甚至有时完全缺乏人类监控。[18]

207

四、 需要为受害者承担人工智能损害的证明责任提供便利

为了方便受害者承担人工智能损害的证明责任，专家组选择了严格责任，作为对新兴数字技术风险的适当回应，而这些风险通常可能造成重大伤害。严格责任由经营者负担，原因是其控制与新兴数字技术相关的风险并从中受益。如果有两个或多个经营者，特别是存在以下情形时，严格责任应由对操作风险有更多控制权的主体承担：[19]

(1) 主要决定使用相关技术并从中受益的主体(前端经营者)。

(2) 持续定义相关技术的特征并提供必要且持续的后端支持的主体(后端经营者)。

可见，根据专家组的意见，在责任基础方面，应体现出责任与风险的匹配性，并尽力消除不同侵权制度之间的差异。此外，还应确定哪些损失可以恢复，以及可恢复的程度。

过错责任(无论是否推定为过错)以及对风险和缺陷产品的严格责任应继续共存。在多个法律责任并存的范围内，为受害人提供了向不同主体寻求不同损害赔偿的多个法律依据，有关多重侵权人的规则具有适用的余地。[20]

欧洲法律研究所在其对民事责任公众咨询的回应中——《调整责任规则以适应数字时代和人工智能》(以下简称《ELI 回应》)，也认同"一刀切"的解决方案并不适用于人工智能技术，而是采取另一种更为温和

的做法，指出"由于人工智能的使用对社会带来的风险，并不一定比其他活动更高，因此在某些情况下，使用人工智能的责任可以基于缺乏客观注意义务[21]的推定"，以及"可能存在一些特定情况或特定的人工智能/机器学习，使用它可能具有固有的危险……"；对于这些情形，可以设计严格责任制度。然而，根据《人工智能法案》第 3 条的规定，高风险人工智能本身可能不符合"固有危险"的条件，不足以证明严格责任制度的合理性，毕竟严格责任的确立应当更为审慎。[22]

欧盟委员会权衡了原告和被告的利益，并考虑到发展人工智能产业的需求，决定暂时不建议对高风险人工智能施加严格责任，[23]也不建议设置证明责任的倒置规则，而是提出，如果满足《人工智能责任指令》第 3 条和第 4 条规定的条件，则推定存在过错和因果关系。欧盟委员会表示，该提案不会导致证明责任的倒置，以避免人工智能系统的提供商、经营者和用户面临更高的侵权责任风险，从而阻碍创新并减少人工智能产品与服务的使用。[24]

除了其确立的推定规则之外，该指令并不影响欧盟或各成员国的具体规则。例如，在《人工智能责任指令》第 3 条和第 4 条规定的事项范围之外，由何方承担证明责任、证明标准的确定性程度、如何定义过错等规则均不受影响。[25]

《人工智能责任指令》提案旨在为因高风险人工智能系统造成的损害而寻求赔偿的主体，提供有效的手段来识别潜在的责任人和相关证据。对此，《人工智能责任指令》第 3 条第 1 款规定，法院可以责令披露涉嫌造成损害的特定高风险人工智能系统的相关证据。原告可以向下列主体提出获取证据的请求：人工智能系统的提供商、承担提供商义务的主体(由《人工智能法案》第 24 条或第 28 条第 1 款界定)、由《人工智能法案》定义的人工智能用户。为了支持该请求，潜在索赔人必须提供足以支持损害赔偿合理性的事实和证据。

根据《人工智能责任指令》第 3 条第 2 款的规定，只有在从被告处收集证据的所有尝试均未能成功的情况下，原告才能要求被告以外的提供商或用户披露证据。[26]

　　对于人工智能系统造成的损害，《人工智能责任指令》旨在为由于未遵守欧盟法(《人工智能法案》或欧盟层面制定的其他规则)或成员国法律所规定的注意义务而导致的损害赔偿提供有效依据。对于原告来说，要在这种违规行为与人工智能系统输出(或未能产生输出)相应结果，从而造成损害之间建立因果关系颇具挑战性。因此，第4条第1款针对性地规定了可被反证推翻的因果关系推定规则。这种推定规则对受害者获得公平赔偿提供了最有效的助力。

　　例如，对于违反《人工智能法案》或欧盟层面制定的其他规则的行为，可以推定相应的主体具有过错，例如使用自动监测和决策系统的监管者、操控无人驾驶飞机的监管者。法院也可以根据不遵守《人工智能责任指令》第3条第5款规定的披露或保全证据的法院命令来推定相应主体具有过错。[27]

　　对于《人工智能法案》定义的高风险人工智能系统，《人工智能责任指令》第4条第4款规定了因果关系推定的例外情况，即如果被告能够证明原告可以合理地获得足够的证据和专业知识来证明因果关系，则不适用因果关系推定。该规则可以激励被告主动履行披露义务，遵守《人工智能法案》有关确保人工智能高透明度的措施或文件和记录要求。[28]

　　对于非高风险的人工智能系统，《人工智能责任指令》第4条第5款规定了因果关系推定的适用条件，即经法院裁定，申请人证明因果关系过于困难。[29]

　　当被告在个人非专业活动中使用人工智能系统的情况下，《人工智能责任指令》第4条第6款规定，只有在被告实质上干扰人工智能系统的运行条件，或被告被要求并能够确定人工智能系统的运行条件但没有这样做的情况下，才应适用因果关系推定。[30]

　　获取涉嫌造成损害的特定高风险人工智能系统的信息，是确定是否主张损害赔偿以及证实损害的一个重要因素。对于高风险的人工智能系

210

统,《人工智能法案》规定了具体的文件、信息和记录要求,但未规定受害者有权获取这些信息。因此,基于实现损害赔偿的目的,有必要制定规则明确掌握相关证据主体的信息提供义务。[31]

在向法院提出申请之前,人工智能系统的提供商、承担提供商义务的主体、人工智能用户拒绝披露证据,则不应适用拒绝披露者不遵守相关注意义务的推定规则。[32]

《人工智能法案》第 2 章和第 3 章明确列举了高风险人工智能系统的提供商和用户应遵守的特定要求,《人工智能责任指令》将其涵盖在内。因此,在特定情形下,未遵守这些要求也可导致因果关系推定规则的适用。[33]

五、《人工智能责任指令》与《产品责任指令》
修订版提案的关系

2022 年 9 月 28 日,欧盟委员会还提出了一项《产品责任指令》修订版提案,该提案确认人工智能软件或人工智能系统以及支持人工智能的商品是"产品",属于《产品责任指令》的调整范围,这意味着如果软件或人工智能造成损害,受到损害的自然人可以要求赔偿,而无需证明制造商的过错;除了硬件制造商,影响产品工作方式的软件提供商和数字服务(例如自动驾驶汽车中的导航服务)提供商都可能承担责任。

《产品责任指令》修订版提案可确保制造商对其已投放市场的产品所作的更改承担责任,包括当这些更改是由软件更新或机器学习触发时。它还减轻了复杂案件中的证明负担,这些复杂案件包括涉及人工智能系统的某些案件,以及不符合产品安全要求的相关案件。在此过程中,《产品责任指令》修订版提案在很大程度上响应了欧洲议会确保责任规则适用于人工智能的倡议。[34]作为对这些变化的补充,《关于人工

211

智能过错责任指令的平行提案》旨在确保当受害者必须证明人工智能系统造成的损害是行为人的过错才能根据国家法律获得赔偿时，如果符合《产品责任指令》修订版提案第3条和第4条规定的条件，相应的证明责任负担应被减轻。[35]

欧盟委员会表示，《产品责任指令》修订版提案使欧盟的严格产品责任制度实现了现代化：一是该指令适用于因缺陷产品造成损害而向制造商提出的赔偿请求；二是适用于因生命、健康或财产损害以及数据丢失而造成的物质损害；三是该指令仅限于私人提出的赔偿请求。[36]与此同时，《人工智能责任指令》将填补《产品责任指令》修订版提案调整范围之外的损害赔偿规则，以应对因过错造成的损害。例如，对于侵犯隐私或因安全问题造成的损害，《人工智能责任指令》能够进行调整。此外，如果雇主使用人工智能技术进行招聘，受聘者在这一过程中受到歧视，《人工智能责任指令》也能令受歧视者更容易获得赔偿。《人工智能责任指令》对国家法层面的过错责任制度进行了有针对性的改革，对于人工智能系统造成的损害，如果是由于行为人过错施加的影响所致，则受害者可对行为人主张损害赔偿责任；同时，《人工智能责任指令》还将适用于国家法涵盖的所有类型的损害(包括因歧视或侵犯隐私等基本权利而造成的损害)；此外，根据《人工智能责任指令》，任何自然人或法人均可提起损害赔偿请求。[37]

制定责任条款的必要性在于，当风险行为造成损害时，损害赔偿的实现具有效率性和现实性。《人工智能法案》旨在防止损害的发生，而《人工智能责任指令》则为发生损害后的损害赔偿构筑了安全网。[38]

欧盟委员会表示，与《产品责任指令》修订版提案一起通过的《人工智能责任指令》旨在促进信息获取，并在某些由人工智能系统造成损害的情况下，减轻原告根据国家法层面的过错责任制度提出损害赔偿请求的证明责任。《人工智能责任指令》中的损害赔偿规则与根据《产品责任指令》提出的损害赔偿并不重叠。[39]

212

六、 结论——对两个提案中相关规则的批评

尽管如《人工智能责任指令》的解释备忘录[40]所述，欧盟公民、消费者组织和学术机构强烈支持与强制保险相结合的证明责任制度及无过错责任(亦即"严格责任")等措施，但大多数企业认为严格责任是不合比例的，而完全转移证明责任也并不可取。因此，欧盟委员会最终决定保留基于过错的责任，并规定了若干适用因果关系推定规则的情形。《人工智能责任指令》中黑体字规则*所使用的语言非常复杂，所给出的解决方案也非常复杂，这使得该指令的适用存在很多疑问。

此外，尽管欧盟委员会确认根据《人工智能责任指令》提出的损害赔偿请求与根据《产品责任指令》提出的损害赔偿请求并不重叠，但从相应文本的具体表述中并不能清楚地得出这一结论，因为这些文本的拟定者并非同一机构(分别由司法总局与发展总司拟定)。因此，如果上述《指令》提案最终获得通过，并在国家法层面实现转化，面对处于模糊地带的案件，各国法院将不得不对其究竟属于哪一指令的管辖范围作出决断，从而产生更大的不确定性。

然而，必须指出的是，欧盟委员会的主要目的和关注焦点是让人们和企业享受人工智能带来的好处，防止因证明责任规则为损害赔偿的获取提供了便利条件，使得企业由于担心无法应对损害赔偿风险而不愿意从事人工智能的交易和开发，最终阻碍人工智能的发展。为了实现这一目标，欧盟委员会暂时采取了一种犹豫不决的态度，没有引入严格责任，甚至没有设置证明责任的转移规则，但提供了在转换期结束后 5 年进行重新评估的可能性。"在欧盟层面的其他侵权责任规则尚未作出明

---

* 译者注："黑体字规则"是指法律中的基本原则或规则，它们通常是明确的、具体的，且具有普遍适用性。这些规则在法律文献、教科书和判例中被广泛引用，为法律实践提供了稳定的基础。欧盟《人工智能指令提案》中的黑体字规则是指用于定义人工智能系统和应用的法律要求的特定条款。这些规则旨在确保 AI 系统的安全性、透明度和公平性。然而，这些规则的表述可能非常复杂，给法律专业人士和 AI 开发者带来了挑战。

确规定之前，针对人工智能系统经营者的无过错责任规则的适当性以及保险覆盖的必要性仍将是评估重点。"[41] 如果届时《人工智能责任指令》没有变化，时间会证明现在作出的选择是否正确。

注释

1. 移动即服务(MaaS)是一系列关于新交通模式的概念(特别适用于城市地区)，亦即通过提供捆绑式交通服务，消除对私家车的需求。

2. 参见 E. Dacoronia, Tort Law and New Technologies, in Ana Mercedes López Rodríguez/Michael D. Green/Maria Lubomira Kubica(eds.), Legal Challenges in the New Digital Age, Brill/Nijhoff, 2021, p.3—12。

3. LIABILITY FOR ARTIFICIAL INTELLIGENCE AND OTHER EMERGING DIGITAL TECHNOLOGIES, Report of the Expert Group on Liability and New Technologies-New Technologies Formation("NTF Report"), www.europarl.europa.eu AI-report_En.pdf, also found in: Mark A Geistfeld/Ernst Karner/Bernhard A Koch/Christiane Wendehorst(eds), Civil Liability for Artificial Intelligence and Software(vol. 37 of the series "Tort and Insurance Law", De Gruyter, 2022.

4. 2020/2012(INL), https://www.europarl.europa.eu/doceo/document/TA-9-2020-0275_EN.html# title2.

5. 参见前注 4，立法建议文本(Text of The Legislative Proposal requested)鉴于条款第 28—29 条。另见立法建议文本第 6 条(第 60—61 页)有关高风险技术义务的内容。

6. 2020/2014(INL), https://www.europarl.europa.eu/doceo/document/TA-9-2020-0276_EN.html# def_1_4.

7. COM(2022) 496 final, 2022/0303(COD).

8. European Commission, Questions and Answers: AI Liability Directive, 28.09.2022: What is the relationship with the Artificial Intelligence Act?

9. 参见《人工智能责任指令》提案第 2 条(第 24 页)。

10. 参见《人工智能法案》第 3 条(第 39 页以下)。

11. COM(2022) 495 final, 2022/0302(COD).

12. European Commission, Questions and Answers: AI Liability Directive, 28 S.09.2022: How will this Directive help victims?

13. 另见《人工智能责任指令》提案的解释备忘录。

14. 关于人工智能具体特征更详细的介绍，见前注 3，《NTF 报告》，第 33—35 页。

15. 前注 3,《NTF 报告》，第 33 页。

16. 前注 3,《NTF 报告》，第 34 页。

17. 前注 3,《NTF 报告》，第 34 页。

18. 前注 3,《NTF 报告》，第 34 页。

19. 前注 3,《NTF 报告》，第 40 页。

20. 前注 3,《NTF 报告》，第 37 页。

21. 参见 B.A. Koch et al, Response of the European Law Institute to the Public Consultation on Civil Liability-Adapting Liability Rules to the Digital Age and Artificial Intelligence, De Gruyter, JETL 2022；13(1)：25—63, p.62 = https://doi.org/10.1515/jetl-2022-0002。

22. 前注 21,《ELI 回应》，第 59 页。

23. 该提案符合各国民法典(例如《意大利民法典》第 2050 条)、《欧洲侵权法原则(PETL)》第 5：101 条)以及《共同参照框架草案(欧盟民法典草案)(DCFR)》(第 VI-101 条和 VI-3：206 条)等示范法中的风险责任条款。

24. 参见《人工智能责任指令》提案解释备忘录。另见 European Commission, Questions and Answers：AI Liability Directive, 28.09.2022：How will the new rules contribute to innovation and development in the field of AI?

25. 参见《人工智能责任指令》提案第 1 条以及解释备忘录。

26. 参见《人工智能责任指令》提案解释备忘录。

27. 参见《人工智能责任指令》提案解释备忘录。

28. 参见《人工智能责任指令》提案解释备忘录。

29. 参见《人工智能责任指令》提案解释备忘录。

30. 参见《人工智能责任指令》提案鉴于条款第 29 条，以及解释备忘录。

31. 参见《人工智能责任指令》提案鉴于条款第 16 条。

32. 参见《人工智能责任指令》提案鉴于条款第 17 条。

33. 参见《人工智能责任指令》提案鉴于条款第 26 条。

34. European Parliament resolution of 20 October 2020 with recommendations to the Commission on a civil liability regime for artificial intelligence (2020/2014(INL)).

35. 参见《产品责任指令》修订版提案解释备忘录。

36. European Commission, Questions and Answers：AI Liability Directive, 28.09.2022：What is the relationship with the Product Liability Directive?

37. European Commission Press Release of 28.09.2022.

38. European Commission, Questions and Answers：AI Liability Directive, 28.09.2022：What is the relationship with the Artificial Intelligence Act?

39. 参见《产品责任指令》修订版提案解释备忘录，另见《产品责任指令》解释备忘录。

40. 参见《人工智能责任指令》提案解释备忘录。

41. 参见《人工智能责任指令》提案第 5 条。

第四部分
追偿权和保险

第八章 多个责任人之间的追偿权

——侵权责任的分担

米克尔·马丁·卡萨尔斯[*]

一、引 言

217

（一）术语

众所周知，追偿权是一个通用术语，指债务人偿还的债务超过自己应当承担的份额时，有权向第三方索要超出部分。当多人负有连带责任，而其中一个人偿还的款项超过了其应承担的份额时，可以使用追偿权这一法律手段，在所有债务人之间分摊责任，并从其他债务人处获得分担款项。由于这个问题以概念界定为起点，需要对相关术语加以说明。

＊ 米克尔·马丁·卡萨尔斯(Miquel Martín-Casals)系西班牙赫罗纳大学欧洲和比较私法研究所民法教授。感谢西班牙经济和竞争力部提供的项目资助([PID2019-104067RB-I00] R&D)对本章开展相关研究的帮助。

首先，非源于合同损害而负有侵权责任的多人为"多个侵权行为人"(multiple tortfeasors)。由于追偿权常用于当事人并非多个侵权行为人的其他场合(例如，保险人在向投保的受害者支付损害赔偿后，可向造成损害的侵权人提出追偿权请求)，当存在多个侵权行为人的情况下，一些法学专家更愿意使用"分担"(contribution)这一概念，亦即尽管侵权行为人对受害者负有责任，但当全部损失应由他们分担时，侵权行为人可以寻求追回超出其份额进行"赔偿"(indemnity)的那部分金额。[1] 然而，笔者将在本章中将"追偿权"和"分担权"作为可交换的同义词来使用，有时，还会使用"赔偿"(indemnity)一词指代同样的含义。

218 至于约束多个侵权行为人的关系类型，虽然大多数大陆法系国家使用"solidarity liability"一词表示连带责任，软法[*]中也常见这一术语。[2] 但在本章中，笔者将不加区分地使用"solidarity liability"与"joint and several liability"这两种表述用以表示连带责任，因为后者是普通法中普遍使用的术语，也是现行《产品责任指令》第5条[3]和《产品责任指令》修订版提案第11条中使用的表述。[4]

（二）连带责任

通常情况下，连带责任在一般债法中有详细规定，通常涉及多个合同债务人，这些债务人有义务根据同一合同向债权人提供相同的履约行为。在有多个合同债务人的情况下，这意味着债权人可以要求其中任何一个债务人全部履行债务。同时，只要债务人没有完全履行债务，他就可以要求其他任何连带债务人履行债务。但是，当有一个债务人完全履行债务后，债权人便无权要求其他债务人再次履行该合同义务，亦即债权人无权接受多次债务履行。债务人与债权人之间的关系通常被称为"外部关系"(external relationship)。[5]

219 当一个连带债务人通过其履约(或其代理人履约)解除了其他连带债

---

[*] 译者注："软法"(soft law)是指那些不具备法律约束力，但在实践中具有一定的指导或规范作用的规则、原则或标准。这些规则通常来源于国际组织、行业协会或其他非正式机构，它们可能没有经过正式的立法程序，但仍然对成员国或组织产生影响。

务人的债务，该债务人可以代位行使债权人的权利(代位权或法定转让)，或要求其他连带债务人分担责任。债务人之间的这种关系，意味着每个共同债务人对外都承担连带责任，对内则只对自己的份额承担责任。[6]但是，如果其中一个连带债务人无力偿债或下落不明，则其他的所有债务人，包括已经偿债的债务人，都必须按各自应承担的债务份额比例补足这部分债务。连带债务人之间的关系通常被称为"内部关系"(internal relationship)。

各国的民法典都明确提到外部关系和内部关系中产生的相应权利和义务，[7]虽然所有欧洲国家的法律制度中都包含具有这些特点的类似规则，但在许多细节上可能会出现较大差异。

欧洲各国法律制度之间的主要区别在于，是否必须由缔约各方特别约定才能产生连带责任，或者连带责任是否属于默认规则，以及一个债务人的行为是否对其他债务人具有共同效力。

对于存在多个侵权行为人的场合，将连带责任确立为默认规则似乎没有问题。原因在于，除了履行及其替代行为(例如合并或抵消)之外，一个债务人对债权人的行为在连带责任的次要效力(如既判力或中断诉讼时效)方面不影响其他债务人。

与此相反，明确要求确立连带责任并倾向于规定共同次要效力的制度面临以下几个问题。第一个问题是，在非合同义务的情况下，由于连带责任不能以合同为基础，因此除非法律明文规定，否则不会产生连带责任。考虑到这是一个必须克服的缺陷，一些法律制度在法国判例法之后发展出所谓的"连带义务"(obligations in solidum)，这是一个充满疑问的概念，一般适用于造成同一损害的多个侵权行为人，无论他们是在共同设计下实施行为还是独立实施行为。"连带义务"产生与连带责任相同的主要效力，但不产生所谓的次要效力。支持这种特别规则的理由是，对同一损害负有责任的侵权行为人在法律地位上与共同缔约人并不完全相同，而且规定共同效力的传统规则不适合债务人并非有意合作甚至可能互不相识的情况。正如法国的相关学术著作所说，"连带义务"

220

最终是一种淡化了的连带责任，是在放弃广泛适用严格意义上的连带责任之后重新创造出来的概念。[8]

根据现行《产品责任指令》而转换的国家法中提到了"连带"(solidarity)，但由于上述原因，"连带"在不同成员国的含义并不相同。在那些连带债务具有次要效力的国家，除非在国内法转换指令的过程中明确排除(通常不排除)次要效力，否则这些次要效力仍可根据国内法适用。与此相反，在非基于合同义务而产生的"连带义务"中，连带责任的次要效力被摒弃，理由是连带义务人之间不存在共同利益。因此，无论是正式通知、时效中断，还是对其中一个债务人的既判力，抑或是对一个债务人行使其他补救措施，都不会对其他债务人产生任何影响。

有观点认为，在这一领域，不能武断地确认唯一正确的解决方案，同时有一种将"连带义务"与"连带责任"两个概念相统一的趋势。[9]此外，法国新的债法中没有提及这类义务，对于非合同责任的改革意见建议，通过为对同一损害负有责任的多个侵权行为人确立连带责任的方式，放弃"连带义务"的概念。[10]相比之下，2023年1月1日生效的《比利时新民法典》债法编将"连带义务"与"连带责任"这两个概念一起编入法典，并规定两者具有相同效力，但"次要效力"除外(参见《比利时新民法典》第5169条)。亦即针对一个债务人的正式通知或索赔请求，将产生违约利益，并将物的灭失风险和时效中断效力扩展到所有共同债务人(参见《比利时新民法典》第5163条)。2023年《比利时新民法典》第6编"非合同责任"的立法草案中，也保留了这一区别，规定了针对多个侵权行为人的连带责任(参见《比利时新民法典》第6编立法草案第6条第20款)。[11]

(三) 何时产生连带责任？

连带责任可能在不同情况下产生：

(1) 多人共同行动或共同意思联络造成损害(无论是相同损害还是不同损害)。

(2) 数人，不论是共同行动还是独立行动，造成了相同的损害。

(3) 一人因监督或控制义务而对另一人的行为负有责任。[12]

在本文的语境下，多人造成损害可能导致连带责任和分担责任请求的主要是前述第(2)和第(3)两种情况，即造成相同的损害并对他人造成的损害承担责任。但共同行为或按照共同意志的行为也是适用的，尤其是在不确定谁造成了伤害的情况下。

222

二、 基于共同行为的连带责任

关于共同行为的方式，不仅可以区分不同的行为方式，还可以根据参与行为的不同程度作出区分，参与程度的范围从简单的心理支持到亲自实施造成损害的行为(通过作为或不作为实现)。[13]

反过来，通过作为或不作为实现的具体行为可以指向不同情形，这取决于造成伤害行为的合法性或非法性，以及参与行为的程度。

某种程度上，对于大多数国家而言，与他人一起参与非法活动是最棘手的情况之一。[14]这与《欧洲侵权法基本原则》(PETL)第 9：101 条第 1 款 a 项所指的情况相同。该条规定，在下列情况下，将构成连带责任：某人故意参与，或者唆使或鼓励他人的不法行为，对受害者造成损害。[15]在这些情况下，造成损害的行为人即便能够证明其行为不可能直接造成损害后果，也无法逃避相应的侵权责任。这意味着，如果符合侵权责任的其他构成要件，潜在的因果关系就足以确定侵权责任。[16]

然而，另一种共同行为方式是数人共同参与一项并不以造成损害为目的的活动，但损害的发生是由于参与者的过失造成，并且无法确定谁是造成损害的参与者(替代性因果关系)。[17]

223

（一）共同行为造成损害

在这种行为类型中，并不存在蓄意合作或明示或默示造成损害的合意，而是多人共同参与不法行为，产生最终导致损害的风险。在这些由替代侵权人引起的存在替代性因果关系的案件中，在某些国家被称为集体过错案件，当损害不能与该群体中的任何特定成员产生因果关系时，所有共同行为人都要承担连带责任。显然，责任的存在必须满足其他要求，特别是过错，或者在严格责任的情况下，构成无过错责任规则所预见的特定风险已经被实现。不过，在这些情况下，如果所有的可能侵权人都能证明自己不可能造成损害，则都可以免除自己的责任。[18]

某些国家的民法典(如《德国民法典》第 830 条第 1 款、《荷兰民法典》第 6：166 条)以及一些国家的判例法(如法国和西班牙)[19]接受了这一解决方案，其目的是解决因果关系不确定的问题，亦即在无法根据"必要条件"标准以现有的证据手段和所需的证据标准(替代因果关系)确定因果关系时，责任也能成立。该条款建立了一个可反驳的因果关系推定，其正当性在于，在这些情况下，相关活动的参与者创造了这种因果关系不确定性的风险。但是，该规则允许提出反证推翻。因此，如果群体中的成员能够证明其不可能造成损害，则不承担责任。[20]然而，法律文书和判例法在许多情况下倾向于采用非常宽松的团体概念，并将连带责任扩大到有多个行为人从事类似活动但独立行事的情况。[21]

主流观点认为，只有在数人一致行为或有共同意思联络，而不是在多个不法行为人相互独立行动并且无法确定其中哪个人造成了损害的情况下，才有理由成立连带责任。此时按照各自造成损害可能性的比例承担责任(比例责任)，似乎能够更好地在行为人和受害者之间分配多种风险，即不确定性、债务人无偿付能力和债务人无从追踪的风险。[22]例如，2023 年《比利时新民法典》第 6 编的立法草案中规定了比例责任，亦即当数人通过引起责任的单独行为使受害者面临实际发生损害的风险，而又无法确定是谁造成了损害时，应按照比例承担责任。在这种情况下，每个人都应根据其造成这种损害的可能性承担相应的责任，尽管该规则为那些能够证明自己没有造成损害的人提供了免除责任的可能性。[23]

然而，根据现有的法律规定或判例法，大多数欧洲国家相关法律制度的普遍立场是，在这种情况下，为了保护受害者，尽管有多种由数个行为人分别实施而并非受共同意思指导的行为，但这些案件仍然适用连带责任。[24]

(二) 作为一种共同行为的"商业和技术单元"

责任与新技术专家组提出的所谓"商业和技术单元",[25]是公共行为的一种新形式,是现代数字生态系统中特定共同行为或共同设计行为的一种可能的责任来源。

众所周知,在现代数字生态系统造成损害的情况下,多种实体物品和数字元素与服务的结合,可能会增加索赔人确定损害发生地点和原因的难度。在多个物理和数字元素相互作用的情况下,例如在物联网系统中,如果这些不同元素是由其生产商设计来组合并形成相应的单元,就足以证明该单元存在缺陷或造成了损害。[26]

因此,当两方或多方在合同或类似基础上合作为数字生态系统提供不同要素时,就会出现"商业和技术单元"。确定该单元存在的因素不仅包括各要素的联合或协调营销,还包括要素之间的技术相互依赖性和互操作程度,以及要素组合的特殊性或排他性程度。[27]当该单元造成损害时,只要符合侵权责任的其他构成要件,尽管受害者只能证明该单元造成了损害,而不能证明哪个要素造成了损害,与该单元有关的所有潜在侵权行为人都将对受害者承担连带责任。[28]

这个观点似乎与传统的排除规则不同,传统的排除规则允许所有可能侵权人在证明其个人行为或活动不可能造成损害的情况下免除责任。对于商业和技术单元来说,任何一个成员都必须在诉讼中证明,造成损害的故障不是由商业和技术单元造成的。[29]根据该提案和"商业和技术单元"这一对共同行为实施者的命名,该单元似乎必须同时具备"商业性"与"技术性",亦即供应商群体仅在商业方面(例如,推荐其他供应商的服务或产品与自己的产品一起使用,或为其客户基于相同用途购买相关服务或产品提供便利)或技术方面(例如,加强不同供应商的产品和服务与自己产品的互操作性)采取联合行动是不够的。然而,如果此时规定不同提供商之间需要承担连带责任的理由是它们"最有能力控制相互作用和互操作性的风险,并预先商定事故成本的分配",[30]那么这一

226

213

理由似乎也可以适用于单纯的"商业单元"和单纯的"技术单元"。[31]

正如责任与新技术专家组所说,"商业和技术单元"可能适用侵权人之间相互追偿,因为在它们的内部关系中,寻求分担责任的侵权人可以要求这些单位的成员对其累计份额承担连带责任,[32]例如,在替代责任的情况下,委托人对其辅助人的行为承担责任。正如责任与新技术专家组所认识到的,新兴数字技术环境的复杂性和不透明性已经使受害者很难在第一时间获得救济,这也使实际偿付的侵权人难以确定其应当承担的损害赔偿份额,并要求其他侵权人分担责任。此外,责任与新技术专家组认为,尽管存在复杂性和不透明性,但还是比较容易确定构成这种单元的两个或多个侵权人,让该单元的成员承担连带责任将有助于那些不属于该单元的成员但向受害者支付的损害赔偿超过其份额的侵权人主张追偿。

然而,在现行《产品责任指令》中以共同行为确定多个经济合作者的连带责任将面临一些问题。

首先,就产品责任而言,它可能引入了一种在因果关系不确定时追究经济经营者责任的制度,这与因果关系确定时的制度有所不同。在因果关系确定的情况下,并非所有的经济经营者都要承担连带责任,因为其中一些经济经营者的责任只是补充性的,也就是说,只有当其他一些经济经营者因为不在欧盟的管辖范围内(例如,进口商代替了欧盟以外的制造商)或因为不为人所知(例如,分销商代替了不知名的制造商)而无法承担责任时,才会产生这种责任。有时结果可能是,在因果关系确定的情况下不承担连带责任的经济经营者,在因果关系不确定的情况下却要承担连带责任。

其次,虽然不能说责任转移给了最终产品的制造商,但由于受害者也可以向其他经济经营者索赔,制造商的地位在责任方面具有某种吸引力(亦即制造商更容易成为受害者索赔的对象)。例如,产品缺陷和因果关系的推定(《产品责任指令》修订版提案第 9 条)就与《产品责任指令》修订版提案第 4 条第 1 款意义上的产品具有相关性。

最后，反对这种用以减轻证明负担的特殊措施的主要原因可能是，为克服不确定性而选择的技术依赖于大量使用可反驳的事实推定，这减轻了原告的举证困难，并允许法院在证明另一事实时，不仅以因果关系的存在为依据，而且以产品缺陷的存在为依据。在《产品责任指令》修订版提案和《人工智能责任指令的提案》中使用的推定范围如此之广，以至于大多数情况下，不确定性的后果都转移到了被告身上，受害者几乎不会面对证明损害的不确定性问题。

228

三、 根据现行《产品责任指令》提出的分担或追偿要求

（一）不受指令影响的关于责任分担或追偿权的国家规则

目前，现行《产品责任指令》第5条和第8条第1款提到了分担权或追偿权，即在对于两个或两个以上根据指令对同一损害承担连带责任的行为人以及由产品缺陷和第三方的作为或不作为造成损害的场合中，责任人有分担权或追偿权，但具体规则由各国自行制定。

《产品责任指令》修订版提案还排除了对追偿权的规定，在第2条第3款b项有关适用范围的规定中，明确指出该指令不影响："如下有关追偿权的国家法规则：有关两个或两个以上根据指令第11条负有连带责任的经济经营者之间的责任分配或追偿权，或在损害既由有缺陷的产品造成，又是由指令第12条所指的第三方的作为或不作为造成的情况下产生的相关责任的追偿权。"

根据该条款，多方责任以及相应的分担权或追偿权可在《产品责任指令》修订版提案第11条所定义的经济经营者之间，或经济经营者与《产品责任指令》修订版提案第12条界定的第三方之间产生。

（二）经济经营者基于致使"同一损害"产生的责任

在经济经营者之间，《产品责任指令》修订版提案第11条(多个经济经营者的责任)规定：

215

成员国应确保，当两个或两个以上的经济经营者根据本指令对同一损害负有责任时，可追究其连带责任。

229　　这里有两个问题有待明确：一是"同一损害"的含义；二是如何界定可以承担连带责任的经济经营者。

1."同一损害"的含义

《产品责任指令》修订版提案规定，当两个或两个以上的经济经营者对"同一损害"负有责任时，应承担连带责任(参见《产品责任指令》修订版提案第11条)，这与现行《产品责任指令》第5条的规定不谋而合。但现行《产品责任指令》与《产品责任指令》修订版提案都没有对"同一损害"作出界定。

一些欧洲国家法律制度认为，当侵权人因其共同行为对被害人[33]造成单一损害时，损害是同一的(损害的不可分割性)，而其他法律制度似乎更重视由两个或两个以上共同原因造成的损害的事实因果关系，即两个或两个以上的共同原因是损害发生的必要或充分条件(因果关系的不可分割性)。[34]《欧洲侵权法基本原则》第9：101条规定，在有多个侵权人的情况下，如果没有合理的基础只将损害的一部分归责于对受害者负责任的数人中的每一个人时，则损害是同一的。它通过确立损害是相同的这一可反驳的推定完成了对这一定义的尝试，并似乎为损害的"不可分割性"概念的重要性打开了大门，因为其规定，当"每个人只对可归咎于自己的那部分对受害者造成的损害负责时，构成连带责任"。

学界有观点认为，损害或因果关系的不可分割性并不是确定损害特性的最佳标准，似乎还需要其他标准。这些标准包括受损害主体和受影响利益的特征、损害发生的时间和地点、不利变化的程度、损害的程度
230　　以及其导致损害发生的类型。[35]

2. 可能承担连带责任的经济经营者

如前所述，在产品责任的情况下，连带责任绝不可能同时发生在《产品责任指令》修订版提案第7条所定义的所有经济经营者之间。原因是，在大多数情况下，一个经济经营者的责任与另一个经济经营者的

责任并不在同一层级上，也就是说，仅当应承担主要责任的经济经营者不承担或无力承担全部责任时，另一经济经营者才承担补充责任。

由此看来，连带责任可以发生于如下情形：

(1) 当产品由两个或两个以上生产商生产时，可以产生连带责任。

根据《产品责任指令》修订版提案第 4 条第 11 款对制造商的定义，"制造商"指的是产品的生产商。这既适用于有多个实际制造商的情况，也适用于有一个实际制造商和一个准制造商或"自营商"的情况。现在，在原制造商控制范围之外对已投放市场的产品进行实质性改造的主体也被视为"制造商"(参见《产品责任指令》修订版提案第 7 条第 4 款)。在这种情况下，"制造商控制范围之外"指的是原制造商未授权对产品进行修改(《产品责任指令》修订版提案第 4 条第 5 款)。

(2) 根据《产品责任指令》修订版提案第 4 条第 3 款以及第 7 条第 1 款第二部分的规定，在产品制造商和组件制造商之间可以产生连带责任。

只要组件制造商不能适用《产品责任指令》修订版提案第 10 条第 1 款 f 项规定的免责条款，就应当成立连带责任。亦即只要产品的缺陷不能归咎于集成该组件的产品的设计，或该产品的制造商向该组件的制造商发出的指令，就应承担连带责任。"组件"包括产品制造商集成到产品中或与产品相互连接，或在制造商控制范围内集成或相互连接的任何有形或无形物品或任何相关服务(参见《产品责任指令》修订版提案第 4 条第 3 款)。在"制造商控制范围内"是指制造商已授权第三方进行集成、互连或提供包括软件更新和升级方面的服务(《产品责任指令》修订版提案第 4 条第 5 款)。至于相关服务，仅指集成或互联服务，如果缺少该服务，将无法实现产品的一项或多项功能(参见《产品责任指令》修订版提案第 4 条第 4 款)。

(3) 对于在欧盟以外生产的产品，进口商和授权代表之间可能会产生连带责任(参见《产品责任指令》修订版提案第 7 条第 2 款)。

相比之下，"履行服务提供商"的责任从属于进口商和授权代表的

231

责任。因此，当制造商在欧盟境外设立，而进口商和制造商授权代表均未设立在欧盟境内时，"履行服务提供商"应承担责任(参见《产品责任指令》修订版提案第7条第3款)。

(4) 产品经销商处于类似的从属地位，因为只有当它未能在收到索赔人的请求后一个月内确认经济经营者或向其提供产品的人的身份时，才会承担责任(《产品责任指令》修订版提案第7条第5款)。

《产品责任指令》修订版提案中使用的措辞泛指"经济经营者"，而不是像现行《产品责任指令》中那样特指"生产商"，这似乎消除了现有表述可能引起的争议，因为根据某些解释，如果没有确定成品的生产商，就可以让分销商与零部件或原材料的生产商承担连带责任。[36]

(5) 在特定情况下，在线平台的提供商也处于与分销商类似的地位，这些在线平台允许消费者与不属于经济经营者的商人签订远程合同(参见《产品责任指令》修订版提案第7条第6款)。

毋庸置疑，在这些情况下，由于其他经济经营者不在欧盟境内或无法识别，被认定负有次要责任的经济经营者将向相应的经济经营者提出赔偿或分担责任的要求。

(三) 当第三方也负有责任时经济经营者的责任

当损害由经济经营者和第三方共同造成时，指令不能将其适用范围扩大到指令范围之外的当事人。因此，它不能规定经济经营者和第三方之间的连带责任，而只能规定这种情况不会减轻经济经营者的责任，即受害者可以向他要求全部赔偿。与现行《产品责任指令》第8条第1款一样，《产品责任指令》修订版提案第12条规定：

232

第12条　责任的减轻

成员国应确保，当损害既是由产品缺陷造成的，又是由第三方的作为或不作为造成时，经济经营者的责任不被减轻。

······

指令没有规定这些情况下的连带责任，但这并不意味着连带责任不能根据不同国家的国内法而产生，而大多数国家的法律制度都对此规定了连带责任。因此，举例来说——尽管这很不现实——受损害的人至少在理论上可以根据国内法对欧盟以外的制造商提出索赔，而根据指令对进口商提出索赔。

当第三方介入时，指令唯一关注的问题是，根据指令应承担责任的经济经营者不能以"第三方"也应承担责任为由，主张减轻自己的责任。由于外国制造商不属于指令界定的经济经营者的范畴，因此它是《产品责任指令》修订版提案第12条第1款(现行《产品责任指令》第8条第1款)意义上的第三方，已向受害者支付损害赔偿的欧盟进口商可根据国内法向其追偿。

第三方也可以是经济经营者有义务作出回应的主体，根据指令范围之外的国内法规定，经济经营者可能要对其承担责任，如行为人对其辅助者的行为承担责任。在这种情况下，如果国家私法或劳动法的规定没有免除辅助者的责任，那么辅助者与行为人要承担连带责任。[37]虽然指令在规定经济经营者的责任时，没有明确提到经济经营者与其应负责任的第三人的关系，但在第三方与经济经营者存在共同过失的情况下提到了这一点(参见《产品责任指令》修订版提案第12条第2款以及现行《产品责任指令》第8条第2款)，根据"镜像规则"，在确定责任时也可以参照相关规定。从这个意义上说，因为行为人对辅助人的行为负有责任，所以辅助人的共同过失可以归咎于行为人，出于同样的原因，在对辅助人的行为承担替代责任的情况下，辅助人承担的份额也应当累加到行为人在内部关系中的份额。

与此相反，可能由受害者对其负责的主体(例如，受害者的辅助人)，同样属于受害者范畴，他并非《产品责任指令》修订版提案第12条第1款所指的"第三方"，而是在根据《产品责任指令》修订版提案第12条第2款分析受害者的共同过失时应予考虑的主体。

最后，该条款意义上的第三方也可以是与相关经济经营者完全无关

233

的主体。例如，在生态系统缺陷和网络攻击共同导致损害的情况，对于第三方的故意行为是否应免除制造商的责任可能存在疑问。[38]然而，指令似乎明确认为，此时不应排除制造商对受害者的责任。此外，指令似乎还排除了经济经营者以其与第三方关系相关的国内法规则为由，要求减少损害赔偿的可能性。一个有争议的问题是，通过适用有关责任范围的国内法(如新的干预行为、禁止追偿)，制造商在其对第三方的追偿权中是否可以，以及在多大程度上能够要求赔偿或进行公平的责任分担。

四、 各国规则的差异对经济经营者的追偿权产生的不利影响

有人认为，现行指令所采用的方法明确规定由国家立法自行决定经济经营者是否可以对另一经济经营者或第三方提出追偿或分担责任的请求。虽然这样做足以保护受害者，但却有碍于实现指令的目标之一，即通过平等分配将产品投放市场或在不同国家投入使用的生产商的负担，消除商品流通中的障碍。[39]

尽管所有欧洲国家法律制度在连带责任和追偿权方面都有类似规定，但在细节上仍有许多差异。其中一些差异，如债务人与债权人的债务合并或解除、清偿，在不同的法律制度中的操作方式不同，[40]在非合同债务的情况下法律规则的差异产生的问题可能并不重要。与此相反，关于连带债务人之间的责任分担或关于时效的不同规则，可能会对偿还超过其债务份额的经济经营者产生不利影响。因此，各国规定的差异性可能会为在某一国家制造或销售商品创造比在另一国家更有利或更不利的条件，就西班牙的情况而言，可能会给经济经营者主张追偿权带来一定的困难。

234

（一）共同侵权人之间的责任分担

1. 关于责任分担的合同协议

如果经济经营者之间的合作是经常性或持续性的，他们可以在合同中约定，当因为产品缺陷而被追究连带责任时，他们之间的责任分担规则。显然，这些协议不会影响多个负有责任的经济经营者与受害者之间的外部关系，而且当这些协议违反一般的强制性合同规则或指令规定的强制性规则时，也不会影响它们之间的内部关系。因此，举例来说，如果最终制造商与组件制造商之间的协议规定，即使缺陷可归因于安装了组件的产品的设计或最终产品制造商提供的说明，组件制造商也将承担全部或部分责任，则这种协议应归于无效，因为它违反了指令中规定的免责条款(现行《产品责任指令》第 7 条第 1 款 f 项和《产品责任指令》修订版提案第 10 条第 1 款 f 项)。

当不存在责任分担协议时，如果指令规定的国家主管机构没有针对这些情况规定具体的国内法，则应适用国内法的默认规则，这就造成各自为政的局面。以下是几个例证。

2. 何时可以提出分担责任的请求

由于大多数欧洲国家的法律制度不允许在向债权人履约之前在共同债务人之间提出任何分担要求，因此承担债务超过其份额的经济经营者只能在实际承担之后提出追偿。似乎只有德国法规定，连带债务人才能要求其共同债务人分担履行义务的费用，从而试图防止共同债务人向债权人履行超过其内部份额的义务。[41]

3. 对于超出其份额的赔偿,是否可以要求共同债务人分担因此超出其份额的赔偿时产生的费用以及利息

大多数国家的成文法都没有提到对共同侵权人(在笔者所见的案例中是多重侵权人)在支付超过其份额的赔偿时产生的费用提出分担要求。《荷兰民法典》是一个例外，该法典规定，除非履行费用仅仅与付款债务人相关，否则每个共同债务人都有责任按其内部份额的比例分担费用(参见《荷兰民法典》第 6：10 条第 3 款)。然而，有些法律制度则通

235

过诉诸"新的孳息"规则(奥地利)或假定债务人之间存在特殊关系(德国)来达到类似的结果。[42]

大多数国家的法典也没有制定关于利息的规则,可能只有《西班牙民法典》是个例外。该法典规定,付款的债务人不仅可以向其共同债务人索要每个共同债务人应承担的相应份额,而且还可以索要因预付款所产生的利息(参见《西班牙民法典》第1145 II条)。[43]

4. 如何确定各连带侵权人的内部份额

如果经济经营者没有确定各自的内部债务份额,则适用国家法律。一般趋势是根据以下几个标准确定份额。

其中最重要的标准可能是各个侵权人与损害之间的因果关系。根据这一标准,如果因果关系可以完全归咎于另一侵权人,例如,在自有品牌商向实际制造商提出追偿的情况下,制造商将承担非常大的债务份额甚至全额赔偿。

第二个重要的衡量标准是侵权人各自的过错,虽然在产品责任的情况下,过错与确定外部关系中的责任无关,但在确定内部关系时可能具有相关性。最后,平均分配通常可作为兜底性的规则适用。[44]

然而,如果对各国法律制度逐一进行详细分析,标准的多样性问题还会更加突出,并可能产生严重的经济后果,从而给共同侵权人带来不同的负担。

举例来说,德国对该指令的国内法转换并未提及作为兜底条款的平均分配规则,[45]而意大利的国内法转换则明确规定了责任分担的标准,相应的衡量标准包括:每个经济经营者应承担的风险大小、各自过失的严重程度、损害后果的严重程度等,如有疑问,则应在各个经济经营者之间平均分配应承担的份额。[46]

相比之下,其他国家(如荷兰)则采用一般性的共同过失规则,即分两步分配责任,第一步以因果关系(因果贡献)为基础,第二步则基于所谓的"公平矫正"展开,其中考虑到了案件的具体情况,还包括过失的相对严重程度、加害人的责任性质、损害的类型和严重程度,甚至包括双方的年龄、社会、身体和心理状况以及双方的经济条件，以及是否存在保险等情形。[47]

最后，在法国等其他国家，当产品制造商对导致产品缺陷并造成损害的缺陷组件制造商提起追偿请求时，最高法院适用了法国关于追偿权的一般规则，亦即当存在多个侵权人且所有侵权人都负有严格责任时，责任必须在他们之间平均分配。在该案中，这意味着产品的生产商和零部件的生产商必须各承担损害赔偿总额的一半。[48]

5. 在替代责任的情况下，特定债务人免于承担连带责任对重新分配债务的影响

最后，在经济经营者与其在供应链中引入的非经济经营者的第三方 (如制造商的辅助人员)承担连带责任的情况下，有必要注意到，在一些国家，基于民法或劳动法的规定，辅助人员不与行为人承担连带责任，因此，不会涉及内部份额分配问题。[49]

(二) 解决方案

如果偿还了超过其份额的经济经营者的分担权是基于代位权，则分担请求的时效期间与受害方对所有经济经营者提出赔偿请求的时效期间相同。由于在这种情况下，偿还金额超过其份额的经济经营者实际上"处于受害者的地位"，因此，如果受害者的诉讼时效期间或消灭时效期间已届满，就不能提出分担责任的请求。

但是，如果分担责任的请求是以独立的诉讼权为基础的，大多数欧洲国家的法律制度允许已经赔偿的债务人向其他债务人提出分担责任的请求，即使受害者对其他共同债务人的请求权时效期间已经届满。[50]常有人认为，时效既不消灭债权人的权利，也不消灭连带债务，分担的请求权是一项独立的请求权，有自己的时效期限，提出这一规则的主要依据可能是债务人之间互不相识，赋予时效以共同效力会导致严重的问题。[51]

在这种情况下，有些国家的法律制度明确规定了独立于受害者债权[52]的特定时效期间，也有一些国家的法律制度规定了与为受害者确定

238

223

的时效期间一样的独立时效期间，[53]还有一些法律制度则没有规定特别的时效期限，而是适用一般规则，这些规则甚至可以确定很长的时效期间。[54]最后，在有些国家的法律制度中，相关的时效期间从判决要求分担费用的债务人偿付(或与受害者解决损害赔偿要求)时开始计算，[55]但在大多数国家的法律制度中，时效期从要求分担费用的债务人向受害者偿付时开始计算。[56]

ELI 版《产品责任指令》*建议，负有连带责任的经济经营者之间的追偿权既不受受害者对经济经营者的 3 年诉讼时效的影响，也不受最长保护期或消灭时效的影响。[57]在将时效的中止和中断留给国内法处理的同时，它为所有分担请求提出了一个独立和统一的 1 年时效期间。该时效期间必须从提出追偿请求的经济经营者同意赔偿受害者或被可执行的判决命令赔偿受害者之日开始计算，或从其知道或应知道其他负有责任的经济经营者的身份之日开始计算，以较晚者为准。[58]ELI 版《产品责任指令》将时效期限缩短为 1 年的理由是，经济经营者需要在合理的期限内寻求分担责任，如果他知道提出分担请求所需的所有要素，就不需要等待太长时间。以达成赔偿协议的时间为时效的起点是为了避免时效期间被无限期拖延。[59]然而，《产品责任指令》修订版提案对这些问题都保持沉默。

五、 便利举证与追偿权中的"权利不平等"

与现行《产品责任指令》第 4 条一样，《产品责任指令》修订版提案第 9 条第 1 款要求索赔人证明产品缺陷、损害和因果关系。然而，与现行《产品责任指令》不同的是，《产品责任指令》修订版提案引入了一系列可反驳的事实推定，这些推定是对缺陷和因果关系情况下既定举证

---

* 译者注：欧洲法律研究所(ELI)在《对修订版缺陷产品责任指令的回应》一文中对相关修改建议作出了评论并重新提出了由其拟定的 ELI 版《产品责任指令》。

责任的"减轻措施",但对于损害的证明则并未设计相应的便利举证措施。此外,《产品责任指令》修订版提案第 8 条规定,允许受害者要求法院命令经济经营者公开其掌握的相关证据的规则。责任与新技术专家组报告提出了类似的建议,在大多数情况下,这些建议并不局限于基于一般的侵权责任,它们也可以在新的有关产品责任法规中提供有利于证明缺陷和因果关系的机制。[60]

ELI 版《产品责任指令》还提到了一些缓解因素,如产品至少促成了相关损害的可能性;相关损害由产品造成或可归咎于被告的其他原因的可能性;如果证明某一特定项目存在缺陷过于困难,以及在某些情况下各方获取信息的不对称,那么只需证明产品中存在已知缺陷的风险即可(参见 ELI 版《产品责任指令》第 9 条第 2 款[61])。它还设想了几种将因果关系的证明责任转移给被告的情况(ELI 版《产品责任指令》第 9 条第 3 款)[62]。

ELI 版《产品责任指令》还认为,重要的是不要对实际偿付受害者的经济经营者的责任和实际承担了责任的经济经营者向其他连带债务人追偿的责任,规定明显不同的证明规则。因此,在处理追偿权时,ELI 版《产品责任指令》第 14 条第 2 款规定为受害者制定的减轻证明责任负担的措施,也必须适用于经济经营者向其他负有连带责任的经济经营者追偿的情形。尽管如此,ELI 版《产品责任指令》还认为有必要考虑到一个事实,即特定经济经营者可能不需要这些减轻证明责任负担的措施所提供的帮助,并建议酌情将其适用于追偿权。[63]这意味着在这方面给予法官一定的自由裁量权,这被认为比制定强制性规定更可取,因为硬性规定无法适应可以行使追偿权的各种情况。[64]

然而,《产品责任指令》修订版提案的措辞并不包含关于这些内容。因此,向经济经营者提出索赔的受害者将受益于这些减轻证明负担的措施,而寻求分担债务的经济经营者则无法利用这些手段。

由于《产品责任指令》修订版提案为方便证明产品缺陷和因果关系而引入的缓解措施也可能造成主张追偿的实际偿付的经济经营者与其他

240

241

经济经营者之间地位的不对称。因此，如果考虑到指令的宗旨不但是保护受害者，还要确保市场秩序的良好运行。笔者认为，《产品责任指令》修订版提案没有理由不考虑 ELI 版《产品责任指令》在这一点上的意见。针对指令造成的这种不对称性，一种缓和办法是考虑在涉及人工智能系统时，寻求追偿权的经济经营者可以利用《人工智能责任指令》第 3 条和第 4 条所载的证据披露规则、可反驳的过错推定(不合规)和因果关系规则。[65]《人工智能责任指令》第 3 条和第 4 条将成为人工智能系统造成损害的非合同责任的一般规则。然而，除非实际偿付的债务人代位行使债权人的权利，否则即使适用这一规则仍有争议，因为经济经营者提出的分担请求不是损害赔偿请求(其不是受害者或受损害人)，而是收回或偿还请求，这在大多数欧洲国家的民法典中都有明确规定。[66]

242

六、结 论

《产品责任指令》修订版提案鉴于条款第 1 条郑重宣布，其目的不仅在于保护"消费者"(或者更具体地说，保护"受害者"免受有缺陷产品对其身体健康和财产造成的损害)，更在于消除成员国法律制度之间可能扭曲竞争和影响货物在欧盟内部市场流通的差异。然而，在分担权或追偿权方面，《产品责任指令》修订版提案似乎忘记了第二个目标。提案对追偿权的缄默甚至更为明显，因为学术界已达成基本共识，即未来对现行《产品责任指令》的改革至少应解决追偿权制度中存在的问题。[67]

因为欧盟各国关于经济经营者之间追偿权的规定多种多样、错综复杂，所以欧盟委员会不想"捅马蜂窝"也可以理解。但在笔者看来，正是因为欧盟各国关于追偿权的规定在某些方面差异很大，才需要欧盟委员会采取一些立法行动。

为了保护竞争和避免市场扭曲，似乎有必要规定欧盟内的所有经济经营者享有基本平等的地位，无论他们在哪个成员国对其他经济经营者提出追偿请求。

此外，如果考虑到一些国家的法律制度不得不对指令中没有规定的追偿权问题制定相应规则，或者不得不重新解释其一般规则，因为这些规则不适合经济经营者提出追偿请求的特殊性。由此，按照欧洲法律研究所多次建议的思路稍加协调，并不会对当前各国法律制度造成太大的干扰。

笔者认为，有关经济经营者追偿权的规定至少应包括以下几个方面：

(1) 何时应允许实际偿付债务的经济经营者提出追偿权要求：是当他们被判令偿还时，还是当他们已经实际偿还时？

(2) 经济经营者是否可以适用关于披露证据的具体规则(《产品责任指令》修订版提案第 8 条)或减轻证明责任负担的措施(《产品责任指令》修订版提案第 9 条)，或任何其他具体规则(如《人工智能责任指令》第 3 条和第 4 条)，以及在何种程度上可以适用相关规则("酌情"这一表述似乎仍然过于模糊)。

(3) 较短的独立时效期：ELI 版《产品责任指令》设定为 1 年；消灭时效起算日：达成赔偿协议或赔偿令发布之日(ELI 版《产品责任指令》)或偿付之日(西班牙《消费者和用户保护普通法》第 143 条第 1 款)。与ELI 版《产品责任指令》一样，这一时效起算日期应与经济经营者的主观或客观认知(晚期发现规则)相结合，即实际偿付的经济经营者意识到或理应意识到另一负有责任的经济经营者的身份的日期，并以较晚者为准。

(4) 追偿权是否应包括对偿付债务产生的费用和应计利息的分担。

(5) 也许，还应设定基本的默认标准(在经济经营者未在合同中确定相关标准时适用)，用于分配每个经济经营者应承担的债务份额(例如，各自与损害后果之间的因果关系、各自的过错程度以及其他情况，如各自对风险的控制等)。

243

注释

1. WI. Horton Rogers, 'Comparative Report on Multiple Tortfeasors, in, WV.H. Rogers(ed.), Unification of tort law: multiple tortfeasors(The Hague: Kluwer Law International, 2004), Mn.4, 294 et passim. See also Kit Barker, Apportionment in Private Law: Kit Barker and Ross Grantham, Apportionment in Private Law(Oxford: Mart, 2019), 3—33, 9.

2. 参见 Rogers, ibidem, Mn. 1, 270 ff. Bénédict Winiger, in Bénédict Winiger, HelmutKoziol, Bernhard A. Koch and Reinhard Zimmermann(eds.), Digest of EuropeanTort Law. Volume 1: Essential Cases on Natural Causation(Berlin/Boston: de Gruyter2007 [hereafter, Digest I]), 5/29/1 and Helmut Koziol, "Full, No or Partial Liability", in Barker/Grantham (n 1) 67. See also Sonja Meier, "Plurality of Parties" in Nils Jansen/Reinhard Zimmermann (eds.), Commentaries on European contract laws, (Oxford: Oxford University Press, 2018)1557—1602, 1596 et seq. and of the same author, "Solidary Obligations" in Jürgen Basedow/Klaus Hopt/Reinhard Zimmermann, The Max Planck Encyclopaedia of European Private Law, 2 vols. (Oxford: Oxford University Press, 2012)(quoted hereinafter as MaxEuP/Author/Topic), 1573—1577 and Gesamtschulden: Entstehung und Regress in historischer und vergleichender Perspektive(Tübingen: Mohr, 2010)。

3. Council Directive 85/374/EEC of 25 July 1985 on the approximation of the laws, regulations and administrative provisions of the Member States concerning liability for defective products.

4. Proposal for a Directive of the European Parliament and of the Council on liability for defective products, COM(2022) 495 final, 28.9.2022.

5. 参见前注 2, Meier 文中对《欧洲合同法原则》(PECL)第 10: 101 条的评论, 边码 8 及边码 10 以下、第 1568 页以下。

6. 参见前注 2, Meier 文中对《欧洲合同法原则》(PECL)第 10: 106 条的评论, 第 1580—1585 页。

7. 可参见如 Art.1203—1204 Code civil(1804) and now Art.1313(2) Code civil (2016); Art.5.161 New Belgian CC; § 891 ABGB; Art.1144 Spanish CC; Art.144 OR; § 421 BGB; Art.517—519 Portuguese CC。

8. François Terré/Philippe Simler/Yves Lequette/François Chénedé (eds.), Droit civil. Les obligations, 13th ed.(Paris: Dalloz, 2022), Mn.1405, 1555. Similarly, in Spain, Mariano Yzquierdo Tolsada, Por una revisión integral del régimen de solidaridad deudores. Las trampas de la obligación in solidum, Diario La Ley, No 9458, Sección Doctrina, 17 de Julio de 2019, 1 ff.

9. 前注 8, Terré/Simler/Lequette/Chénedé 文, 边码 1402 以下、第 1549 页以下。See also Muriel Fabre-Magnan, Droit des obligations. 2.-Responsabilité civile et

quasi-contrats, 5èd.(Paris: PUF, 2021), Mn. 246 ff, 278 ff. 对西班牙的情况，可参见 Yzquierdo, ibidem and Responsabilidad civil extracontractual. Parte general. Delimitación y especies. Elementos. Efectos o consecuencias, 8. ed.(Madrid: Dykinson, 2022), 510-522。

10. Article 1265(1) Projet 2007: "Lorsque plusieurs personnes sont responsables d'un même dommage, elles sont solidairement tenues à réparation envers la victime". Ministère de la Justice, Projet de réforme de la responsabilité civile. Mars 2017, présenté le 13 mars 2017, par Jean-Jacques Urvoas, garde des sceaux, ministre de la justice suite à la consultation publique menée d'avril à juillet 2016, 〈http://www.justice. gouv.fr/publication/Projet_de_reforme_de_la_responsabilite_civile_13032017.pdf〉 (Accessed: 23.11.2022).

11. Chambre des représentants de Belgique, 8 mars 2023, Proposition de Loi portant le livre 6 "La responsabilité extracontractuelle" du Code civil(déposée par M. Koen Geens et Mme Katja Gabriëls) / Belgische Kamer van volksvertegenwoordigers, 8 maart 2023, Wetvoorstel houdende boek 6 "Buitencontractuele aansprakelijkheid" van het Burgerlijk Wetboek(ingediend door de heer Koen Geens en mevrouw Katja Gabriëls), Chambre 5e Session de la 55e Législature 2022—2023—Kamer 5e Ziting van de 55e Zitingsperiode, DOC 55 3213/001, Bilingual text in French and Flemish (hereafter, Proposition de Loi).) 〈https://www. lachambre. be/FLWB/PDF/55/3213/55 K3213001.pdf〉 (Accessed: 18.3.2023).

12. 这三种情况可参见《欧洲侵权法原则》(PETL)第 9:101 条第 1 款规定的三种情形。

13. Winiger, Digest I, 5/29/4 ff.

14. 参见前注 1，Rogers 文，边码 9、第 274 页以下。西班牙《刑法典》第 116.2 条规定："主犯和从犯应当根据其犯罪种类单独承担责任，并附随承担他人的责任。"

15. European Group on Tort Law, Principles of European Tort Law. Text and Commentary(Springer 2005), Commentary to arts. 9:101-9:102 PETL, Mn. 2, 143 considers that "A person does not incur in liability under this paragraph unless he is aware of the purpose of the one who inflicts the damage"(emphasis added).

16. 前注 2，Koziol 文，第 69 页。

17. 可比较美国法学会《侵权法重述·第三次·责任分担》中的相关条文。第 12 条："故意侵权行为人：每个实施以故意为要件的侵权行为的人，均应对该侵权行为作为法律原因造成的任何不可分损害承担连带责任"。第 15 条："共同行为人：当多人因共同行为而承担责任时，所有各方应对分配给参与该共同行为的每一方的比较责任份额承担连带责任。"The American Law Institute, Restatement(Third) of Law. Torts: Apportionment of Liability(St. Paul: American Law

Institute Publishers, 2000).

18. Geneviève Viney, Patrice Jourdain, Suzanne Carval, Les conditions de la responsabili-té, 4è. éd.(Paris：Dalloz, 2013), Mn.377, 297—300.这种情形同样出现于美国法学会《侵权法重述·第三次·责任分担》，它虽然为侵权行为人之间的责任分担提供了多种不同方式，但第 15 条规定的"共同行为人"概念在适用时优先于其他更具体的标准。The American Law Institute, Restatement(Third) of Law. Torts：Apportionment of Liability(St. Paul：American Law Institute Publishers, 2000).

19. 前注 2, Koziol 文，第 70 页以下。关于西班牙的判例法，请参见 SSTS 11.4.2000(RJ 2000, 2148), 2.11：2004(RJ 2004, 6864) and 8.3.2006(RJ 2000, 2148), 8.3.2006(RJ 2006, 1076)。

20. 前注 18, Viney, Jourdain, Carval 文，边码 380 页、第 306 页以下。

21. 关于在侵权人一致行动和单独行动的情况下是否构成连带的抗辩，参见前注 18, Viney, Jourdain, Carval 文，第 378-1 页、第 301 页以下。法国的改革似乎在这一点上存在一些疑问。因此，2016 年的法律草案第 1240 条对一般情况下或仅在人身伤害的情况下，是否让共同行为人承担连带责任显得犹豫不决。而 2017 年的法律草案第 1240 条仅在人身伤害的情况下规定了共同行为人承担连带责任的规则。相比之下，巴黎上诉法院的报告在指出该规范不精确且具有危险性之后，赋予其更广泛的范围，因为它并不要求共同行为或共同从事类似活动。最后，法国参议院 2020 年的《法律提案》废除了该条款。

22. 例如，《欧洲侵权法原则》(PETL)第 3：103 条和第 9：101 条。对相应条款的评注可参见前注 15, European Group on Tort Law 文，第 47—50 页，以及 143 页以下。

23. Art. 6.24. Causes alternatives. "Si plusieurs faits de même nature dont sont respon-sables des personnes différentes on exposé la personne lésée au risque de survenance du dommage qui'est effectivement produit, salts qu'il soit possible de démontrer lequel de ces faits a causé le dommage, chacune de ces personnes est responsable en proportion de la probabilité que le fait dont elle répond ait causé le dommage. Celle qui prove que le fait dont elle répond ait causé le dommage. Celle qui prouve que le fait dont elle répond n'est pas une cause du dommage n'est toutefois pas responsable".

24. 前注 2, Bénédict Winiger, Helmut Koziol, Bernhard A. Koch and Reinhard Zimmermann(eds.), Digest I, 第 6a/29 页。

25. Expert Group on Liability and New Technologies-New Technologies Formation, Liability for Artificial Intelligence and other emerging digital technologies (Luxembourg：Publications Office of the European Union, 2019) hereafter NTF, KF (Key Findings) 29—30, 55—57.

26. 参见前注 25，责任与新技术专家组报告中的关键发现(KF)部分，第 29 项和第 31 项。

27. 参见前注 25，责任与新技术专家组报告，第 56 页。

28. 参见前注 25，责任与新技术专家组报告中的关键发现(KF)部分，第 29 项、第 30 项；责任与新技术专家组报告，第 55—57 页。

29. 从这个意义上说，责任与新技术专家组报告第 56 页给出的例证 20，指的是 A 制造生产的智能报警系统被添加到 B 制造的智能家居环境中，并由 C 进行设置和安装。

30. 参见前注 25，责任与新技术专家组报告，第 56 页。

31. 在进一步阐述这一概念时，责任与新技术专家组似乎承认，仅在商业性或技术性方面满足其一，即可构成"商业和技术单元"。在责任与新技术专家组报告第 58 页，专家组提出："通常可以确定两个或多个侵权人形成了一个商业和/或技术单元(责任与新技术专家组报告关键发现(KF)部分第 29 项、第 30 项)。"

32. 参见前注 25，责任与新技术专家组报告，第 15 部分"多个侵权人之间的救济"(第 31 项)，第 57 页。

33. Ulrich Magnus, Multiple Tortfeasors under German Law, in W.V.H. Rogers (ed.), Unification of tort law: multiple tortfeasors (The Hague: Kluwer Law International, 2004), Mn.21, 93.

34. Willem H. van Boom, Multiple Tortfeasors under Dutch Law, Mn 29, 143—144, Christine Chappuis, Gilles Petitpierre and Bénédict Winiger, Multiple Tortfeasors under Swiss Law, Mn. 59, 244, and W.V. Horton Rogers, Comparative Report on Multiple Tortfeasors, Mn. 12—14, 277—280, all in W.V.H. Rogers(ed.), Unification of tort law: multiple tortfeasors(The Hague: Kluwer Law International, 2004).

35. Daniel Summermatter, Kausalität: ein Handbuch, Bern: 35 Daniel Summermatter, Kausalität: ein Handbuch, Bern: Daniel Summermatter, 2019, Mn.25, 654. See also Ken Oliphant, Comparative summary. Conclusions, in Ken Oliphant, Aggregation and divisibility of damage, (Wien/New York: Springer, 2009) 473—517.

36. Staudinger/Oechsler (2021), §3 ProduktHaftG, Mn. 5 and §4 para. 3, Mn.105, 107 and 113.

37. 《欧洲侵权行为法原则》第 9：101 条第 1 款 c 项即表达了这个观点："在辅助人员也负有责任的情况下，辅助人员对其引起的损害负有责任。"

38. 可参见 Staudinger/Oechsler(2021), §6 ProdHaftG, Mn. 20, 643。该文明确放弃了上一版中所采取的立场，即与其他作者一样，认为当故意行为涉及不可抗力时，可免除制造商的责任。

39. Piotr Machnikowski(ed.), European Product Liability-An Analysis of the State of the Art in the Era of New Technologies (Cambridge: Intersentia, 2017), Conclusions, Mn. 14, 675.

40. 参见前注 2, Meier 在 "Solidary Obligations" 一文中对《欧洲合同法原则》(PECL)第 10: 105 条—10: 111 条的评价以及简要概述, 第 1574—1576 页。

41. Münchener Kommentar / Heinemeyer, $ 426, Mn.13, 1740.《欧洲合同法基本原则》(PECL)和《共同参照框架草案(欧盟民法典草案)》(DCFR)遵循多数的意见, 仅限于在履约后提出追偿请求。参见前注 2, Meier, "Plurality of Partie" 一文对《欧洲合同法基本原则》(PECL)第 10: 106 条的评注, 第 1582 页, 边码 5。

42. 参见前注 2, Meier, "Plurality of Partie" 一文对《欧洲合同法原则》(PECL)第 10: 106 条的评注, 边码 4、第 1582 页。另见前注 2, Meier, Gesamtschulden: Entstehung und Regress in historischer und vergleichender Perspektive, 第 613—626 页。

43. Vicente Guilarte Zapatero, in Manuel Albaladejo, Silvia Díaz Alabart, Comentarios al Código Civil y compilaciones forales(Madrid: Edersa, 1983), T. XV-2, art.1145, 358; Jorge Cafarena Laporta, in Cándido Paz-Ares, Rodrigo Bercovitz Rodríguez-Cano, Luis Díez-Picazo, Pablo Salvador Coderch(eds.), Comentario del código civil(Madrid: Ministerio de Justicia. Secretaría General Técnica, 1991), T. II, Com. art.1145, 141—142.

44. Piotr Machnikowski (ed.), European Product Liability—An Analysis of the State of the Art in the Era of New Technologies(Cambridge: Intersentia, 2017), Mn. 14, 675 and the references to national reports.

45. Ulrich Magnus, "Product liability in Germany", in Piotr Machnikowski (ed.), European Product Liability—An Analysis of the State of the Art in the Era of New Technologies(Cambridge: Intersentia, 2017), Mn. 54, 256.

46. 意大利《消费者法》第 121.2 条规定: "赔偿损失的人可以向其他人追偿, 追偿取决于各方的风险程度、过错程度(如有)以及由此造成的损害后果的严重程度。如有疑问, 应平均分配责任。" 参见 Giovanni Comandé, "Product liability in Italy" in Piotr Machnikowski(ed.), European Product Liability—An Analysis of the State of the Art in the Era of New Technologies(Cambridge: Intersentia, 2017)。

47. Anne Lucienne Maria Keirse, "Product liability in the Netherlands, " in Piotr Machnikowski(ed.), European Product Liability—An Analysis of the State of the Art in the Era of New Technologies(Cambridge: Intersentia, 2017), Mn. 41, 314 and Mn. 66, 336—337 on the application of art. 6: 101 BW.

48. 参见前注 9, Fabre-Magnan 文, 边码 249、第 282—283 页。相关的批评意见, 参见 Jean-Sébastien Borghetti, "Product liability in France", in Piotr Machnikowski

(ed.), European Product Liability-An Analysis of the State of the Art in the Era of New Technologies (Cambridge: Intersentia, 2017), Mn. 46—47, 221—222 and his commentary to Cass. civ., 1ere., 26 November 2014, D. 2015, 405, note J. S. Borghetti。然而，根据法国 2017 年的法律草案第 1265 条的规定，法国法将会与目前的主流趋势保持一致。

49. Suzanne Galand-Carval, "Comparative Report on Liability for Damage Caused by Others. Part 1-General Questions", in Jaap Spier(ed.), Unification of Tort Law: Liability for damage caused by others(The Hague: Kluwer Law International, 2003), Mn.54, 334, Mn.57, 304.

50. 参见前注 1，Rogers 文，边码 44 以下、第 298 页以下。

51. 参见前注 2，Meier 文，"Plurality of Partie"一文对《欧洲合同法原则》(PECL)第 10:101 条的评注，边码 2、第 1598 页。

52. 参见前注 1，Rogers 文，边码 47、第 299 页，以及注释 241 中引用的德国、捷克共和国、英格兰和威尔士、西班牙和瑞典等国的报告。

53. 参见前注 1，Rogers 文，注释 241 中引用的瑞士的报告。

54. 参见前注 1，Rogers 文，注释 241 中引用的奥地利和波兰的报告。

55. 参见前注 1，Rogers 文，边码 48、第 299 页，以及注释 241 中引用的英格兰和威尔士的报告。

56. 参见前注 1，Rogers 文，注释 241 中引用的奥地利、波兰、荷兰、西班牙和瑞士的报告。

57. ELI 版《产品责任指令》第 17.4 条.European Law Institute, ELI Feedback on the European Commission's Proposal for a Revised Product Liability Directive (2022), https://www.europeanlawinstitute.eu/fileadmin/user_upload/p_eli/Publications/ELI_Feedback_on_the_EC_Proposal_for_a_Revised_Product_Liability_Directive.pdf。

58. ELI 版《产品责任指令》第 17.3 条，前注 57，European Law Institute 文。

59. 参见欧洲法律研究所(ELI)对《产品责任指令》修订版提案第 14 条的评论，前注 57，European Law Institute 文，第 24—25 页。

60. 参见责任与新技术专家组报告中的关键发现(KF)第 15 项、第 22 项或第 24 项。

61. Art. 9. Burden of proof "... 2. Member States shall ensure in their national laws that requirements for proving the defect and causation are not too onerous for a victim, in order not to undermine the purpose of this Directive as referred to in Article 1. In doing so, they shall take into account at least the following factors: (a) the likelihood that the product at least contributed to the relevant harm; (b) the likelihood that the relevant harm was caused either by the product or by some other cause attributable to the defendant; (c) the risk of a known defect within the product if it would be excessively difficult to prove a defect in a particular item; (d) asymmetry in the

parties" access to information about processes within the defendant's sphere that may have contributed to the harm and to data collected and generated by the product or by a connected service'.

62. Art. 9 Burden of proof "... 3. The burden of proving a defect or causation within the meaning of paragraph (1) shall shift to the defendant where: (a) there is an obligation under Union or Member State law to equip a product with means of recording information about the operation of the product(logging by design) if such an obligation has the purpose of establishing whether a risk exists or has materialised, and where the product fails to be equipped with such means, or where the economic operator controlling the information fails to provide the victim with reasonable access to the information; or (b) the following types of provisions or legally binding standards exist and the product fails to conform to those provisions or standards in relation to the risk or risk category that has potentially materialised: (i) relevant Union or Member State product safety law, including on cybersecurity, together with implementing acts adopted in accordance with such law; (ii) relevant European standards or, in the absence of European standards, health and safety requirements laid down in the law of the Member State where the product is made available on the market."

63. Article 14. Right of recourse, "1. Where more than one economic operator is liable for compensation of the same relevant harm suffered by a victim, any economic operator that has indemnified the victim or was ordered to do so by an enforceable judgment has a right of recourse against another jointly and severally liable economic operator. Member States shall provide the conditions for exercising such right of recourse, which must not be less favourable to the claimant than in comparable domestic cases. 2. Article 9 (2) and (3) shall apply as appropriate when claiming such right of recourse against any other jointly and severally liable economic operator."

64. 参见欧洲法律研究所(ELI)对《产品责任指令》修订版提案第 14 条的评论，前注 57, European Law Institute 文，第 24—25 页。

65. Poposal for a Directive of the European Parliament and of the Council on adapting noncontractual civil liability rules to artificial intelligence (AI Liability Directive). COM(2022) 496 final, 28.9.2022.

66. See, for instance, Art. 1213—1214 Code civil(1804) and Art. 1317 Code civil (2016); Art. 1145(2) Spanish CC; Art. 1298—1299 Codice civile; §896 ABGB; Art. 148 OR; §426 BGB, etc. 关于代位求偿权，可参见前注 2, Meier, "Subrogation" 一文中对《欧洲合同法原则》(PECL)第 10: 106 条的评注, in Jürgen Basedow/ Klaus Hopt/Reinhard Zimmermann, The Max Planck Encyclopaedia of European Private Law, 2 vols.(Oxford: Oxford University Press, 2012), 第 1614—1617 页。

67. 参见欧洲法律研究所(ELI)发布的《更新数字时代产品责任指令的指导

原则》(Guiding Principles for Updating the Product Liability Directive for the Digital Age)中的指导原则 10 和指导原则 12, https://www.europeanlawinstitute.eu/fileadmin/ user_upload/p_eli/Publications/ELI_Guiding_Principles_for_Updating_the_Product_ Liability_Directive_for_the_Digital_Age.pdf。另见欧洲法律研究所(ELI)发布的《欧洲法律研究所对民事责任公众咨询的回应——调整责任规则以适应数字时代和人工智能》(Response of the European Law Institute to the Public Consultation on Civil Liability—Adapting Liability Rules to the Digital Age and Artificial Intelligence),第 21 页, file:///Users/apple/Downloads/10.1515_jetl-2022-0002% 20(1).pdf。ELI 版《产品责任指令》,第 14 条。

第九章 人工智能的责任：
保险法提供的解决方案

赫尔穆特·海斯[*]

一、 欧洲的人工智能规则

数字化是欧盟众多计划和活动的核心，其中就包括有关人工智能统一规则的提案。例如，欧盟委员会于 2021 年 4 月 21 日提交了《人工智能法提案》。[1]《人工智能法案》强调了人工智能的巨大潜力，但也指出了可能与之相关的新风险和负面影响。[2]因此，欧盟委员会选择采取一种"平衡的方法"，以实现多个目标：[3]人工智能系统首先必须是安全的，并尊重有关基本权利的法律和欧盟的价值观。为实现这一目标，需要制定相应的法律规则，以促进对人工智能的投资。此外，还必须保障

　　* 赫尔穆特·海斯(Helmut Heiss)系苏黎世大学私法、比较法和国际私法讲座教授，"再保险合同法原则"(Principles of Reinsurance Contract Law，PRICL)全球研究网络主席。本章的英文版本由作者的助手曼迪普·拉罕(Mandeep Lakhan)翻译而成。

治理和现有法律的有效执行。总体而言，实现人工智能内部市场这一根本目标尤为重要。为此，拟议的条例旨在规制人工智能系统的提供商[4]和用户[5]。[6]根据《人工智能法提案》，"指定机构"[7]将根据《人工智能法提案》第 43 条规定的合格评定程序，对《人工智能法提案》第 6 条和附件三中定义的所谓"高风险人工智能系统"[8]进行检查。指定机构对可能出现的错误承担责任。虽然《人工智能法提案》本身没有直接规定这种责任，但根据其第 33 条第 8 款，"指定机构"有义务购买"适当的责任保险"，[9]由此推导出"指定机构"应承担相应的责任。

246

除了《人工智能法提案》，还有两项指令提案与规范人工智能侵权责任有关。一个是有关修订缺陷产品责任指令的提案(即《产品责任指令》修订版提案)，[10]另一个是关于人工智能责任指令的提案(即《人工智能责任指令》提案)，[11]这两个提案均是 2022 年 9 月 28 日提出的。《产品责任指令》修订版提案非常明确地指出，现代数字经济产品应属于该指令的范围。[12]根据这一规定，软件引发的产品责任也属于《产品责任指令》修订版提案的关键内容。[13]相比之下，《人工智能责任指令》提案本身并未规定任何责任；[14]相反，它在两个方面对欧盟各国的国内法进行了干预，以消除各国侵权责任法中的缺陷，特别是有关人工智能责任的缺陷。[15]为此，《人工智能责任指令》提案规定了证据披露义务，[16]以及在侵权人有过错时的因果关系推定规则。[17]因此，从总体上看，拟议的指令有助于落实各国法律体系中已经存在的有关人工智能系统的责任规则。

247

除侵权责任外，合同责任，如销售商或服务提供商的合同责任，也扮演着同样重要的角色。因此，应重点关注《货物销售指令》(Sale of Goods Directive, SGD)[18]和《数字内容与服务指令》(Digital Content and Services Directive, DCSD)[19]，这两项指令的颁布日期均为 2019 年 5 月 20 日。在发生违约，特别是由于交付有缺陷的商品、提供有缺陷的数字内容或提供有缺陷的数字服务而违约的情况下，消费者可向相关销售商或提供商索赔，指令中详细规定了消费者可获得的救济措施。[20]然而，这两项指令都没有规定损害赔偿的请求。[21]因此，这种请求仍然受制于不统一的国内法。

二、 人工智能责任保险：德国市场实践概览

（一）一般商业和职业责任保险

关于商业和职业责任保险，德国保险协会（Gesamtverband der deutschen Versicherung-swirtschaft)起草了名为"商业和职业责任保险的标准保单条款"（Allgemeine Versiche-rungsbedingungen für die Betriebsund Berufshaftpflichtversicherung，简称 AVB BHV)[22]的示范条款。根据 AVB BHV 第 A1-3.1 条的规定，当第三方根据私法相关的法定责任条款，就人身伤害、财产损失或任何金钱损失向被保险人提出索赔请求时，保险即生效。此类保险通常也包括与人工智能侵权相关的请求。责任是由侵权行为引起还是由合同引起并不重要，因为这两种形式的责任都属于保险范围。[23]

人工智能责任的特殊性必须受到重视。首先，某些保险免责条款对人工智能责任的影响尤为突出。例如，根据 AVB BHV 第 A1-7.9 条的规定，侵犯人格权的责任索赔一般被排除在外。相应地，AVB BHV 第 A1-6.12 条第 1(i)款将承保范围扩大到一般的纯粹经济损失，但侵犯人格权的行为也被排除在承保范围之外。此外，对人格权的侵犯往往会导致非物质损失，而这种损失——除非商定了特殊的承保范围[24]——通常不包括在保险范围之内。这些对保险范围的限制对于人工智能引起的责任尤为重要，因为在这一领域，侵犯人格权的行为可能会更加频繁。[25]

但在某些情况下，最初被排除在保险范围之外的侵犯人格权的行为又被纳入保险范围，例如 AVB BHV 第 A1-6.13 条。该条包含因处理个人数据而违反数据保护法的责任，特别是与纯粹经济损失和非物质损害有关的责任。在 AVB BHV 第 A1-6.13.2 条中，承保范围进一步扩大，涵盖

因交换、传输和提供电子数据而产生的特定责任，但在这种情况下，纯粹经济损失属于承保范围，而非物质损失则不属于承保范围。然而，根据 AVB BHV 第 A1-6.13.3 条，某些活动通常被排除在两种责任保险的承保范围之外。这涉及：1) 信息技术咨询、分析、组织、指导、培训；2) 软件创建、交易、实施、维护；3) 网络规划、安装、集成、运行、维护、服务；4) 提供第三方内容，如访问、托管、提供全面服务；5) 数据中心和数据库的运营；6) 运营电信网络。

AVB BHV 中其他的风险排除条款，也可以在人工智能系统方面发挥重要作用。例如，AVB BHV 第 A1-7.18 条排除了战争事件，由于对网络人工智能系统的战争式干预具备可能性，这就使得战争条款的适用至少有进一步讨论的空间。[26]对于严重侵犯人格权的情况，AVB BHV 第 A1-7.19 条排除了惩罚性损害赔偿的请求，这可能同样具有重要意义。AVB BHV 第 A1-7.10 条的情况也类似，该条排除了因敌意(hostility)、骚扰(harassment)、滋扰(nuisance)和其他类型的歧视而提出的请求。当算法中的偏见导致歧视时，AVB BHV 第 A1-7.10 条的规定可能具有一定的相关性。

（二）产品责任保险

根据 AVB BHV 第 A.3 节的规定，产品责任风险属于承保范围。承保范围包括投保人制造或交付的产品，或由其进行的任何其他工作，或提供的任何服务所造成的人身伤害、财产损失和任何金钱损失的法定责任。[27]如果数据和软件存储在数据载体上并在市场上销售，也属于产品。[28]这意味着，配备了人工智能的产品也在保险范围之内。

然而，AVB BHV 第 A.1 节对商业和职业责任保险的限制规则，也适用于这种情况。纯粹的经济损失和非物质损害一般不在承保之列。[29]此外，一些风险排除条款可能与人工智能的关联度更高。其中包括：第 A3-8.9 条(敌意、骚扰、滋扰和其他类型的歧视)；第 A3-8.17 条(战争事件、暴乱、主权行为、不可抗力)；第 A3-8.18 条(惩罚性损害赔偿)；第 A3-8.25 条(与电子数据交换、传输和提供有关的损失)；以及第 A3-8.26

250

条(测试条款)。

（三）网络保险

除了一般商业保险、职业责任保险以及产品责任保险，保险市场上还提供网络保险。[30]这既包括由于信息安全漏洞造成的第一方损失，[31]也包括第三方损失[32]。[33]一般来说，责任保险的承保范围仅限于金钱损失。虽然因非法电子通信而导致的人格权侵害也可纳入保险范围，但其中确实没有关于非物质损害赔偿范围的明确规定，而这一点在人格权受侵害的情况下尤为重要。[34]标准保单条款还包含常见风险排除条款，这可能对人工智能责任相关的保险具有重要意义。[35]

（四）一个简短的题外话：一般非物质损害责任的保险

如前所述，因侵犯人格权而造成的非物质损害在人工智能系统方面可能非常重要。常见的商业保险、职业保险、产品保险和网络责任保险都暴露出保险业对非物质损害的缄默态度。只有在特定情况下，非物质损害才会得到承保。

这一点在其他情况下也得到了证实。例如，Hiscox 德国提供的记者职业责任保险也涵盖侵犯人格权的情况。非物质损害，尤其是涉及侵犯人格权的损害，只有在损害是由被保险的金钱损失引起的情况下，才能根据标准保单条款[36]投保。

相比之下，在提供因歧视行为而产生的责任保险的保单中，非物质损害通常得到全额保障，例如因违反《德国平等待遇法》(Allgemeines Gleichbehan-dlungsgesetz)的规定而引起的损害。[37]

三、 欧洲立法在保险义务目标方面的摇摆

（一）关于强制保险的问题

欧盟关于规范人工智能责任的提案，自然也应当考虑是否应引入保险责任的问题。这个问题已经被讨论过多次，但至今只得到欧盟立法机

251

构的保留答复。下文将简要介绍法律政策层面的现状。显然,保险义务
正在成为欧洲立法机构的一个移动目标。

(二)《人工智能法案》规定的"适当保险"范围

虽然《人工智能法案》第33条第8款承认了指定机构的保险义务,
但该提案并没有对这一义务进行实质性界定。所投保的保险为了符合
《人工智能法案》中规定的要求,仅仅必须是"适当的"。[38]这就使得
有关这种强制保险的所有细节问题都没有得到统一。各国立法机构在实
施立法时将在多大程度上规定具体标准,以便明确"适当性"的概念,
还有待进一步观察。[39]

(三) 在《人工智能责任指令》提案中推迟引入保险义务

《人工智能责任指令》提案中没有涉及保险义务的条款。不过,
《人工智能责任指令》提案第5条第2款提到了这种义务。根据该审查
条款,应在转换期结束5年后对该指令进行评估。在评估过程中,将研
究在欧盟法层面引入无过错责任和相应的保险义务是否适当。

在提案发布之前,欧洲议会就曾呼吁设定保险义务。欧洲议会在
2020年发布的有关人工智能民事责任制度的决议中,就设定了一个有关
保险和人工智能系统的章节。[40]该章节对保险义务提出了明确的要求:

23. 责任保险的范围是决定新技术、新产品和新服务成功与否的
关键因素之一……

24. 基于造成伤害或损害的巨大潜力,并考虑到2009年9月16
日欧洲议会与理事会发布的涉及使用机动车辆方面的民事责任保险
的2009/103/EC号指令,以及对此类责任保险义务的强制执行,提案条
例中的附件所列高风险人工智能系统的所有经营者都应持有责任保
险;这种针对高风险人工智能系统的强制保险制度应涵盖提案条例规
定的赔偿金额和范围;这种技术目前仍然非常罕见,因为它预先假定
了高度的自主决策,因此,目前的讨论主要是面向未来的;尽管如此,
不确定性导致的风险不应该使保险费过高,从而阻碍研究和创新。

欧盟委员会没有满足欧洲议会关于《人工智能责任指令》提案的要求，但也没有完全抛弃该提案，审查条款就是证明。

（四）《产品责任指令》修订版提案：欧盟委员会回避强制保险问题

基于修订《产品责任指令》的目标，针对引入强制责任保险的问题展开了不同层面的讨论。[41]值得一提的是欧洲法律学会发布的《更新缺陷产品责任指令以适应数字时代的指导原则》，[42]指导原则三注意到了有必要实现《产品责任指令》中的责任规则与保险和其他赔偿计划的协调一致。[43]在这方面，指导原则三还建议进行审查，以确定引入强制性保险是否妥当。

欧盟委员会责任与新技术专家组发表的《人工智能报告》(AI Report)更详细地论述了强制保险问题。[44]除了对各国可能实施的保险解决方案进行一般性描述外，[45]该报告还考虑了在欧盟层面引入强制保险的方案：[46]

17. 保险

......在没有仔细分析是否真的需要强制责任保险的情况下，与其自动将其与某项活动联系起来，不如引入强制责任保险。毕竟，如果即使不投保，预计的总体损失也能得到赔偿，那么侵权人就可以用自己的资金来赔偿其活动的受害者。另外，市场可能根本就不为某一风险提供保险，特别是如果由于经验不足而难以计算风险的时候，这在新技术领域很有可能发生(因此也可能是新兴数字技术的一个问题)。在后一种情况下，如果要求提供保险证明，而市场上又没有人愿意为这种未知的风险提供保险，那么可能会阻止该技术的应用。

......

然而，至少某些领域(主要是机动车交通)的经验表明，强制责任保险可以发挥较为显著的积极作用，而且在某些条件下确实是合适的。

从保险的角度来看，某些行业最适合强制保险计划，包括运输、极有可能造成人身伤害和/或环境损害的行业、危险活动和某些专业领域。

　　因此，对某些新出现的数字技术强制实行责任保险可能是可取的。这一点尤其适用于高度重大的风险(可能导致重大伤害和/或造成频繁损失)，在这种情况下，潜在的伤害者似乎不太可能有能力自己赔偿所有受害者(不管是用自己的资金，还是借助其他金融证券，还是通过自愿的自我保险)。如果引入强制责任保险，保险人应该对侵权人有追偿权。在与机动车交通类似的风险情况下，受害者直接向保险人提起诉讼也是可取的。

报告还提出了进一步的建议，亦即在强制保险具备可行性的情况下，应根据《关于机动车民事责任保险的指令》(Consolidated Motor Insurance Directive，简称 MID)[47]第 10 条中的范例，在投保的同时制定赔偿计划，对未识别或未投保的技术造成的损失或损害向受害者提供赔偿。[48]

　　尽管这些建议来自权威人士，但《产品责任指令》修订版提案中并没有提及任何强制保险。目前尚不清楚这个问题是否已经被解决，还是会在未来某个时间重新提出。因此，无法得知立法机构的具体取向。

256

(五) 合同责任和保险:《货物销售指令》和《数字内容与服务指令》的双重沉默

　　上文已经指出，《货物销售指令》和《数字内容与服务指令》都没有规定损害赔偿要求。此外，这两部法律都没有关于保险义务的规则。在这种情况下，显然也不会讨论合同责任的保险问题。

(六) 暂时性结论

　　综上所述，人工智能系统是否应适用强制保险的问题，显然已成为欧洲法律政策和立法的主题。然而，目前还没有具体的迹象表明是否会设定保险义务，如果需要设定保险义务的话，会设定哪些具体的保险义务也并不明确。

四、 关于在人工智能领域引入强制保险可能性的一些评论

（一）欧盟法是否需要规定保险义务与侵权责任法是否统一没有直接关系

迄今为止，对保险义务的讨论，主要是以欧盟法中关于人工智能责任统一规定的附则形式展开的。确实，欧洲立法机构为解决责任问题所作的努力，为同时考虑保险解决方案提供了一个特殊的机会。然而，是否有必要根据欧洲法律规定投保义务的问题，与欧盟层面的侵权责任规定没有关系。欧盟的侵权责任制度本身并不产生强制保险的需要，正如欧盟各国的侵权责任标准并不会自动产生相应的保险义务一样。反过来说，即使欧盟法律没有对侵权责任问题作出规定，也并不意味着没有必要在欧盟层面规定保险义务。是否在欧盟法律中引入保险义务具有独立性，与欧洲的侵权责任法没有必然联系。[49]

257

欧盟立法已经有力地证明了这一点。例如，欧洲强制责任保险的"典范"，即机动车责任保险，由《关于机动车民事责任保险的指令》(MID)详细规定。[50]根据 MID 第 3 条的规定，强制保险是必须的，这与欧盟法律是否规定以及如何规定道路交通事故责任没有关系。事实上，这一举措可以更为简单地理解为：欧洲立法机构认为，责任制度之间的差异对欧洲内部市场的影响，是可以容忍的，因此似乎不需要统一与协调；但立法机构也认为，必须通过引入明确的保险义务，保证欧洲范围内的所有受害者能够获得保护。这样，机动车辆责任保险法已成为欧洲规范机动车领域的关键，[51]尽管作为其基础的侵权责任法尚未实现统一。

此外，机动车保险并不是欧盟法律中唯一不需要相应的统一侵权责任法的强制保险类型。其他例子包括与海运和空运有关的投保义务：《海事保险指令》(Maritime Insurance Directive)规定船只所有者有义务投

保责任险；[52]《航空保险条例》(Aviation Insurance Regulation)[53] 和《航空 258

服务运营条例》(Air Services Operation Regulation)[54] 对航空承运人规定了

类似的义务。这些投保义务与统一的欧盟侵权责任法无关。

欧洲法院在 2020 年 6 月 11 日作出的 C-584/18 号案件判决[55] 中也令

人信服地证明了，在没有统一侵权责任法的欧盟法中强制保险的重要

性。德国原告曾因植入法国生产的有缺陷的乳房假体而提出损害赔偿请

求。[56] 为制造商提供强制责任保险的法国保险公司拒绝支付任何赔偿

金，因为保险合同仅承保在法国境内发生的损失。[57] 因此，核心问题是

承保范围的地域限制是否违反《欧盟运行条约》(TFEU)第 18 条第 1 款规

定的欧盟法律中的非歧视原则。欧洲法院认为并未违反这一原则。[58] 因

此，在欧盟法律中并不能保证根据某一成员国法律规定必须投保的保险

也能保护其他成员国的受害方。[59] 这只能通过统一强制保险规则来实

现，MID 就是实例。

综上所述，我们可以得到一个简单的启示：统一保险法的问题，特

别是保险义务是否应纳入欧盟法律的问题，必须与统一侵权责任法的问 259

题相分离。强制性保险条款既可以构成欧盟侵权责任规则的附件，也可

以在仅限于保险法内容的法案中单独加以规定。无论以何种形式实现，

唯一的决定性因素均是，从欧盟法的视角出发，将强制保险纳入其中是

否合理。

（二）对强制保险的需要

1. 倾向于引入强制保险的经济原因

从本质上讲，经济分析认为建立强制保险有两个原因。[60] 一是当潜

在的责任方不知道如何衡量责任风险或由于缺乏信息而倾向于低估风险

时，强制保险就变得很有必要。[61] 在这方面，机动车责任保险是一个恰

当的例子。[62] 保护受害方被认为是第二个更为有力的理由。尽管这并不

能证明全面规定投保责任险的义务是合理的，但如果侵权人不能充分保

证对受害方的赔偿，亦即侵权人的流动资金不足可能会妨碍有效的追

偿，则规定这样的义务是合理的。如果没有强制保险，可归咎于侵权人

的损害成本将由受害方承担或必须由社会承担。在这种情况下，强制保险可以防止损害成本的外部性，这种外部性在经济上是不可取的。[63]虽然这种外部性并非普遍出现，但它代表了支持强制保险的一个重要论据。引入强制保险可以确保侵权人承担其造成的损害赔偿成本。[64]与此同时，无法投保的风险(即明显有害的行为)会归于消失，因为没有保险公司会为此提供保险，或者至少不会以可承受的价格提供保险，因此这些需要强制保险的活动将不得不停止。[65]《海事保险指令》明确提到了这一预防性目标。根据该指令鉴于条款第4条的规定，强制保险既要确保受害者得到保护，又要"有助于消除不合标准的船舶，使经营者之间重新开展竞争具备现实性"。在这种情况下，保险就成了一种预防手段和创造公平竞争环境的方式。

2. 强制保险和其他类型的担保

从经济角度来看，也有人认为，强制性责任保险不应排除其他形式的保护，例如担保或安全基金。[66]否则，就会排除风险对冲工具之间可能存在的有效竞争。虽然这一论点有一定合理性，但还需要进一步完善。如果希望在这些工具之间进行竞争，就必须为相互竞争的风险对冲工具创造一个公平的竞争环境。这符合此类风险对冲工具提供商的利益，同时也非常符合受害方的利益。责任保险在这方面提供了很多解决方案：由于强制保险是由受监管的保险公司提供的，其偿付能力相对安全。强制保险通常还能为受害方提供特殊优势。例如，强制保险条款很容易让受害方直接向侵权人的责任保险公司索赔。它们还经常阻止保险人对受害方提出它有权对被保险人提出的反对或抗辩。因此，也必须对"竞争者"提出这种要求，以防止扭曲风险对冲系统之间的竞争。

只要这些措施到位，担保或安全基金等替代性对冲系统也是具有积极价值的。与责任保险相比，无论是否存在任何责任或是否可以确定责任方，这些系统都可以进行干预。[67]在这种情况下，担保和安全基金的运作方式与第一方保险类似。相比之下，根据特殊规定，[68]责任保险只有在存在侵权责任且责任人已确定的情况下才对受害方有效。

3.人工智能相关责任强制保险的必要性

对于是否需要因为上文讨论的经济原因为人工智能系统设置强制保险的问题，不太可能给出一个标准答案。相反，需要对可能出现的责任情况进行更深入的分析。不过，在笔者看来，即便这类系统的生产商或经营者缺乏风险意识，也难以构成以"家长式"监管为由引入强制保险的正当理由。

强制保险更有可能是为了防止损害成本的外部性而设定，特别是为了由此排除风险极高的行为。然而，即使这种理由也不可能普遍适用。因此，必须要在区分不同领域的基础上，检视是否有应用强制保险的合理性，也就是说，只针对某些类型的人工智能系统，才有必要设定强制保险义务。仅举一例：《人工智能法案》第6条第2款所列的一些高风险人工智能系统，将由国家或其他公共实体运行。这些系统包括《人工智能法案》附件三中列举的，由国家或公共机构对相关人工智能系统负责的系统，特别是有关执法(《人工智能法案》附件三第6条)、移民、庇护以及边境控制管理(《人工智能法案》附件三第7条)的系统。由于在国家责任的情况下几乎不存在损害成本外部性的风险，似乎没有必要引入强制责任保险。[69]因此，在笔者看来，保险义务应通过具体行业的纵向协调来设定，而不是通过横向协调的强制义务的方式实现。

(三) 满足需要：从象征性立法到真正的保险义务

1.欧盟法中的"裸"(bare)保险义务问题

正如巴塞多(Basedow)特别强调的那样，如果保险义务在欧盟法层面只是作为保险要求出现，而没有任何进一步的实质性要求，即作为"裸"保险义务出现，那么这些义务就毫无价值。[70]如上文所示，《人工智能法案》第33条第8款就包含这种"裸"保险义务。

这种保险要求代表了一种在消极意义上的象征性立法，[71]因为立法机构貌似就这一问题采取行动，受害方也因此得到了一种安全感，但损害成本外部性的问题并没有得到有效解决。这一点可以用两个例子加以说明：如果法律没有规定强制保险的最低投保额，或者规定的最低投保额不足，那么至少有一部分损害成本会继续外部化。强制保险的预期效果将部分落空。与之类似，如果责任保险人能够向受害方提出源于保险关系的抗辩，特别是风险排除和其他不支付赔偿金的理由，比如拖欠保费，那么强制保险的效力就可能严重受损。在这种情况下，尽管实行了强制保险，受害方最终还是得不到任何保护。[72]

2. 适用于各类强制保险的横向规则(horizontal rules)

"裸"保险义务问题并不是人工智能所独有的。在任何类型的强制保险中，如果没有像机动车责任保险那样的详细规定，都可能出现这个问题。

由于这不是一个特定行业的问题，因此有必要通过一项针对所有类型强制保险的横向法案来处理有关保险责任的具体问题。[73]这就是说，虽然"是否"需要强制保险的问题必须在区分不同行业的基础上进行规范，因而具有纵向立法的性质。但相关保险的"设计"必须是跨行业的，因而是横向实施的。这样，在欧盟立法机构规定了投保义务的情况下，相应条款将始终具有适用性。同时，各国的立法机构在起草国内法的保险义务时也可以参考该法律条文。

在欧盟层面制定一般性的强制保险法，可以参考《欧洲保险合同法原则》(Principles of European Insurance Contract Law, PEICL)中列出的准备工作。在 PEICL 第 14: 101 条中，这些原则包含有关责任保险的一般规定，其中部分内容可以被纳入关于强制性责任保险的法案中。[74]在排除由保险关系产生的抗辩方面，也有一些国家的模式比 PEICL 更进一步。[75]可以对这些模式进行评估，以便对现行的 PEICL 条款进行合理补充。

重要的是确定哪些条款应被纳入关于强制保险的一般法案，哪些条款应由具体的行业规则处理。[76]各种强制保险(机动车辆责任保险、[77]保险中介人职业责任保险、[78]海事索赔责任保险、[79]航空特定责任保险[80])的实际承保范围取决于引入这些条款的背景。欧盟特定法案中规定的强制保险条款有时也包含有关最低投保金额的要求。[81]事实上，适用的最低保险金额应基于每种被保险责任的损害风险确定。因此，还应在区分不同行业的基础上，实现纵向规制。[82] 有时，保险条款还规定特定的保险范围[83]和/或禁止排除某些风险[84]。另一个针对具体行业的问题是，责任保险必须在多大程度上涵盖非物质损失。即使在人工智能的各种责任类型中，也可能有不同的需求。[85] 因此，这些规定不适合出现在统一强制保险的"一般"规则之中。

相反，也有一些法律问题与每个行业的强制保险都有关系。[86] 例如，可能有必要澄清受害方是否可以直接向责任保险公司索赔。[87] 如果答案是肯定的，就会产生一些后续问题：被保险人是否有义务将保险人告知受害方？直接提起索赔请求的时效期间如何计算？同样，还必须决定在拖欠保费或违反义务的情况下，保险人是否可以将其援引适用至受害者，拒绝其理赔请求。此外，还必须明确被保险人和保险人是否以及在何种程度上，可以处理对受害方有效的保险索赔请求。在这些情况下，相关问题并不涉及保险范围本身，而是在强制保险条款中"配备"有利于保护受害方的措施。

此外，关于保险的地域范围(特别是欧洲范围[88])的规定，以及时间范围的规定，也属于一般规定，相应条款应适用于所有类型的强制保险。

五、 替代性赔偿方案

(一) 旧瓶装新酒：无过错责任方案

在有关规制人工智能的讨论中，替代性补偿方案引起了关注。例如，泽奇曾提出参照德国有关强制性工伤保险的法律，引入一种赔偿方案。[89] 此外，也有其他值得考虑的替代方案，如为单个人工智能系统提供赔偿保险[90]或建立公共赔偿方案。[91] 后者在欧盟法层面的例证是《受害者赔偿指令》(Victims' Compensation Directive)。责任与新技术专家组以此为例，呼吁为行为后果等同于暴力犯罪的黑客攻击案件设立赔偿方案。[92]新西兰、瑞典、澳大利亚维多利亚州、加拿大魁北克省和马尼托巴省等国家和地区的无过错责任制度，在很多方面与这种赔偿方案具有相似性。[93]

（二）补充强制保险责任：赔偿基金方案

此外，责任与新技术专家组还呼吁在受害方无法实施其赔偿请求时提供赔偿基金。[94]专家组认为，这将是对提案中拟议的侵权责任和强制保险方案的补充。[95]在这方面，MID 中的欧盟法条款可作为模版。MID第四章第 10 条和第 11 条规定，每个成员国应建立相应的赔偿机制，通常称为国家保障基金，[96]以处理造成损害的车辆无法识别(例如肇事逃逸案件)或未投保的案件。[97]此外，新近通过的《修订版机动车保险指令》，[98]能够确保如果相关保险企业破产，受害方也可以从赔偿机构获得赔偿金。[99]在涉及人工智能责任时，自然也会出现这种情况；因此，有必要考虑引入与机动车保险类似的赔偿机制。

（三）替代性赔偿方案的优缺点

这些替代性赔偿方案通常被认为具有促进人工智能领域创新的优势，并且能够确保受害者获得充分赔偿。[100]此外，还有人认为，由于赔偿方案比侵权责任方案的诉讼费用更低，因此可以降低成本。[101]当然，也有人对这种方案提出了保留意见：替代性赔偿方案是否会消除侵权责任法的预防作用？[102]通过单独的赔偿计划处理索赔是否成本过高？[103]

在赔偿方案依赖于保险机制的情况下，它们不一定会对侵权责任法的预防效果产生不利影响，即便产生消极效应，也可以将其控制在一定范围内。责任保险就是例证，它在历史上也曾因损害侵权责任法的预防目的而受到批评。[104]以美国为例，有一种说法是责任保险覆盖面越广，交通事故的死亡人数就越多。[105]此外，美国的一些州禁止惩罚性赔偿的保险，以保持这一制度工具的预防功能。[106]还值得注意的是，出于预防目的，德国的 D&O 保险单必须根据《德国股份公司法》第 93 条第 2

款第 3 句的规定确定最低免赔额。[107]然而，如果保险包含足够的预防要素，[108]特别是在使用数字手段和大数据时，[109]应该可以消除不利影响。这同样适用于无过错责任方案。只要人工智能系统的控制者(如制造商和/或经营者)支付了保险费，它们的行为就可以通过价格来引导。

还可以赋予赔偿保险人追偿权，从而确保在追偿权选择范围内保留侵权责任法的预防作用。例如，如果没有赔偿方案，制造商和/或经营者将直接承担侵权责任，在这种情况下可以授予追偿权。[110]这时就应当加以区分，如果无法确定具体制造商或经营者的侵权责任，受害者仍将受到赔偿保险的保护，而赔偿保险企业却没有任何追偿权。反之，如果侵权责任可以确定，一旦赔偿保险人赔偿了受害者，就可以向责任方追偿。这将对赔偿保险的保费产生积极影响，但同时也会使责任方需要购买责任保险，从而导致额外的保险费用。不过，赔偿保险人的追偿权也可以设计得更加巧妙。与其把追偿权与侵权责任的具体情况相联系，不如将其与违反采取预防措施的义务相联系。这就意味着由制造商和经营者出资的赔偿保险在保障受害方利益的同时，也保障制造商和/或经营者的利益。只有当制造商和/或经营者未能采取保险合同中明确约定的预防措施时，才可以行使追偿权。这样就可以找到适当的、符合各方利益的解决方案，从而在促进人工智能发展的利益与有效预防风险行为的利益之间实现平衡。

赔偿机构的设立最终还将取决于成本—收益分析的结果。这是因为，不应低估在全欧盟范围内运作此类赔偿机构所需的费用。本章无意于具体展开这样的成本—收益分析。然而，应当明确的是，有关引入此类赔偿机构的问题，必须区分不同行业进行分析和回答。总之，由私营保险公司来承担赔偿机构的职责，可以降低建立和运作赔偿机构的成本。这是因为私营保险公司遍布欧盟各国，它们在索赔处理方面具备专业性。不过，最终还需要进行详细的成本—收益分析才能得出更为明确的结论。

六、总 结

欧盟委员会正在推行的侵权责任模式，要求以责任保险的形式来提供保险的解决方案。是否应引入强制保险，取决于在哪些情况下由于责任方破产而可能导致损害成本的外部化。这一问题并无标准答案；相反，具体的解决方案在不同行业具有显著差异。这有利于针对具体行业实现纵向规制。另外，在欧盟法层面引入强制保险与侵权责任法是否实现了欧盟法层面的协调一致无关。

只有制定了有关强制保险的详细规则，才能有效地履行投保义务。这些详细规则只有一部分是针对具体行业的；在其他情况下，应该通过横向法规的方式为每个行业的强制保险制定共同的规则。

通过保险全部或部分替代责任具有优势，特别是在保护受害者方面。如果由传统的保险公司提供赔偿，则可以限制其消极影响(例如侵权责任法预防效果减弱的问题)。通过定价政策、规定采取预防措施的义务和其他手段，保险可以达到预防的目的。

271

注释

1. Proposal for a Regulation of the European Parliament and of the Council laying down harmonised rules on artificial intelligence (Artificial Intelligence Act) and amending certain Union legislative acts, COM (2021) 206 final；关于该建议对保险公司的重要性，参见 Petra Pohlmann, Gottfried Vosse, Jan Everding and Johanna Scheiper, "Künstliche Intelligenz, Bias und Versicherungen-Eine technische und rechtliche Analyse", ZVers Wiss (2022) 111：135, 167 ff。

2. 参见《人工智能法案》，第 1 页。

3. 《人工智能法案》第 3 页对这些目标作了概述。

4. 参见《人工智能法案》第 3 条第 2 款、第 3 款中的定义。

5. 参见《人工智能法案》第 3 条第 4 款中的定义。

6. 更多细节请参见《人工智能法案》第 2 条。

7. 这个专有名词在《人工智能法案》第 3 条第 22 款中作出了界定。

8. 具体界定参见《人工智能法案》中的解释备忘录第 5.2.3 节"高风险 AI 系统"。

9. 通过这种方式，该提案效仿了 1993 年 6 月 14 日欧盟理事会关于医疗器械的第 93/42/EEC 号指令([1993] OJ L196/1)，该指令在附件第 6 项规定了"指定机构"的保险义务；类似保险义务的例子还有很多，参见 Jürgen Basedow，"Die obligatorische Haftpflichtversich-erung à l'européenne" in Joachim Grote, Roland Rixecker and Manfred Wandt (eds.), Festschrift Theo Landgheid (2022).13, 15 f。

10. Proposal for a Directive of the European Parliament and of the Council on liability for defective products, COM (2022) 495 final.

11. Proposal for a Directive of the European Parliament and of the Council on adapting non-contractual civil liability rules to artificial intelligence (AI Liability Directive), COM (2022) 496 final.

12. 关于数字化对提案的指令的重要性，参见《产品责任指令》修订版提案第 1 页以下。

13. 参见《产品责任指令》修订版提案第 4 条第 2 款第 2 句："'产品'包括电子、数字制造的文件和软件。"

14. 对这个提案的批评参见 Gerhard Wagner，"Die Richtlinie über KI-Haftung：Viel Rauch, wenig Feuer"，JZ 2023, 123 ff。

15. 参见《产品责任指令》修订版提案，第 1 页以下。

16. 参见《人工智能责任指令》提案第 3 条。

17. 参见《人工智能责任指令》提案第 4 条。

18. Directive (EU) 2019/771 of the European Parliament and of the Council of 20 May 2019 on certain aspects concerning contracts for the sale of goods, amending Regulation (EU) 2017/2394 and Directive 2009/22/EC, and repealing Directive 1999/44/ EC [2019] OJ L138/28.

19. Directive (EU) 2019/770 of the European Parliament and of the Council of 20 May 2019 on certain aspects concerning contracts for the supply of digital content and digital services [2019] OJ L136/1.

20. 关于救济措施，可参见 Peter Rott，"The Digitalisation of Cars and The New Digital Consumer Contract Law" (2021) 12 JIPITEC 156, 165 f。

21. 更明确的阐述，可参见 Rott，"The Digitalisation of Cars and The New Digital Consumer Contract Law" (2021) 12 JIPITEC 156, 166 f.；Gerald Spindler and Karin Sein，"Die Richtlinie über Verträge über digitale Inhalte-Gewährleistung, Haftung und Änderungen"，MMR 2019, 488。

22. 参见德国保险协会(GDV)于 2021 年 9 月发布的相关标准保单条款(Allgemeine

Versicheru-ngsbedingungen für die Betriebs- und Berufshaftpflichtversicherung（AVB BHV））；available at〈https://www. gdv. de/resource/blob/6240/d29f255e080cad4fb5b41c 4f4b23fd01/02-av b-betriebs-und-berufshaftpflichtversicherung-2020-data.pdf〉accessed 28 April 2023。

23. 参见 Werner Lücke in Prölss/Martin, Versicherungsvertragsgesetz(31st edn, 2021) AHB Ziff. 1 no. 7。

24. AVB BHV 第 A1-6.13.1 条；在这方面，请直接参阅下文。

25. 同样，《人工智能法案》指出"人工智能的使用及其特殊性(如不透明性、复杂性、对数据的依赖性、自主行为)可能对《欧盟基本权利宪章》(EU Charter of Fundamental Rights)中规定的一些基本权利产生不利影响"；一般而言，责任保险公司认为互联网中会出现非常多侵犯人格权的情况，参见 Lücke in Prölss/Martin, Versicherungsvertragsgesetz (31st edn, 2021) AHB Ziff. 7 no. 146。

26. 最新的讨论参见 Michael Fortmann, "Die Anwendbarkeit von Kriegsausschlussklauseln im Zusammenhang mit Cyberangriffen", r + s 2023, 2 ff。

27. AVB BHV 第 A.3-1.1 条。

28. Robert Koch in Bruck/Möller(edited by Horst Baumann, Roland Michael Beckmann, Katharina Johannsen, Ralf Johannsen, Robert Koch), Versicherungsvertragsgeetz, vol. 4, (9th edn, 2011) ProdHM 2008 point 1 para. 10.

29. 参见 AVB BHV 第 A.3-1.1 条。

30. 参见德国保险协会(GDV)2017 年发布的相关标准保单条款(AVB für die Cyberrisiko-Versicher-ung(AVB Cyber)；available at〈https://www. gdv. de/resource/ blob/6100/95b61f83158d6e3459b3f92773d6d679/01-allgemeine-versicherungsbedingung-en-fuer-die-cyberrisiko-versicher ung-avb-cyber-data.pdf〉accessed 28 April 2023。

31. 特别是 AVB Cyber 第 A4 条。

32. 特别是 AVB Cyber 第 A3 条。

33. 参见 AVB Cyber 第 A1-2 条以及第 A3-1 条第 2 句中的定义。

34. 参见 AVB Cyber 第 A3-4.1 条。

35. 参见 AVB Cyber 第 A1-17 条：例如战争、政治危险、恐怖行为、基础设施中断、资产外流、侵犯知识产权(包括侵犯人格权)、歧视。

36. 参见 Point I 2.1.1.(2), final bullet point of "Professions by Hiscox Berufs-/ Vermögenss-chadenhaftpflichtve-rsicherung für die Dienstleist-ungsbranche Bedingungen", 02/2019。

37. 参见 the second sentence of Clause 1. 1（1）Allgemeine Bedingungen zur Haftpflichtversicherung von Ansprüchen aus Benachteilig-ungen-AVB Benachteiligungen, Haftpflichtkasse VVaG' Clause, 01/2019。

38. 这些规范保险义务的基本规定也出现在欧盟法律的其他地方；更明确的讨论，可参见 Jürgen Basedow, "Strikte Haftung und 'nackte' Pflichtversicherungen-EU-

Konzepte für die digitale Welt?"，EuZW 2021，1；进一步讨论，参见 Helmut Heiss，"Europäische Pflichthaftpflichtversicherung-von 'nackten' Pflichten zu 'ausgestatteten' Regelungen?" in Astrid Deixler-Hübner，Andreas Kletecka and Georg Schima（eds.），Festschrift Martin Schauer（2022）209-221；英文版本：

"European compulsory liability insurance-from 'bare' duties to 'robust' provisions?" in Valentina V. Cuocci，Francesco Paolo Lops and Cinzia Motti(eds.)，La responsabilità civile nell'era digitale (2022) 405-423。

39. 一个持怀疑态度的观点参见 Basedow，"Strikte Haftung und 'nackte' Pflichtversicherungen-EU-Konzepte für die digitale Welt?"，EuZW 2021，1。

40. European Parliament resolution of 20 October 2020 with recommendations to the Commission on a civil liability regime for artificial intelligence(2020/2014(INL)) [2021] OJ C404/107，特别是欧洲议会根据欧盟委员会的条例草案提出建议中的第 4 条第 4 款；相应的综述参见 Philipp Etzkorn，"Die Initiative des EU-Parlaments für eine EU-Verordnung zur zivilrechtlichen Haftung beim Einsatz von KI"，CuR 2020，764。

41. Council Directive 85/374/EEC of 25 July 1985 on the approximation of the laws, regulations and administrative provisions of the Member States concerning liability for defective products [1985] OJ L210/29.

42. 参见 Guiding Principle 3 in ELI (prepared by Christian Twigg-Flessner et al.), "Guiding Principles for Updating the Product Liability Directive for the Digital Age", ELI Innovation Paper Series（2021），available at https://europeanlawinstitute. eu/fileadmin/user_upload/p_eli/Publications/ELI_Guiding_Principles_for_Updating_the_PLD_for_the_Digital_Age.pdf accessed 28 April 2023。

43. "《产品责任指令》必须与相关法律领域的措施以及保险或赔偿计划等非法律措施保持一致。"

44. 参见 Expert Group on Liability and New Technologies-New Technologies Formation，"Liability for Artificial Intelligence and Other Emerging Digital Technologies" (2019) 61 f.，available at https://www.europar-l.europa.eu/meetdocs/2014_2019/plmrep/COMMITTEES/JURI/DV/2020/01-09/AI-report_EN.pdf accessed 28 April 2023。

45. Expert Group on Liability and New Technologies-New Technologies Formation, "Liability for Artificial Intelligence and Other Emerging Digital Technologies" (2019) 30 f.

46. Expert Group on Liability and New Technologies-New Technologies Formation, "Liability for Artificial Intelligence and Other Emerging Digital Technologies" (2019) 61 f.

47. Directive 2009/103/EC of the European Parliament and of the Council of 16 September 2009 relating to insurance against civil liability in respect of the use of motor

vehicles, and the enforcement of the obligation to insure against such liability (Codified version) [2009] OJ L263/11(as amended).

48. Expert Group on Liability and New Technologies-New Technologies Formation, "Liability for Artificial Intelligence and Other Emerging Digital Technologies" (2019) 62.

49. 关于欧盟法中的这种情况, 参见 Basedow, "Die obligatorische Haftpflichtversicherung à l'européenne" in Grote, Rixecker and Wandt (eds.), Festschrift Theo Landgheid(2022) 13, 16 f。

50. Directive 2009/103/EC of the European Parliament and of the Council of 16 September 2009 relating to insurance against civil liability in respect of the use of motor vehicles, and the enforcement of the obligation to insure against such liability(Codified version) [2009] OJ L263/11 as amended by the Directive (EU) 2021/2118 of the European Parliament and of the Council of 24 November 2021 amending Directive 2009/103/EC relating to insurance against civil liability in respect of the use of motor vehicles, and the enforcement of the obligation to insure against such liability [2021] OJ L430/1.

51. 参见 Helmut Heiss, "European Business Law: Insurance Law as Regulatory Private Law", in André Janssen, Matthias Lehmann and Reiner Schulze(eds.), The Future of European Private Law(2023) forthcoming; Helmut Heiss and Leander D. Loacker, "Verkehrsopferschutz und Staatshaftung-Entscheidung des EFTA-Gerichtshofs vom 20. Juni 2008", ZEuP 2011, 684-705。

52. Directive 2009/20/EC of the European Parliament and of the Council of 23 April 2009 on the insurance of shipowners for maritime claims [2009] OJ L131/128; 关于这一点, 可参见 Gotthard Gauci, "Compulsory Insurance Under EC Directive 2009/20/EC-An Adequate Solution for Victims, or is it also Time for the Abolition of Maritime Limitation of Liability and the Establishment of an International Fund as an Insurer of Last Resort?", Journal of Maritime Law & Commerce, vol. 45/1(2014) 77-96。

53. Regulation (EC) No. 785/2004 of the European Parliament and of the Council of 21 April 2004 on insurance requirements for air carriers and aircraft operators [2004] OJ L138/1.

54. Regulation (EC) No. 1008/2008 of the European Parliament and of the Council of 24 September 2008 on common rules for the operation of air services in the Community [2008] OJ L293/3.

55. Case C-581/18 RB v TÜV Rheinland LGA Products GmbH, Allianz IARD SA ECLI: EU: C: 2020: 453.

56. Case C-581/18 RB v TÜV Rheinland LGA Products GmbH, Allianz IARD SA ECLI: EU: C: 2020: 453, para. 21.

57. Case C-581/18 RB v TÜV Rheinland LGA Products GmbH, Allianz IARD SA ECLI：EU：C：2020：453, para. 22.

58. 详见 Case C-581/18 RB v TÜV Rheinland LGA Products GmbH, Allianz IARD SA ECLI：EU：C：2020：453, paras. 28 ff。

59. Basedow, "Strikte Haftung und 'nackte' Pflichtversicherungen-EU-Konzepte für die digitale Welt？" EuZW 2021, 1, 该文已经重点指出了这一点。

60. 详见 Martin Nell, "Risikotheoretische Überlegungen" in Hamburger Gesellschaft zur Förderung des Versicherungswesens mbH(ed.), Pflichtversicherung-Segnung oder Sündenfall (2005) 85, 87 ff。

61. Michael Faure, "Compulsory Liability Insurance：Economic Perspectives" in Attila Fenyves, Christa Kissling, Stefan Perner and Daniel Rubin(eds.), Compulsory Liability Insurance from a European Perspective (De Gruyter, Berlin, 2016) 319, 20 f.

62. Faure, "Compulsory Liability Insurance：Economic Perspectives" in Fenyves, Kissinger, Perner and Rubin(eds.), Compulsory Liability Insurance from a European Perspective (2016) 319, 320；Ulrich Magnus, "Ökonomische Analyse des Rechts" in Hamburger Gesellschaft zur Förderung des Versicherungswesens mbH (ed.), Pflichtversicherung-Segnung oder Sündenfall (2005) 108, 116.

63. Faure, "Compulsory Liability Insurance：Economic Perspectives" in Fenyves, Kissinger, Perner and Rubin(eds.), Compulsory Liability Insurance from a European Perspective (2016) 319, 321 f.

64. 参见 Gerhard Wagner, "Verantwortlichkeit im Zeichen digitaler Techniken" VersR 2020, 717, 737 with regard to liability in relation to artificial intelligence。

65. 详见 In more detail Magnus, "Ökonomische Analyse des Rechts" in Hamburger Gesellschaft zur Förderung des Versicherungswesens mbH(ed.), Pflichtversicherung-Segnung oder Sündenfall (2005) 108, 115。

66. 参见 Faure, "Compulsory Liability Insurance：Economic Perspectives" in Fenyves, Kissinger, Perner and Rubin(eds.), Compulsory Liability Insurance from a European Perspective (2016) 319, 333 ff。

67. 关于这一点，另见本章第五部分。

68. 例如 MID 第 10 条涵盖了包括但不限于未被识别的车辆造成的损害。

69. MID 第 5 条第 1 款允许成员国免除某些个人和实体的投保义务。这对公共法律实体来说确实如此。由于负有责任的国家或公共实体将有足够的资金可支配，似乎没有理由为了确保不存在损害费用外部性的威胁而引入强制性责任保险。

70. Basedow, "Strikte Haftung und 'nackte' Pflichtversicherungen-EU-Konzepte für die digitale Welt？" EuZW 2021, 1.

71. 另一方面，如果象征性立法的使用方式能够恰当地解决问题，那么它也有其合理性。可参见 Peter Noll, "Symbolische Gesetzgebung" ZSR 100 I(1981), 347—364。

72. 参见 Basedow, "Die obligatorische Haftpflichtversicherung à l'européenne", in Grote, Rixecker and Wandt (eds.), Festschrift Theo Landgheid (2022) 13, 20 f。

73. 参见 Cf. previously Basedow, "Strikte Haftung und 'nackte' Pflichtversicherungen-EU-Konzepte für die digitale Welt?" EuZW 2021, 1。

74. 该文章对这方面也已经有所提及，参见 Basedow, "Strikte Haftung und 'nackte' Pflichtver-sicherungen-EU-Konzepte für die digitale Welt?" EuZW 2021, 1。

75. 参见《奥地利保险合同法》(VersVG)第158b 条以下(特别是第158c 条)或《德国保险合同法》(VVG)中类似的、部分有更大影响的条款，如第113 条以下(特别是第117 条)。

76. 参见 Heiss, "Europäische Pflichthaftpflichtversicherung-von 'nackten' Pflichten zu 'ausgestatteten' Regelungen?" in Deixler-Hübner, Kletecka and Schima (eds.), Festschrift Martin Schauer (2022) 209, 218 ff。

77. 参见 MID 第3 条。

78. Directive (EU) 2016/97 of the European Parliament and of the Council of 20 January 2016 on insurance distribution (recast) [2016] OJ L26/19 (IDD)第10 条第4 款。

79. 参见《海事保险指令》第4 条第3 款与第3 条 c 款。

80. 参见《航空保险条例》第4 条第1 款。

81. 参见 MID (修订版)第9 条；IDD 第10 条第4 款；《海事保险指令》第4 条第3 款；《航空保险条例》第6 条和第7 条。

82. 不过，《德国保险合同法》(VVG)第114 条对强制保险的投保金额进行了一般性的规定，当然其也受制于个别类型强制保险的立法中的任何特殊规定；关于其灵活性，例如在确定投保金额方面的灵活性，参见 Faure, "Compulsory Liability Insurance: Economic Perspectives" in Fenyves, Kissinger, Perner and Rubin (eds.), Compulsory Liability Insurance from a European Perspective (2016) 319, 331 ff. and also 325 f。

83. 例如，根据《航空保险条例》第4 条第1 款第2 句，强制保险必须涵盖"战争、恐怖主义、劫持、破坏、非法劫持飞机和内乱"的风险。

84. 例如，MID 第13 条排除了某些风险豁免条款。

85. 相比于《人工智能法案》中的第6 条第1 款，《人工智能法案》的第6 条第2 款中的非物质损害与高风险人工智能系统更具有相关性。

86. 关于这些问题的讨论，可参见 Basedow, "Die obligatorische Haftpflichtver-sicherung à l'européenne", in Grote, Rixecker and Wandt (eds.), Festschrift Theo Landgheid (2022) 13, 23 ff。

87. Heiss, "Europäische Pflichthaftpflichtversicherung-von 'nackten' Pflichten zu

'ausgestatteten' Regelungen?" in Deixler-Hübner, Kletecka and Schima (eds.), Festschrift Martin Schauer (2022) 209, 220.

88. 这将消除欧洲法院案例 C-581/18 RB v TÜV Rheinland LGA Products GmbH, Allianz IARD SA ECLI：EU：C：2020：453 中暴露出的责任保险仅限于国家内部范围的问题。

89. Herbert Zech, "Entscheidungen digitaler autonomer Systeme：Empfehlen sich Regelungen zu Verantwortung und Haftung？, Gutachten A zum 73. Deutschen Juris-tentag" (2020) A105 ff., citing further references, esp. in fn. 267；关于德国的无过错保险，详见 Hans-Jürgen Ahrens and Andreas Spickhoff, Deliktsrecht (2022) 653 ff.；下面的文章在更广泛的意义上也提出了类似的模式：Hans-Peter Schwintowski, "Kompensationsmodell der Krankenversicherung-Zukunftskonzept für die Haftpflicht- und Schadenversicherung？", in Joachim Grote, Roland Rixecker and Manfred Wandt (eds.), Festschrift Theo Landgheid (2022) 487 ff。

90. 在这方面，可参考 Zech, "Entscheidungen digitaler autonomer Systeme：Empfehlen sich Regelungen zu Verantwortung und Haftung？, Gutachten A zum 73. Deutschen Juristentag" (2020) A105 ff, 该文引用了更多的参考文献，特别体现于注释 257 中；另参见 Gert Brüggemeier, Haftungsrecht：Struktur, Prinzipien, Schutzbereich (2006) 634 ff。

91. Council Directive 2004/80/EC of 29 April 2004 relating to compensation to crime victims [2004] OJ L261/15.

92. Expert Group on Liability and New Technologies-New Technologies Formation, "Liability for Artificial Intelligence and Other Emerging Digital Technologies" (2019) 62 f.

93. 关于这些赔偿方案，参见 Eike von Hippel, Schadensausgleich bei Verkehrsunfällen-Haftungsersetzung durch Versicherungsschutz(1968)；John G. Fleming, Jan Hellner and Eike von Hippel, Haftungsersetzung durch Versicherungsschutz (1980)；最新的文献可参考 Kim Watts, "Potential of No-fault Comprehensive Compensation Funds to Deal with Automation and other 21st Century Transport Developments" (2020) 12 EJCCL 1, 9 ff。

94. Expert Group on Liability and New Technologies-New Technologies Formation, "Liability for Artificial Intelligence and other emerging digital technologies" (2019) 62 f.；还可参见 Guiding Principle 3 in ELI (prepared by Twigg-Flessner et al.), "Guiding Principles for Updating the Product Liability Directive for the Digital Age", ELI Innovation Paper Series (2021) 5。

95. 这方面的讨论可参见 Watts, "Potential of No-fault Comprehensive Compensation Funds to Deal with Automation and other 21st Century Transport Developments" (2020) 12 EJCCL 1, 18 f.；Georg Borges, "New Liability Concepts：

The Potential of Insurance and Compensation Funds" in Sebastian Lohsse, Reiner Schulze and Dirk Staudenmayer(eds.), Liability for Artificial Intelligence and the Internet of Things (Bloomsbury Publishing 2019) 158 f.

96. 参见 2009 年 11 月 25 日欧洲议会和理事会《关于从事保险和再保险业务(偿付能力 II)的指令》(Directive 2009/138/EC of the European Parliament and of the Council of 25 November 2009 on the taking-up and pursuit of the business of Insurance and Reinsurance (Solvency II) [2009] OJ L335/1)第 13 条第 24 款中使用的术语；参见 Luk de Baere and Frits Blees, Insurance Aspects of Cross-Border Road Traffic Accidents(2019) 136。

97. 详见 Luk de Baere and Frits Blees, Insurance Aspects of Cross-Border Road Traffic Accidents (2019) 138 ff。

98. 2021 年 11 月 24 日欧洲议会和理事会第 2021/2118 指令，修订了《关于机动车辆使用民事责任保险和强制执行此类责任保险义务的第 2009/103/EC 指令》，[2021] OJ L430/1。(以下简称《修订后的机动车辆保险指令》。)

99. 《修订后的机动车辆保险指令》第 1 条第 8 款在 MID 中加入了新的第 10a 条。

100. 关于这种效果，参见 Borges, "New Liability Concepts：The Potential of Insurance and Compensation Funds" in Lohsse, Schulze and Staudenmayer(eds.), Liability for Artificial Intelligence and the Internet of Things(2019) 145, 159 f.；Watts, "Potential of No-fault Comprehensive Compensation Funds to Deal with Automation and other 21st Century Transport Developments" (2020) 12 EJCCL 1, 20。

101. Borges, "New Liability Concepts：The Potential of Insurance and Compensation Funds" in Lohsse, Schulze and Staudenmayer(eds.), Liability for Artificial Intelligence and the Internet of Things (2019) 145, 160.

102. 参见 Borges, "New Liability Concepts：The Potential of Insurance and Compensation Funds" in Lohsse, Schulze and Staudenmayer(eds.), Liability for Artificial Intelligence and the Internet of Things (2019) 145, 162；也可参见 Christian von Bar, "Empfehlen sich gesetzgeberische Maßnahmen zur rechtlichen Bewältigung der Haftung für Massenschäden?", Verhandlungen des 62. Deutschen Juristentages (1998) vol. I, Gutachten A 73。

103. Borges, "New Liability Concepts：The Potential of Insurance and Compensation Funds" in Lohsse, Schulze and Staudenmayer(eds.), Liability for Artificial Intelligence and the Internet of Things (2019) 145, 162 f.，认为赔偿基金的成本将超过制定适当赔偿责任规则的成本。

104. 关于该讨论的概括，参见 Robert Koch in Bruck/Möller(edited by Roland Michael Beckmann and Robert Koch), Versicherungsvertragsgesetz, vol. 4 (10th edn, 2022) Vor §§100 -112 VVG nos. 65 ff。

105. Alma Cohen and Rajeev Dehejia, "The Effect of Automobile Insurance and Accident Liability Laws on Traffic Fatalities" (2004) 47 The Journal of Law & Economics, 357, 388；关于对这一分析的正确性的怀疑，参见 Magnus, "Ökonomische Analyse des Rechts" in Hamburger Gesellschaft zur Förderung des Versicherungswesens mbH(ed.), Pflichtversicherung-Segnung oder Sündenfall(2005) 108, 120 f。

106. 关于这种预防方法，参见 Helmut Heiss, "Die Versicherung von punitive damages" in Anne-Sylvie Dupont and Helmut Heiss(eds.), Jahrbuch SGHVR 2022 (2022) 155, 160。

107. 进一步的说明及其批评参见 Koch in Bruck/Möller (edited by Beckmann and Koch), Versicherungsvertragsgesetz, vol. 4(10th edn, 2022) Vor §§100-112 VVG no. 68。

108. 参见 Magnus, "Ökonomische Analyse des Rechts" in Hamburger Gesellschaft zur Förderung des Versicherungswesens mbH(ed.), Pflichtversicherung-Segnung oder Sündenfall (2005) 108, 119：这种预防效果将取决于是否可以根据风险调整保费计算方法。

109. Koch in Bruck/Möller (edited by Beckmann and Koch), Versicherungsvertragsgesetz, vol. 4(10th edn, 2022) Vor §§100-112 VVG no. 69, 提及了数字化手段和大数据提高了责任保险发挥预防作用的潜力。

110. 这种强制责任保险的追偿权被责任与新技术专家组提出，参见 Expert Group on Liability and New Technologies-New Technologies Formation, "Liability for Artificial Intelligence and Other Emerging Digital Technologies" (2019), 第 62 页。当然，这将构成一种特殊情况，因为追偿权将针对投保人，而投保人同时也是被保险人，并为保险提供资金；如果适用于无过错保险制度，则情况将会不那么特殊。

第五部分
专题讨论

第十章　监管的概念和标准

拉尔斯·恩特曼[*]

一、 欧洲议会和欧盟委员会的提案

有关人工智能造成损害的侵权责任讨论已持续多年。"人工智能责任"的明斯特座谈会凝练了目前存在的争论，并进一步深化了对争论问题的讨论。重要的学术准备工作现已在布鲁塞尔展开，目前正在讨论三项提案：第一项是欧洲议会 2020 年 10 月 20 日的决议，该决议向欧盟委员会提出了关于人工智能民事责任制度的建议，[1] 随后欧盟委员会于 2022 年 9 月提出了关于修订缺陷产品责任指令的提案(《产品责任指令》修订版提案)以及关于调整非合同民事责任规则以适应人工智能的提案(《人工智能责任指令》提案)。[2]

三项提案都采用横向监管的方法。它们并不局限于特定类别的人工

---

[*] 拉尔斯·恩特曼(Dr Lars Entelmann)系柏林联邦司法部赔偿法和民用航空法部门负责人。所表达的观点仅代表作者本人。

智能系统或产品，而是旨在制定适用于所有领域的跨行业规则。由此，它们包含了不同的侵权责任法概念，几乎全面反映了近年来关于人工智能责任的讨论：欧洲议会的草案包含严格责任条款以及推定过失责任规则。《产品责任指令》修订版提案坚持了人们所熟悉的生产商责任监管概念，但对其进行了补充，制定了包括人工智能系统在内的针对软件的规范措施。《人工智能责任指令》提案以欧盟各成员国的国内法中的侵权责任规则为基础，并引入了新的信息披露义务和证明责任规则。

276

　　由于缺乏主动权，欧洲议会不能自己作出立法提案，而只能根据《欧盟运作条约》第 225 条的规定，要求欧盟委员会作出适当的立法提案。目前，欧盟委员会作出的两份提案已进入立法议程。不过，即使议会决议本身不是当前欧盟立法进程的主题，它仍然值得关注。可以预见的是，欧洲议会将在谈判过程中，特别是在三方对话中，再次重申其在决议中表达的立场。因此，这些立场对人工智能造成损害的讨论以及探明正确的监管概念内涵仍具有现实意义。

二、 监管标准——以常规情形为起点

　　在座谈会期间，与会者提出了支持和反对新的人工智能侵权责任规则的论点。尤其是从系统性和法律教义层面展开了探讨。在布鲁塞尔正在进行辩论的背景下，首要问题是：最终应使用哪些标准来决定是否引入新的侵权责任规则。例如，如何确定跨行业的一般意义上的严格责任或经营者的过错推定责任?

　　要回答这个问题，首先确定可能需要监管的具体情况或许会有所帮助。立法者的任务应该是规范"常规情形"，即发生频率足够高或至少可以预见未来会发生的典型情况。[3]一旦确定了"常规情形"，下一个问题就是现有法律是否已经可以妥善解决。如果不能，则有理由考虑在新的立法中确定适当的监管概念。

这就引出了三个问题：

(1) 哪种情况是"常规情形"，其典型例证是什么？

(2) 现行法律是否已经充分涵盖了这种情况？

(3) 如果现行法律并未涵盖，哪种监管概念在未来的立法中更为合适？

对于像人工智能这样的复杂问题，寻找"常规情形"有助于为讨论奠定基础。它迫使我们首先处理现实生活中出现的典型案例，并对其进行充分地研究和描述。另外，如果仅从人工智能系统的"一般危险性"或与现有法律概念(如动物所有人侵权责任或雇主替代责任)的比较中，论证对人工智能侵权责任问题进行监管的必要性，那么我们可能会面临对实际存在的问题监管过度或监管不足的风险。

那么，人工智能责任的"常规情形"是什么？目前的争论主要集中于有关物质损害的案例上。人们可能会想到自动驾驶汽车、无人机，甚至是由人工智能控制的清洁机器人或割草机造成的财产损失或人身伤害。在可预见的未来，自动驾驶汽车可能会在实践中发挥最重要的作用。不过，从德国的角度来看，应该注意的是，《道路交通法》第 7 条第 1 款已经规定了车辆持有人的严格责任。[4]无论事故发生时是由人类还是人工智能驾驶车辆，车辆持有人均适用严格责任。车辆持有人有义务投保责任保险，以保证债务人有偿付能力。如果事故是由有缺陷的汽车造成的，保险公司可以向汽车制造商追偿。今后，这可能将由修订后的《产品责任指令》规范，或更准确地说，取决于欧盟各成员国对该指令的具体实施情况。对于无人机造成的人身伤害和财产损失，在德国，以《空中交通法》第 33 条第 1 款第 1 句的规定，为持有人设定了严格责任。

至于其他机器人造成的人身损害，根据德国现行法律，其赔偿问题主要由《德国民法典》第 823 条第 1 款规定。因此，索赔人必须证明经营者没有履行对机器人可能造成风险的注意义务。

在当前的辩论中，人们似乎不太关注非物质损害的情况。[5]例如，可以设想人工智能自主或与人共同决定贷款甚至工作分配的情况。在这方面，必须讨论《人工智能责任指令》的影响。欧盟委员会的提案在鉴于条款第 2 条指出，该指令不但将生命和人身安全作为可能受到人工智能危害的法律利益，而且还明确涉及非歧视和平等对待问题。

注释

1. 2020/2014 (INL).

2. 参见 Proposal for a Directive of the European Parliament and of the Council on liability for defective products, 28. September 2022, COM (2022) 495 final, and Proposal for a Directive of the European Parliament and of the Council on adapting non-contractual civil liability rules to artificial intelligence (AI Liability Directive) 28. September 2022, COM(2022) 496 final。

3. 关于"常规情形法"(Normalfallmethode)，参见 Haft, Einführung in das juristische Lernen, 3. Aufl. 1984, S. 113 ff。

4. 见《强制保险法》第 1 节。

5. 对非物质损害的讨论，可参见 Wagner, Juristenzeitung 2023, S. 123, 130 ff。

第十一章　德国保险协会(GDV)[1]对欧盟委员会关于产品责任指令修订版提案和《人工智能责任指令》提案的评论

卡尔·奥特曼[*]

作为产品责任保险的提供商，保险公司在法律责任制度的设计方面拥有既得利益。产品责任保险是商业责任保险的组成部分，后者在德国市场上无处不在。本章将从德国保险业的角度对欧盟委员会两份提案中的主要内容作出评判。

279

一、《产品责任指令》的修订

《产品责任指令》构成了一个平衡的体系，为因缺陷产品而遭受损害的人提供高水平保护，同时将生产商的合法利益考虑在内，从而促进

---

　* 卡尔·奥特曼(Karl Ortmann)系德国保险协会(GDV)责任险和航空险高级主管，主要负责产品责任险和人工智能与责任险。

技术创新和经济增长。这种立法宗旨同样适用于人工智能或物联网等新型数字技术。因此，我们欣喜地看到，欧盟委员会在《产品责任指令》修订版提案中，保留了《产品责任指令》久经考验的基本原则。在此背景下，欧盟委员会一再表示，其修订指令的目标是保持《产品责任指令》已经在生产商和消费者之间实现的利益平衡格局。毫无疑问，该提案将大大增加制造商和提案范围内其他各方的责任。但是，我们认为一些拟新增的规定会给制造商(和其他受影响方)带来过度的、不必要的负担。其他拟修订条款也应具体化或明确化，以防止出现不必要的、适得其反的法律不确定性。这将导致诉讼的增加，最终使消费者付出更高的成本，并损害受影响经济部门推动技术创新的能力。此外，由于保险公司评估和计算风险的能力将受到影响，可能会对目前在《产品责任指令》范围内为制造商和其他经济经营者提供全面的产品责任保险产生负面影响。

（一）证明负担、披露证据的义务(《产品责任指令》修订版提案第8条、第9条)

原则上，只有在能够凭经验证明存在系统性保护差距的情况下，才应考虑修改与调整现有的侵权责任制度。《产品责任指令》修订版提案在解释性备忘录与鉴于条款第3条、第30条以及第34条指出，当索赔请求人在满足"复杂案件"的证明责任时面临不合理困难时，《产品责任指令》修订版提案为其设定了相应的减轻证明负担的措施，但《产品责任指令》修订版提案并没有详细评估这些困难的确切指向。然而，《产品责任指令》修订版提案第8条和第9条为受害方满足证明责任提供了充分的便利性，这将适用于所有产品和所有案件，并产生显著影响。此外，根据《产品责任指令》修订版提案第9条第4款的规定，如果国家法院认为受害方由于技术或科学的复杂性而面临"过度困难"，甚至将适用更为广泛的便利措施以帮助其减轻证明负担。

我们认为，只有可以证明在保护受害者方面存在系统性差别的特定情况或案件中，才应考虑对证明责任规则进行如此重大的调整。如果保留《产品责任指令》修订版提案第 9 条第 4 款的规定，需要对"技术或科学复杂性"和"过度困难"等术语进行定义。将其定义留给各国的法院自行裁量，会导致成员国判例法冲突而产生不良的法律不确定性，这可能会危及产品责任风险的可保险性，从全面协调欧盟各成员国法律的角度来看，也应该避免这种情况的出现。

《产品责任指令》修订版提案第 8 条规定的披露义务在德国法是一个新事物，仅作为个例出现。例如被界定为"范式转变"的德国《反限制竞争法》第 33g 条中，＊存在类似的披露义务。将这种披露义务全面适用于各类产品责任案件似乎并不合理：我们认识到，该提案试图通过要求索赔人提交事实和证据来支持赔偿请求的合理性，从而限制披露义务的适用并保护商业秘密(《产品责任指令》修订版提案第 8 条第 3 款以及第 8 条第 4 款)。然而，我们担心《产品责任指令》修订版提案第 8 条可能被解释为建立类似于美国法中并不可取的"审前开示程序"规则的铺垫，因为对这些限制适用披露义务进行解释的权限，很大程度上留给了欧盟各国的法院。如果允许原告仅仅为了推进自己的案件，就能够强制要求被告披露相关文件，则需要对德国的《民事诉讼法》进行重大修改。从保险的角度来看，还有一个问题是，如果披露请求的目的仅仅为了查明是否存在请求权，而并未提出实际的请求，则并非保险覆盖的风险范畴。然而，在这种情况下，"被保险被告"也希望其保险公司能覆盖这种风险。

（二）抗辩(《产品责任指令》修订版提案第 10 条)

我们希望保留现有的免责条款——尽管形式有所修改。这些免责情

281

＊　译者注：在德国《反限制竞争法》(Gesetz gegen Wettbewerbsbeschränkungen，GWB)第 33g 条中，引入了一种被称为"范式转变"的新规定。这一规定主要涉及数字市场竞争监管，旨在解决数字市场中的反竞争行为和市场滥用问题。具体来说，第 33g 条赋予了德国联邦卡特尔局(Bundeskartellamt)更多的权力，使其能够对具有显著市场地位的公司进行监管。这些公司通常在数字市场中占据主导地位，可能会滥用其市场力量，限制竞争和创新。这一规定被认为是范式转变，因为它标志着德国竞争法在数字经济领域的一次重大调整。在此之前，竞争法主要关注传统的市场结构和反垄断问题，而第 33g 条则将重点放在了数字市场的特殊性和监管需求上。通过这一规定，德国联邦卡特尔局可以更有效地监管数字市场中的反竞争行为，保护消费者利益，促进市场竞争和创新。这有助于维护公平的市场环境，防止市场垄断和滥用市场力量。

形与生产商的严格责任有必要的关联，因此可以提供全面的产品责任保险保护。特别是，开发风险抗辩(即产品缺陷在投放市场时，根据科技水平——技术法已知的最严格标准——在客观上是无法检测到的)对于促进技术创新是不可或缺的。

如果制造商要为在销售时客观上无法发现的缺陷承担责任，创新就会受到抑制。

(三)《产品责任指令》修订版提案的适用范围

1. 德国的药品制造商责任[《德国药品法》(AMG)第 84 条及以下条款]

根据《产品责任指令》修订版提案鉴于条款第 10 条的规定，在那些对受药品伤害者有具体国家责任规定的成员国，消费者可以得到充分的保护；提出此类索赔的权利不受《产品责任指令》的影响。在德国，这涉及制药企业根据《德国药品法》第 84 条及以下条款应承担的特殊责任。《产品责任指令》修订版提案第 2 条第 3 款 c 项和 d 项规定，如果此类索赔不要求有产品缺陷，或者此类责任条款在 1985 年 7 月 30 日之前已经生效，则根据国家法律提出的索赔不受影响。这两个标准都适用于《德国药品法》第 84 条及以下各条规定的责任。然而，《产品责任指令》修订版提案第 2 条的措辞含糊不清。在这方面，应该澄清的是，《德国药品法》第 84 条及以下各条(以及其他成员国法律中的类似条款)规定的责任仍然被排除在《产品责任指令》的适用范围之外，《产品责任指令》的规定也不影响这些国家的责任条款。否则，《德国药品法》规定的药品制造商责任的可保险性就会受到质疑，因为该责任必须遵守强制性财务担保，目前由一组保险公司池(即所谓的"药品企业池")提供。

2. 其他欧盟立法中特定责任条款的优先性

出于法律确定性的原因并避免立法条款相矛盾，应当明确指出，依据特别法优先原则，其他欧盟立法中的具体侵权责任条款，例如《通用数据保护条例》中的侵权责任条款，在具体案件中优先于《产品责任指令》适用。

3. 临床研究和试验

应该澄清的是，在临床试验或研究中使用的医疗和药品尚未"投放/在市场上销售"或"投入使用"，因此不属于《产品责任指令》修订版提案的调整范围。

4. 医院作为生产商的情形

2013 年，科布伦茨高等地区法院裁定，如果外科医生将髋关节假体柄与关节头结合形成完整的髋关节假体，则医院可以被视为《产品责任指令》意义上的生产商[(decision d. 26.2.2013-5 U 1474/12；NJOZ 2015, 845(846)]。我们建议利用修订《产品责任指令》的机会，通过在《产品责任指令》修订版提案第 4 条第 8 款至第 4 条第 10 款中添加适当的措辞来排除这种——肯定是无意的——解释。

（四）更新义务

283

《产品责任指令》修订版提案引入了提供安全信息更新的事实义务。这种"更新义务"应该有时间限制，以防止"永久"责任。《产品责任指令》修订版提案明确提及的《网络弹性法案》，将更新义务的期限设定为 5 年。

根据《产品责任指令》修订版提案第 7 条第 4 款的含义，提供更新可被视为对产品的"实质性修改"。在这种情况下，第 14 条第 2 款规定的 10 年时效期限，将随着每次更新而重新开始计算。有必要对相关请求权最终失效的时限加以说明。

最后，关于第 2 条第 1 款，尚不清楚如何处理在《产品责任指令》修订版提案生效之前投放市场却在生效之后又得到更新的产品。对这一问题同样有必要予以说明。

一般来说，为了法律确定性，应避免不同立法法案(例如《医疗器械法规》或拟议的《网络弹性法案》)中出现重叠或矛盾的规定。

（五）取消财产损害数额门槛的影响

该门槛的目的是使法院(以及生产商及其保险公司)摆脱处理大量小额索赔的财务负担，消费者可以轻松地"自掏腰包"支付这些小额索赔，因此不会构成重大风险。鉴于《产品责任指令》属于《集体赔偿指令》[指令(EU)2020/1828]的调整范围，取消财产损害的数额门槛是否会为诉讼资助者带来新的商业模式，从而产生意想不到的负面后果，仍有待观察。

二、《人工智能责任指令》提案

《人工智能责任指令》提案规定，在欧盟各国即将实施的就非合同性质的过错责任立法中，执行统一的证据规则。其关键术语与核心概念参考了拟议的《人工智能法案》。截至撰写本章内容时，《人工智能法案》本身仍在热烈讨论中。因此，只有在《人工智能法案》最终确定后，才能对《人工智能责任指令》提案的具体影响进行详细评估。

284　　我们支持《人工智能责任指令》提案没有为与人工智能有关的损害提出一种新的、独特的统一侵权责任制度。鉴于《产品责任指令》修订版提案涵盖的经济主体也可能属于《人工智能责任指令》提案的范围，我们也认同相关规定中的排除规则；亦即《产品责任指令》修订版提案中的各种救济措施与《人工智能责任指令》提案中的救济措施不能重叠适用。

然而，我们怀疑是否有必要深度介入各种人工智能系统的证明责任分配问题(尽管对高风险人工智能系统的规定应当比其他人工智能系统更为严格)。此外，预计将于 5 年后进行的审查，会进一步确定是否应针对人工智能系统引入统一的特定严格责任制度，并对其设定强制性财务安全要求，这都使得深度介入人工智能系统证明责任分配问题的理由不够充分。

"人工智能系统"这一术语指的是大量不同的应用程序，这些应用程序造成损害的可能性各不相同。对于目前特别相关的人工智能应用——自动驾驶汽车和飞机——在国家层面已经存在适当的侵权责任规则(主要以严格责任的形式存在)，以及欧盟法层面的《汽车保险指令》和《关于航空公司和飞机经营者保险要求的条例》(Regulation No 785/2004)规定的统一保险义务。我们认为没有必要再制定额外的侵权责任法规。为了避免在侵权责任立法中预测未来不确定的技术发展，并引入未来(可能)被证明并不适合的规则的潜在风险，我们建议，首先确定可能需要额外的侵权责任条款的人工智能应用程序。如果现有的侵权责任制度存在系统性缺陷，则应考虑针对这些缺陷采取具体补救措施。

关于披露义务和减轻举证责任的拟议条款与《产品责任指令》修订版提案的相应规定类似。在这方面，我们的观点也与前述对《产品责任指令》修订版提案相关内容的评价相一致。

注释

1. GDV Gesamtverband der Deutschen Versicherungswirtschaft e. V., Berlin.

第十二章　欧盟人工智能责任提案：
消费者的障碍赛

费德里科·奥利维拉·达·席尔瓦[*]

285　　人工智能越来越多地出现在消费者的日常生活中，给人们带来便利与挑战。它可以为新产品和服务提供动力，帮助人们更轻松地享受日常生活(例如，个性化服务、增强现实应用、有助于快速检测疾病的人工智能医疗保健工具，以及自动驾驶汽车)。

　　然而，人工智能的广泛应用也给消费者带来了风险。其中一个关键问题是，如果人工智能系统出现问题，消费者受到损害，该由谁来承担责任。由于人工智能的特殊性质，例如其复杂性、不透明性、自主性，以及整个生命周期中涉及众多主体，消费者将很难就人工智能系统造成的损害主张赔偿。

　　对消费者而言，要识别人工智能系统造成的损害并不容易(例如，人工智能系统由于带有偏见的标准而拒绝以较低价格提供保险，消费者

　　* 费德里科·奥利维拉·达·席尔瓦(Frederico Oliveira Da Silva)系欧洲消费者组织的高级法律官员。

对这一过程无从知晓)。消费者甚至可能没有意识到人工智能系统在某一具体决定中发挥了作用，也没有意识到人工智能系统是造成其损害的原因。

一、 欧盟委员会两项相关提案概要

为解决这些问题，欧盟委员会于2021年9月发布了两项提案，旨在使欧盟的侵权责任规则适应数字环境：一项是《产品责任指令》修订版提案，[1]另一项是使各国的侵权责任规则适应人工智能带来挑战的提案[2](即《人工智能责任指令》提案)。

《产品责任指令》修订版提案和《人工智能责任指令》提案将并行适用，并且两者具有互补性。这意味着，当存在竞合时(例如，与人工智能系统配套的产品)，受损害的消费者将获得选择权，可以在国家法律中选择适用《产品责任指令》或《人工智能责任指令》。

对于因人工智能系统造成的损害寻求赔偿的消费者而言，《产品责任指令》修订版提案的首要问题是：其调整范围有限。

首先，《产品责任指令》修订版提案没有涵盖消费者从使用人工智能系统导致损害的商业用户那里索赔的可能性。该提案中包含了一份负有责任的经济经营者名单，这些经营者通常包括供应链中的企业，但并没有规定产品(如人工智能系统)专业用户的责任。

其次，《产品责任指令》修订版提案只涵盖了人工智能系统造成的实质损害，例如财产损毁、死亡或人身伤害，以及数据损失。非物质损害，如疼痛、丧失机会或不便等，不属于《产品责任指令》修订版提案的范围。这一限制尤为重要，因为人工智能系统容易造成非物质损害。例如，人工智能系统可能导致银行拒绝向消费者发放贷款。这一决定将对消费者产生物质性(如收入损失)和非物质性(如因缺乏财务稳定性或无力支付子女教育费用而产生的压力和焦虑)的消极影响。

286

在这两种情况下(对商业用户的索赔和对非物质损失的索赔),消费者唯一的解决办法就是根据《人工智能责任指令》提出索赔。遗憾的是,这对消费者来说并非易事。

二、 过错责任制度与人工智能

与《产品责任指令》不同,《人工智能责任指令》提案采用的是过错责任。这意味着,要对人工智能造成的损害进行索赔,受损害的消费者需要证明人工智能系统的经营者在履行注意义务时存在过错(故意或过失)。然而,这种证明责任要求存在现实的困境。

首先,考虑到人工智能系统的特点,消费者将很难证实他们的说法并证明人工智能操作者的过错。对大多数消费者来说,人工智能系统仍然是一个"黑箱",当问题出现时,很少有人具有相关的专业知识,也很难提出一个能够证明过失的损害赔偿请求。例如,在银行使用带有偏见的人工智能系统评估消费者信用度的情况下,绝大多数消费者都无法证明人工智能系统的歧视性质,也无法证明人工智能经营者的行为是故意或过失的。

其次,在《人工智能责任指令》提案中,过错概念与人工智能系统不遵守欧盟或国家规则相关联。例如,就高风险人工智能系统而言,过错与不遵守《人工智能法案》的某项要求有关。[3] 在上文有关银行的例子中,过错只有在受损害的消费者(即那些因人工智能的输出有偏见而导致贷款请求被拒的人)能够证明人工智能开发者或人工智能的商业用户(银行)违反了《人工智能法案》中旨在防止偏见的规定时才会存在。[4] 消费者既不具备法律专业知识,也不具备技术知识,他们很难支付昂贵的专家(如果他们能找到这些专家的话)费用来证明这种请求。因此,这样的要求很可能成为损害赔偿请求的一个难以逾越的障碍。

最后,《人工智能责任指令》提案中基于过错的制度与《产品责任

287

278

指令》修订版提案中无过错责任框架存在的不一致可能导致对消费者产生不可接受和不公平的结果，其中消费者的保护水平将由《产品责任指令》适用可能性确定。例如，如果一台割草机在花园里割破了消费者的鞋子(因为这种情况属于《产品责任指令》的范围)，那么消费者将得到很好的保护，而如果他们通过信贷评分系统受到歧视性对待(这只在《人工智能责任指令》提案的范围内)，他们得到的保护将不如前者。

三、　证据披露和因果关系推定

《人工智能责任指令》提案提出了新的法律工具，如人工智能系统经营者披露证据的责任[5]和因果关系推定，[6]以帮助消费者克服证明责任难题。然而，这些工具对消费者的价值有限，因为使用这些工具的门槛过高。

就证据披露而言，在人工智能经营者拒绝披露证据的情形下，潜在索赔人必须提出足够的事实和证据来支持索赔请求的合理性(《人工智能责任指令》提案第 3 条第 1 款最后一句)。当然，在有些情况下，证明损害赔偿请求的合理性并不难。例如，如果人工智能割草机碾过某人的脚，受损害的人很容易提供事实及证据，证明由于割草机的故障造成了人身损害。

然而，在有些情况下，消费者很难甚至不可能证明赔偿请求的合理性。如果保险公司用于侦测保险欺诈的人工智能系统，因输入数据有偏差而歧视黑皮肤的人或女性，非专业人士几乎不可能证明人工智能系统的故障和歧视行为。

至于因果关系推定，只有在原告(如消费者)证明被告(如人工智能经营者)有过错的情况下才能触发。[7]根据《人工智能责任指令》提案，过错被定义为不遵守国家或欧盟法律规定的注意义务。[8]例如，在高风险人工智能系统的情况下，过错仅限于违反《人工智能法案》的要求。[9]

288

这就意味着，在上述例子中，如果银行用于评估消费者信用度的人工智能系统[10]存在偏见，消费者必须首先证明人工智能系统存在偏见，再证明这种歧视性待遇违反了《人工智能法案》，才能证明人工智能经营者存在过错。这对大多数消费者来说是一个过高的门槛。

289

总之，传统的产品消费者保护方法是无过错责任，这使消费者能够获得赔偿。由于《人工智能责任指令》提案采用了过错责任规则，欧盟委员会对使用新技术产品的消费者提供的保护水平出现了倒退。除非欧洲议会和欧盟理事会在立法过程中为该提案增加重要的保障措施，否则消费者根据《人工智能责任指令》提出损害赔偿请求的成功率将十分有限。

注释

1. Proposal for a Directive on liability for defective products, https://single-market-economy.ec.europa.eu/system/files/2022-09/COM_2022_495_1_EN_ACT_part1_v6.pdf.

2. Proposal for a Directive on adapting non-contractual civil liability rules to artificial intelligence (AI Liability Directive), https://commission.europa.eu/system/files/2022-09/1_1_197605_prop_dir_ai_en.pdf.

3. 《人工智能责任指令》提案第 2 条第 9 款，第 4 条第 1 款 a 项和第 4 条第 2 款。

4. 《人工智能法案》提案第 10 条第 2 款 h 项。

5. 《人工智能责任指令》提案第 3 条。

6. 《人工智能责任指令》提案第 4 条。

7. 《人工智能责任指令》提案第 4 条第 1 款 a 项。

8. 《人工智能责任指令》提案第 2 条第 9 款。

9. 《人工智能责任指令》提案第 4 条第 2 款。

10. 根据《人工智能法案》提案附件三第 5 条 b 项的规定，这是一个高风险人工智能系统。

图书在版编目(CIP)数据

人工智能责任 / 彭诚信主编 ；（德）塞巴斯蒂安·
洛塞等编 ；金耀. 曹博译. -- 上海 ：上海人民出版社，
2024. -- ISBN 978-7-208-19129-7

Ⅰ. TP18-53

中国国家版本馆 CIP 数据核字第 20247BS891 号

策　　划　曹培雷　苏贻鸣
责任编辑　史尚华
封面设计　杜宝星

人工智能责任

彭诚信　主编

[德]塞巴斯蒂安·洛塞 等编

金　耀　曹　博　译

出　　版	上海人民出版社	
	（201101　上海市闵行区号景路 159 弄 C 座）	
发　　行	上海人民出版社发行中心	
印　　刷	上海商务联西印刷有限公司	
开　　本	635×965　1/16	
印　　张	18.5	
插　　页	2	
字　　数	244,000	
版　　次	2024 年 10 月第 1 版	
印　　次	2024 年 10 月第 1 次印刷	
ISBN 978-7-208-19129-7/D·4390		
定　　价	78.00 元	

上海人民出版社·独角兽

阅读,不止于法律,更多精彩书讯,敬请关注:

微信公众号　　　微博号　　　视频号